中国水利教育协会　组织

全国水利行业"十三五"规划教材（职工培训）

地理信息系统应用

主　编　王庆光

主　审　王启亮

中国水利水电出版社
www.waterpub.com.cn
·北京·

内 容 提 要

　　本书是基层水利职工培训教材，内容全面，理论结合实际，力求深入浅出，从地理信息系统（GIS）的基本概念和原理出发，介绍 GIS 在行业中的应用。具体内容包括 GIS 基本概念、GIS 空间数据结构、GIS 数据获取与处理、GIS 空间分析、空间数据的表现与产品输出、GIS 新技术、GIS 行业应用、数字城市和智慧城市等。

　　本书可作为水利、地理信息系统、遥感、测绘工程专业等专业的培训教材，也可作为城市规划、地理、环境及相关专业人员的参考书。

图书在版编目（ＣＩＰ）数据

　　地理信息系统应用 / 王庆光主编. -- 北京 ： 中国水利水电出版社，2017.8
　　全国水利行业"十三五"规划教材. 职工培训
　　ISBN 978-7-5170-5801-4

　　Ⅰ．①地… Ⅱ．①王… Ⅲ．①地理信息系统－高等学校－教材 Ⅳ．①P208.2

　　中国版本图书馆CIP数据核字(2017)第211910号

书　　名	全国水利行业"十三五"规划教材（职工培训） **地理信息系统应用** DILI XINXI XITONG YINGYONG
作　　者	主编　王庆光　主审　王启亮
出版发行	中国水利水电出版社 （北京市海淀区玉渊潭南路 1 号 D 座　100038） 网址：www. waterpub. com. cn E-mail：sales@waterpub. com. cn 电话：(010) 68367658（营销中心）
经　　售	北京科水图书销售中心（零售） 电话：(010) 88383994、63202643、68545874 全国各地新华书店和相关出版物销售网点
排　　版	中国水利水电出版社微机排版中心
印　　刷	北京瑞斯通印务发展有限公司
规　　格	184mm×260mm　16 开本　13 印张　308 千字
版　　次	2017 年 8 月第 1 版　2017 年 8 月第 1 次印刷
印　　数	0001—2000 册
定　　价	**32.00 元**

前 言

地理信息系统（Geographic Information System，GIS）是在计算机硬、软件系统支持下，对整个或部分地球表层空间中的有关地理分布数据进行采集、储存、管理、运算、分析、显示和描述的技术系统。随着计算机技术、空间信息技术和测绘遥感等技术的发展，GIS 正逐步建立完整的技术体系，并广泛应用于水利、林业、军事、矿山、旅游、城市规划、环境监测、灾害评估、测绘、交通、通信、能源、土地管理、房地产开发等领域，在国民经济建设和社会生活中发挥越来越重要的作用。

本书是为基层水利职工培训而编写的教材，力求浅显易懂，对于理论知识的介绍偏少，注重 GIS 在实践中的应用，将理论与实践相结合。

全书总共七章，各章内容如下：第一章为绪论，主要介绍地理信息系统的相关概念、组成、功能、相关学科和发展概况；第二章 GIS 空间数据结构，主要介绍空间数据的特征、矢量数据结构和栅格数据结构；第三章 GIS 数据的获取与处理，主要介绍 GIS 的数据来源、数据的获取方式和处理、空间数据的元数据；第四章为空间分析，主要介绍空间查询、空间量算、缓冲区分析、叠加分析、空间差值、网络分析、数字高程模型；第五章空间数据的表现与产品输出，主要介绍 GIS 产品的类型和输出设备、地理信息可视化、专题地图绘制；第六章 GIS 新技术，主要介绍组件式 GIS、嵌入式 GIS、网格 GIS、云 GIS、WebGIS、3S 集成技术等；第七章 GIS 在行业中的应用，主要介绍 GIS 在水利、测绘、城市规划等行业的应用；第八章从数字城市到智慧城市，主要介绍数字城市和智慧城市的概念及支撑技术，并简要概述智慧城市的应用案例。

本书由广东水利电力职业技术学院王庆光担任主编并统稿，广东水利电力职业技术学院潘燕芳、福建水利电力职业技术学院张小青、江西水利职业学院魏跃华担任副主编。具体分工如下：第一章和第四章由王庆光完成；第三章、第五章和第六章由潘燕芳完成；第二章和第八章由张小青完成；第七章由魏跃华完成。

本书在编写过程中，除参考文献列出的文献外，还参考了大量的网络文献，未能一一列出，在此对其作者表示衷心的感谢。

由于编者水平有限，书中不当和错误之处在所难免，敬请广大读者批评指正。

编者

2016 年 11 月

目　录

前言

第一章　绪论 ………………………………………………………………… 1

　第一节　GIS 的相关概念 ………………………………………………… 1

　第二节　GIS 组成 ………………………………………………………… 4

　第三节　GIS 功能 ………………………………………………………… 7

　第四节　GIS 相关学科 …………………………………………………… 8

　第五节　GIS 的发展 ……………………………………………………… 14

　第六节　GIS 主流软件简介 ……………………………………………… 17

第二章　GIS 空间数据结构 ………………………………………………… 24

　第一节　空间数据及其特征 ……………………………………………… 24

　第二节　空间数据结构的类型 …………………………………………… 26

　第三节　矢量数据结构 …………………………………………………… 30

　第四节　栅格数据结构 …………………………………………………… 37

第三章　GIS 数据的获取与处理 …………………………………………… 46

　第一节　GIS 数据的获取 ………………………………………………… 46

　第二节　空间数据的质量分析与控制 …………………………………… 53

　第三节　GIS 数据的处理 ………………………………………………… 61

　第四节　空间数据的元数据 ……………………………………………… 70

第四章　空间分析 …………………………………………………………… 74

　第一节　空间查询 ………………………………………………………… 74

　第二节　空间量算 ………………………………………………………… 75

　第三节　缓冲区分析 ……………………………………………………… 77

　第四节　叠加分析 ………………………………………………………… 79

　第五节　空间插值 ………………………………………………………… 84

　第六节　网络分析 ………………………………………………………… 87

　第七节　数字高程模型 …………………………………………………… 92

第五章　空间数据的表现与产品输出 ……………………………………… 99

　第一节　GIS 产品输出 …………………………………………………… 99

　第二节　地理信息可视化 ………………………………………………… 104

　第三节　GIS 专题图绘制 ………………………………………………… 105

第六章　GIS 新技术 ·· 113

  第一节　组件式 GIS ·· 113

  第二节　嵌入式 GIS ·· 116

  第三节　网格 GIS ·· 118

  第四节　云 GIS ·· 123

  第五节　WebGIS ·· 125

  第六节　3S 集成技术 ·· 127

第七章　GIS 在行业中的应用 ·································· 132

  第一节　概述 ·· 132

  第二节　GIS 在地籍测量中的应用 ······························ 133

  第三节　GIS 基于规则的拓扑在地籍数据中的应用 ················ 136

  第四节　GIS 在城市规划中的应用 ······························ 138

  第五节　GIS 空间分析技术在水利行业中的应用 ·················· 141

  第六节　GIS 在物流中的应用 ·································· 145

  第七节　GIS 在土地管理中的应用 ······························ 149

  第八节　城市停车场三维 GIS 平台应用 ·························· 152

  第九节　GIS 地图在视频监控系统的行业化应用 ·················· 159

  第十节　目前我国 GIS 发展现状和对策 ·························· 162

第八章　从数字城市到智慧城市 ································ 166

  第一节　数字城市概述 ·· 166

  第二节　数字城市的支撑技术 ·································· 174

  第三节　智慧城市概述 ·· 190

  第四节　智慧城市支撑技术与应用 ······························ 192

参考文献 ·· 201

第一章 绪 论

第一节 GIS 的相关概念

一、数据、信息、地理数据和地理信息

数据是一种未经加工的原始资料，格式依赖计算机系统。数据是指能被计算机进行处理的一切对象，包括数字、文字、符号、图形、图像等。

信息是用数字、文字、符号、语言、图形、图像、声音等介质来向人们或机器提供关于现实世界的各种知识。信息具有以下一些基本属性：客观性、传输性、共享性、适应性、等级性、可压缩性、扩散性、增值性、转换性等。但最主要的特点如下：

（1）客观性。任何信息都是与客观事实紧密相关的，具有本体意义特征，它是对客观事物存在状态、行为过程、现象规律的外在表征的表达，这是信息正确性和精确度的保证。

（2）传输性。信息可以在信息发送者和接受者之间传输，发送者将信息编码后在信息通道中实时转移，接受者获取后对其进行解译，这便是香农信息熵传输过程。在信息系统中，信息的传输既包括系统把有用信息送至终端设备（包括远程终端）和以一定的形式或格式提供给有关用户，也包括信息在系统内各个子系统之间的流转和交换，如网络传输技术。

（3）共享性。信息与实物不同，信息可以传输给多个用户，为多个用户共享，而其本身并无损失。

信息的这些特点，使信息成为当代社会发展的一项重要资源。

数据是客观对象的表示，而信息则是数据内涵的意义，是数据的内容和解释，信息来源于数据。也就是说数据是信息的载体，只有理解了数据的含义，才能得到数据中所包含的信息。

信息可以离开信息系统而独立存在，也可以离开信息系统的各个组成和阶段而独立存在；而数据的格式往往与计算机系统有关，并随载荷它的物理设备的形式而改变。数据是原始事实，而信息是数据处理的结果。不同知识、经验的人，对于同一数据的理解，可得到不同信息。

信息与数据是不可分离的。信息由与物理介质有关的数据表达，数据中所包含的意义就是信息。数据是记录下来的某种可以识别的符号，具有多种多样的形式，也可以由一种数据形式转换为其他数据形式，但其中包含的信息的内容不会改变。只有理解了数据的含义，对数据做出解释，才能提取数据中所包含的信息。对数据进行处理（运算、排序、编码、分类、增强等）就是为了得到数据中包含的信息。虽然日常生活中数据和信息概念分得不是很清，但它们有着不同的含义。可以把数据比作原材料，而信息是对原材料处理的

结果。如同一个木匠，在一些工具的帮助下，可以把木材做成有用的家具。同样，计算机专业人员应用计算机的硬件和软件把原始数据转换成信息。这种转换过程可用图 1-1 说明。

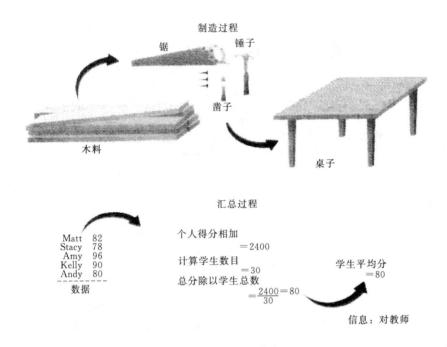

图 1-1　数据和信息

地理数据则是各种地理特征和现象间关系的符号化表示，包括空间位置、属性特征及时域特征三部分。空间位置数据是通过经纬网或公里网建立的地理坐标来实现空间位置的识别；属性特征数据是描述地物特征的定性或定量指标；时域特征数据是指采集地理数据或地理现象发生的时刻或时段。空间位置、属性及时间是地理空间分析的三大基本要素。

地理信息则指与研究对象的空间地理分布有关的信息，它表示地理系统诸要素的数量、质量、分布特征，它也是相互联系和变化规律的图、文、声、像等的总称。

地理信息属于空间信息，它是对表达地理特征与地理现象之间关系的地理数据的解释。

地理信息除了具有信息的一般特性，还具有以下独特特性：

（1）空间分布性。地理信息具有空间定位的特点，先定位后定性，并在区域上表现出分布式特点，其属性表现为多层次，因此地理数据库的分布或更新也应是分布式。

（2）数据量大。地理信息既有空间特征，又有属性特征，另外地理信息还随着时间的变化而变化，具有时间特征，因此其数据量很大。尤其是随着全球对地观测计划不断发展，我们每天都可以获得上万亿兆的关于地球资源、环境特征的数据。这必然对数据处理与分析带来很大压力。

（3）信息载体的多样性。地理信息的第一载体是地理实体的物质和能量本身，除此之外，还有描述地理实体的文字、数字、地图和影像等符号信息载体以及纸质、磁带、光盘等物理介质载体。对于地图来说，它不仅是信息的载体，也是信息的传播媒介。

二、信息系统

1. 信息系统的基本组成

信息系统是具有采集、管理、分析和表达数据能力的系统。在计算机时代信息系统都部分或全部由计算机系统支持，并由计算机硬件、软件、数据和用户四大要素组成，另外，智能化的信息系统还包括知识。

计算机硬件包括各类计算机处理及终端设备；软件是支持数据信息的采集、存储加工、再现和回答用户问题的计算机程序系统；数据则是系统分析与处理的对象，构成系统的应用基础；用户是信息系统所服务的对象。

2. 信息系统的类型

根据系统所执行的任务，信息系统可分为事务处理系统（Transaction Process System）和决策支持系统（Decision Support System）。事务处理系统强调的是数据的记录和操作，民航订票系统是其典型示例之一。决策支持系统是用以获得辅助决策方案的交互式计算机系统，一般是由语言系统、知识系统和问题处理系统共同构成。

三、地理信息系统

地理信息系统（Geographic Information System 或 Geo-Information System，GIS）有时又称为"地学信息系统"或"资源与环境信息系统"。它是一种特定的十分重要的空间信息系统。它是在计算机硬、软件系统支持下，对整个或部分地球表层（包括大气层）空间中的有关地理分布数据进行采集、储存、管理、运算、分析、显示和描述的技术系统。地理信息系统处理、管理的对象是多种地理空间实体数据及其关系，包括空间定位数据、图形数据、遥感图像数据、属性数据等，用于分析和处理在一定地理区域内分布的各种现象和过程，解决复杂的规划、决策和管理问题。

通过上述的分析和定义可提出 GIS 的如下基本概念：

（1）GIS 的物理外壳是计算机化的技术系统，它又由若干个相互关联的子系统构成。如数据采集子系统、数据管理子系统、数据处理和分析子系统、图像处理子系统、数据产品输出子系统等，这些子系统的优劣、结构直接影响着 GIS 的硬件平台、功能、效率、数据处理的方式和产品输出的类型。

（2）GIS 的操作对象是空间数据，即点、线、面、体这类有三维要素的地理实体。空间数据的最根本特点是每一个数据都按统一的地理坐标进行编码，实现对其定位、定性和定量的描述，这是 GIS 区别于其他类型信息系统的根本标志，也是其技术难点之所在。

（3）GIS 的技术优势在于它的数据综合、模拟与分析评价能力，可以得到常规方法或普通信息系统难以得到的重要信息，实现地理空间过程演化的模拟和预测。

（4）GIS 与测绘学和地理学有着密切的关系。大地测量、工程测量、矿山测量、地籍测量、航空摄影测量和遥感技术为 GIS 中的空间实体提供各种不同比例尺和精度的定位数；电子速测仪、GPS全球定位技术、解析或数字摄影测量工作站、遥感图像处理系统等现代测绘技术的使用，可直接、快速和自动地获取空间目标的数字信息产品，为GIS提供丰富和更为实时的信息源，并促使GIS向更高层次发展。地理学是GIS的理论依托。有的学者断言，"地理信息系统和信息地理学是地理科学第二次革命的主要工具和手段。如果说GIS的兴起和发展是地理科学信息革命的一把钥匙，那么，信息地理学的兴起和发展将是打开地理科学信息革命的一扇大门，必将为地理科学的发展和提高开辟一个崭新的天地"。GIS被誉为地学的第三代语言——用数字形式来描述空间实体。

GIS按研究的范围大小可分为全球性的、区域性的和局部性的；按研究内容的不同可分为综合性的与专题性的。同级的各种专业应用系统集中起来，可以构成相应地域同级的区域综合系统。在规划、建立应用系统时应统一规划这两种系统的发展，以减小重复浪费，提高数据共享程度和实用性。

GIS按其内容可以分为三大类：

（1）专题地理信息系统（Thematic GIS），是具有有限目标和专业特点的GIS，为特定的专门目的服务。例如，森林动态监测信息系统、水资源管理信息系统、矿业资源信息系统、农作物估产信息系统、草场资源管理信息系统、水土流失信息系统等。

（2）区域信息系统（Regional GIS），主要以区域综合研究和全面的信息服务为目标，可以有不同的规模，如国家级的、地区或省级的、市级和县级等为各不同级别行政区服务的区域信息系统；也可以按自然分区或流域为单位的区域信息系统。区域信息系统如加拿大国家信息系统、中国黄河流域信息系统等。许多实际的地理信息系统是介于上述两者之间的区域性专题信息系统，如北京市水土流失信息系统、海南岛土地评价信息系统、河南省冬小麦估产信息系统等。

（3）地理信息系统工具或地理信息系统外壳（GIS Tools），是一组具有图形图像数字化、存储管理、查询检索、分析运算和多种输出等地理信息系统基本功能的软件包。它们或者是专门设计研制的，或者在完成了实用地理信息系统后抽取掉具体区域或专题的地理系空间数据后得到的，具有对计算机硬件适应性强、数据管理和操作效率高、功能强且具有普遍性的实用性信息系统，也可以用作GIS教学软件。

在通用的GIS工具支持下建立区域或专题GIS，不仅可以节省软件开发的人力、物力、财力，缩短系统建设周期，提高系统技术水平，而且使地理信息系统技术易于推广，并使广大地学工作者可以将更多的精力投入高层次的应用模型开发上。

第二节 GIS 组 成

与普通的信息系统类似，一个完整的GIS主要由四个部分构成，即计算机硬件系统、计算机软件系统、地理数据（或空间数据）和系统管理操作人员。其核心部分是计算机系统（软件和硬件），空间数据反映GIS的地理内容，而管理人员和用户则决定系统的工作方式和信息表示方式。系统构成如图1-2所示。

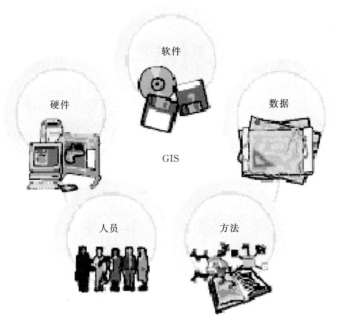

图 1-2 GIS 的构成

一、计算机硬件系统

计算机硬件系统是计算机系统中的实际物理装置的总称,可以是电子的、电的、磁的、机械的、光的元件或装置,是 GIS 的物理外壳。系统的规模、精度、速度、功能、形式、使用方法甚至软件都与硬件有极大的关系,受硬件指标的支持或制约。GIS 由于其任务的复杂性和特殊性,必须由计算机设备支持。构成计算机硬件系统的基本组件包括输入/输出设备、中央处理单元、存储器(包括主存储器、辅助存储器硬件)等。这些硬件组件协同工作,向计算机系统提供必要的信息,使其完成任务,保存数据以备现在或将来使用,将处理得到的结果或信息提供给用户。

二、计算机软件系统

计算机软件系统是指必需的各种程序。对于 GIS 应用而言,通常包括以下内容

1. 计算机系统软件

由计算机厂家提供的、为用户使用计算机提供方便的程序系统,通常包括操作系统、汇编程序、编译程序、诊断程序、库程序以及各种维护使用手册、程序说明等,是 GIS 日常工作所必需的。

2. GIS 软件和其他支持软件

GIS 软件和其他支持软件包括通用的 GIS 软件包,也可以包括数据库管理系统、计算机图形软件包、计算机图像处理系统、CAD 等,用于支持对空间数据输入、存储、转换、输出和与用户接口。

3. 应用分析程序

由系统开发人员或用户根据地理专题或区域分析模型编制的用于某种特定应用任务的程序，是系统功能的扩充与延伸。在 GIS 工具支持下，应用程序的开发应是透明的和动态的，与系统的物理存储结构无关，而随着系统应用水平的提高不断优化和扩充。应用程序作用于地理专题或区域数据，构成 GIS 的具体内容，这是用户最为关心的真正用于地理分析的部分，也是从空间数据中提取地理信息的关键。用户进行系统开发的大部分工作是开发应用程序，而应用程序的水平在很大程度上决定系统的应用性优劣和成败。

三、系统开发、管理和使用人员

人是 GIS 中的重要构成因素，GIS 不同于一幅地图，而是一个动态的地理模型。仅有系统软硬件和数据还不能构成完整的地理信息系统，需要人进行系统组织、管理、维护和数据更新、系统扩充完善、应用程序开发，并灵活采用地理分析模型提取多种信息，为研究和决策服务。对于合格的系统设计、运行和使用来说，地理信息系统专业人员是地理信息系统应用的关键，而强有力的组织是系统运行的保障。一个周密规划的地理信息系统项目应包括负责系统设计和执行的项目经理、信息管理的技术人员、系统用户化的应用工程师以及最终运行系统的用户。

四、空间数据

空间数据是指以地球表面空间位置为参照的自然、社会和人文经济景观数据，可以是图形、图像、文字、表格和数字等。它是由系统的建立者通过数字化仪、扫描仪、键盘、磁带机或其他系统通信输入 GIS，是系统程序作用的对象，是 GIS 所表达的现实世界经过模型抽象的实质性内容。

在 GIS 中，空间数据主要包括以下内容。

1. 某个已知坐标系中的位置

即几何坐标，标识地理景观在自然界或包含某个区域的地图中的空间位置，如经纬度、平面直角坐标、极坐标等，采用数字化仪输入时通常采用数字化仪直角坐标或屏幕直角坐标。

2. 实体间的空间关系

实体间的空间关系通常包括：度量关系，如两个地物之间的距离远近；延伸关系（或方位关系），定义了两个地物之间的方位；拓扑关系，定义了地物之间连通、邻接等关系，是 GIS 分析中最基本的关系。

3. 与几何位置无关的属性

即通常所说的非几何属性或简称属性，是与地理实体相联系的地理变量或地理意义。属性分为定性和定量的两种，前者包括名称、类型、特性等，后者包括数量和等级；定性描述的属性如土壤种类、行政区划等，定量的属性如面积、长度、土地等级、人口数量等。非几何属性一般是经过抽象的概念，通过分类、命名、量算、统计得到。任何地理实体至少有一个属性，而 GIS 的分析、检索和表示主要是通过属性的操作运算实现的，因此，属性的分类系统、量算指标对系统的功能有较大的影响。

第三节 GIS 功 能

在建立一个实用的 GIS 过程中，从数据准备到系统完成，必须经过各种数据的转换，每个转换都有可能改变原有的信息。一般的 GIS 包括以下基本功能：

空间数据采集、空间数据处理（包括编辑）、空间数据存储、分析模型建立、空间信息分析、空间信息输出、各种地图制作等，其中空间分析功能是 GIS 的核心功能。GIS 空间分析是基于地理对象的位置和形态特征的空间数据分析技术，其目的在于提取和传输空间信息，是 GIS 的主要特征，同时也是评价一个 GIS 功能的主要指标之一；是各类综合性地学分析模型的基础，它为人们建立复杂的空间应用模型提供了基本方法。

一、数据采集与输入

数据采集与输入主要用于获取数据，保证 GIS 数据库中的数据在内容与空间上的完整性、数值逻辑一致性与正确性等。一般而论，GIS 数据库的建设占整个系统建设投资的 70% 或更多，并且这种比例在近期内不会有明显的改变。因此，信息共享与自动化数据输入成为 GIS 研究的重要内容。目前可用于 GIS 数据采集的方法与技术很多，有些仅用于 GIS，如手扶跟踪数字化仪；而自动化扫描输入与遥感数据集成最为人们所关注。扫描技术的应用与改进，实现扫描数据的自动化编辑与处理仍是 GIS 数据获取研究的关键。

二、数据处理

初步的数据处理主要包括数据格式化、转换、概括。数据的格式化是指不同数据结构的数据间变换，是一种耗时、易错、需要大量计算量的工作，应尽可能避免；数据转换包括数据格式转化、数据比例尺的变化等。在数据格式的转换方式上，矢量到栅格的转换要比其逆运算快速、简单。数据比例尺的变换涉及数据比例尺缩放、平移、旋转等方面，其中最为重要的是投影变换；制图综合包括数据平滑、特征集结等。目前 GIS 所提供的数据概括功能极弱，与地图综合的要求还有很大差距，需要进一步发展。

三、数据存储与组织

这是建立 GIS 数据库的关键步骤，涉及空间数据和属性数据的组织。栅格模型、矢量模型或栅格/矢量混合模型是常用的空间数据组织方法。空间数据结构的选择在一定程度上决定了系统所能执行的数据与分析的功能；在地理数据组织与管理中，最为关键的是如何将空间数据与属性数据融合为一体。目前大多数系统都是将两者分开存储，通过公共项（一般定义为地物标识码）来连接。这种组织方式的缺点是数据的定义与数据操作相分离，无法有效记录地物在时间域上的变化属性。

四、空间查询与分析

空间查询是 GIS 以及许多其他自动化地理数据处理系统应具备的最基本的分析功能；而空间分析是 GIS 的核心功能，也是 GIS 与其他计算机系统的根本区别，模型分析是在地理信息系统支持下，分析和解决现实世界中与空间相关的问题，它是 GIS 应用深化的重要标志。GIS 的空间分析可分为三个不同的层次。

1. 空间检索

空间检索包括从空间位置检索空间物体及其属性和从属性条件集检索空间物体。"空间索引"是空间检索的关键技术，如何有效地从大型的 GIS 数据库中检索出所需信息，将影响 GIS 的分析能力；另外，空间物体的图形表达也是空间检索的重要部分。

2. 空间拓扑叠加分析

空间拓扑叠加实现了输入要素属性的合并（Union）以及要素属性在空间上的连接（Join）。空间拓扑叠加本质是空间意义上的布尔运算。

3. 空间模型分析

在空间模型分析方面，目前多数研究工作着重于如何将 GIS 与空间模型分析相结合。其研究可分三类：

第一类是 GIS 外部的空间模型分析，将 GIS 当作一个通用的空间数据库，而空间模型分析功能则借助于其他软件。

第二类是 GIS 内部的空间模型分析，试图利用 GIS 软件来提供空间分析模块以及发展适用于问题解决模型的宏语言，这种方法一般基于空间分析的复杂性与多样性，易于理解和应用，但由于 GIS 软件所能提供空间分析功能极为有限，这种紧密结合的空间模型分析方法在实际 GIS 的设计中较少使用。

第三类是混合型的空间模型分析，其宗旨在于尽可能地利用 GIS 所提供的功能，同时也充分发挥 GIS 使用者的能动性。

五、图形与交互显示

GIS 为用户提供了许多用于地理数据表现的工具，其形式既可以是计算机屏幕显示，也可以是诸如报告、表格、地图等硬拷贝图件，尤其要强调的是 GIS 的地图输出功能。一个好的 GIS 应能提供一种良好的、交互式的制图环境，以供 GIS 的使用者能够设计和制作出高质量的地图。

第四节 GIS 相关学科

GIS 是 20 世纪 60 年代开始迅速发展起来的地理学研究的新技术，是多种学科交叉的产物。作为传统科学与现代技术相结合的产物，GIS 为各种涉及空间数据分析的学科提供了新的方法，而这些学科的发展都不同程度地提供了一些构成 GIS 的技术与方法。为了更好地掌握并深刻地理解 GIS，有必要认识和理解与 GIS 相关的学科。

地理学是一门研究人类生活空间的学科，地理学研究空间分析的传统历史悠久，它为

GIS 提供了一些空间分析的方法与观点，成为 GIS 部分理论的依托。地理学的许多分支学科，如地图学、大地测量学等都与 GIS 有着密切的相依关系。另外，GIS 也以一种新的思想和新的技术手段解决地理学的问题，使地理学研究的数学传统得到充分发挥。GIS 的相关学科见图 1-3。

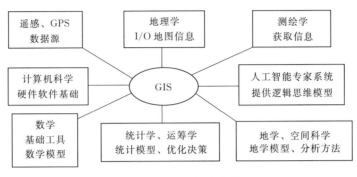

图 1-3　GIS 相关学科

一、地理学

地理学是一门研究人类赖以生存的空间的科学。在地理学研究中，空间分析的理论和方法具有悠久的历史，它为 GIS 提供了有关空间分析的基本观点与方法，成为 GIS 的基础理论依托。而 GIS 的发展也为地理问题的解决提供了全新的技术手段，并使地理学研究的数学传统得到了充分地发挥。

地理系统的内部及其外界，不仅存在着物质和能量的交流，还存在着信息流，这种信息交流使得系统许多似不相关的形态各异的要素联系起来，共同作用于地理系统。而 GIS 体现着一种信息联系，由系统建立者输入，而由机器存储的各种影像、地图和图表都包含了丰富的地理空间信息的数据，通过指针或索引等组织信息相关联；系统软件对空间数据编码解码和处理；用户对 GIS 发出指令，GIS 按约定的方式做出解释后，获得用户指令信息，调用系统内的数据提取相应的信息，从而对用户做出反应，这是信息按一定方式流动的过程。

由此可见，GIS 不仅要以信息的形式表达自然界实体之间物质与能量的流动，更为重要的是以最直接的方式反映了自然界的信息联系，并可以快速模拟这种联系发展的结果，达到地理预测的目的。

总之，自然界与人类存在着深刻的信息联系，地理学家所面对的是一个形体的，即自然的地理世界，而感受到的却是一个地理信息世界。地理研究实际上是基于这个与真实世界并存而且在信息意义上等价的信息世界的，GIS 以地理信息世界表达地理现实世界，可以真实、快速地模拟各种自然的过程和思维的过程，对地理研究和预测具有十分重要的作用。

二、地图学

地图是记录地理信息的一种图形语言形式，从历史发展的角度来看，GIS 脱胎于地图，地图学理论与方法对 GIS 的发展有着重要的影响。GIS 是地图信息的又一种新的载体形式，它具有存储、分析、显示和传输空间信息的功能，尤其是计算机制图为地图特征的数字表达、操作和显示提供了一系列方法，为 GIS 的图形输出设计提供了技术支持；同时，地图仍是目前 GIS 的重要数据来源之一。但两者又有本质之区别：地图强调的是数据分析、符号化与显示，而 GIS 更注重于信息分析。

地图是认识和分析研究客观世界的常用手段，尽管地图的表现形式发生了种种变化，但是依然可以认为构成地图的主要因素有三：地图图形、数学要素和辅助要素。地图图形是用地图符号所表示的制图区域内，各种自然和社会经济现象的分布、联系以及时间变化等的内容部分（又称地理要素），如江河山地、平原、土质植被、居民点、道路、行政界限或其他专题内容等，这是地图构成要素中的主体部分。数学要素是决定图形分布位置和几何精度的数学基础，是地图的"骨架"。其中包括地图投影及坐标网、比例尺、大地控制点等。地图投影是用数学方法将地球椭球面上的图形转绘到平面上；坐标网是各种地图的数学基础，是地图上不可缺少的要素；比例尺表示坐标网和地图图形的缩小程度；大地控制点是保证将地球的自然表面转绘到椭球面上，再转绘到平面直角坐标网内时，具有精确的地理位置。辅助要素是为了便于读图与用图而设置的。如图例就是显示地图内容的各种符号的说明，还有图名、地图编制和出版单位、编图时间和所用编图资料的情况、出版年月等。有的地图上还有补充资料，用以补充和丰富地图的内容。如在图边或图廓内空白处，绘制一些补充地图或剖面图、统计图等。有时还有一些表格或某一方面的重点文字说明。

从 GIS 的发展过程可以看出，GIS 的产生、发展与制图系统存在着密切的联系，两者的相通之处是基于空间数据库的表达、显示和处理。从系统构成与功能上看，一个 GIS 具有机助制图系统的所有组成和功能，并且还有数据处理的功能。地图是一种图解图像，是根据地理思想对现实世界进行科学抽象和符号表示的一种地理模型，是地理思维的产物，也是实体世界地理信息的高效载体，地图可以从不同方面、不同专题，系统地记录和传输实体世界历史的、现在的和规划预测的地理景观信息。

三、计算机科学

GIS 技术的创立和发展是与地理空间信息的表达、处理、分析和应用手段的不断发展分不开的。20 世纪 60 年代初，在计算机图形学的基础上出现了计算机化的数字地图。GIS 与计算机的数据库管理系统（DBMS）、计算机辅助设计（CAD）、计算机辅助制图（CAM）和计算机图形学（Computer Graphics）等有着密切的联系，但是它们都无法取代 GIS 的作用。

数据库管理系统（Database Management System，DBMS）是操作和管理数据库的软件系统，提供可被多个应用程序和用户调用的软件系统，支持可被多个应用程序和用户调用的数据库的建立、更新、查询和维护功能，GIS 在数据管理上借鉴 DBMS 的理论和方法，非几何属性数据有时也采用通用 DBMS 或在其上开发的软件系统管理；对于空间地理数据的管理，通用的 DBMS 有两个明显的弱点：第一，缺乏空间实体定义能力，目前流行的网状结构、层次结构、关系结构等，都难以对空间结构全面、灵活、高效地加以描述；第二，缺乏空间关系查询能力，通用的 DBMS 的查询主要是针对实体的查询，而 GIS 中则要求对实体的空间关系进行查询，如关于方位、距离、包容、相邻、相交和空间覆盖关系等，显然，通用 DBMS 难以实现对地理数据空间查询和空间分析。数据是信息的载体，对数据进行解释可提取信息，通用数据库和地理数据库都是针对数据本身进行管理，而 GIS 则在数据管理基础上，通过地理模型运算，产生有用的地理信息，取得信息的多少和质量，与地理模型的水平密切相关。GIS 对空间数据和属性数据共同管理、分析和应用，而一般数据库系统，即管理信息系统（Management Information System，MIS）侧重于非图形数据（属性数据）的优化存储与查询，即使存储了图形，也是以文件的形式存储，不能对空间数据进行查询、检索、分析，没有拓扑关系，其图形显示功能也很有限，GIS 和 MIS 的比较见表 1-1。

表 1-1   **GIS 与 MIS 比较**

比较项目		GIS	MIS
不同点	数据类型	有空间分布特性，由点、线、面及相互关系构成	主要为描绘对象的属性数据或统计分析数据
	数据源	图形图像及地理特征属性	表格、统计数据、报表
	输出结果	图形图像产品、统计报表、文字报告、表格	表格、报表、报告
	硬件配置	外设：数字化仪、扫描仪、绘图仪、打印机、磁带机 主机：要求高档微机或工作站	打印机、键盘、一般微机
	软件	要求高，价格昂贵 如 ARC/INFO、微机版约 3.0 万元，工作站版约 5 万～10 万元	要求低、便宜，标准规格统一，如 Oracal、FoxBASE 等
	处 理 内 容（采用目的或分析内容）	用于系统分析、检索、资源开发利用或区域规划，地区综合治理，环境监测，灾害预测预报	查询、检索、系统分析、办公管理，如 OS
	工作方式	人机对话，交互作用程度高	人为干预少
共同点		两者均以计算机为核心，数据量大而复杂	

计算机图形学是利用计算机处理图形信息以及借助图形信息进行人-机通信处理的技术，是 GIS 算法设计的基础。GIS 是随着计算机图形学技术的发展而不断发展完善的，但是计算机图形学所处理的图形数据是不包含地理属性的纯几何图形，是地理空间数据的几何抽象，可以实现 GIS 底层的图形操作，但不能完成数据的地理模型分析和许多具有地理意义的数据处理，不能构成完整的 GIS。

计算机辅助设计（Computer-Aided Design，CAD）是通过计算机辅助设计人员进行设计，以提高设计的自动化程度，节省人力和时间；专门用于制图的计算机辅助制图（Computer-Aided Mapping，CAM），采用计算机进行几何图形的编辑和绘制。GIS 与 CAD 和 CAM 的区别在于：第一，CAD 不能建立地理坐标系和完成地理坐标变换；第二，GIS 的数据量比 CAD、CAM 大得多，结构更为复杂，数据间联系紧密，这是因为 GIS 涉及的区域广泛，精度要求高，变化复杂，要素众多，相互关联，单一结构难以完整描述；第三，CAD 和 CAM 不具备 GIS 具有地理意义的空间查询和分析功能，比较 GIS 和 CAD 的区别和联系如表 1-2 和表 1-3 所示。

表 1-2   **GIS 与 CAD 的区别和联系**

GIS 与 CAD 共同点	GIS 与 CAD 不同点	
都有空间坐标系统 都能将目标和参考系联系起来 都能描述图形数据的拓扑关系 都能处理属性和空间数据	CAD 研究对象为人造对象——规则几何图形及组合 图形功能特别是三维图形功能强，属性库的功能相对较弱 CAD 中的拓扑关系较为简单 一般采用几何坐标系 CAD 是计算机辅助设计，是规则图形的生成、编辑与显示系统，与外部描述数据无关	GIS 处理的数据大多来自于现实世界，较之人造对象更复杂，数据量更大；数据采集的方式多样化 GIS 的属性库结构复杂，功能强大 强调对空间数据的分析，图形属性交互使用频繁 GIS 集规则图形与地图制图于一身，且有较强的空间分析能力 GIS 采用地理坐标系

表 1-3   **GIS 与 CAM 的区别和联系**

GIS 与 CAM 共同点	GIS 与 CAM 不同点	
都有地图输出、空间查询、分析和检索功能	CAM 侧重于数据查询、分类及自动符号化，具有地图辅助设计和产生高质量矢量地图的输出机制 它强调数据显示而不是数据分析，地理数据往往缺乏拓扑关系 它与数据库的联系通常是一些简单的查询 CAM 适合地图制图的专用软件，缺乏空间分析能力	CAM 是 GIS 的重要组成部分 综合图形和属性数据进行深层次的空间分析，提供辅助决策信息

四、遥感

遥感是一种不通过直接接触目标物而获得其信息的一种新型的探测技术。它通常是指获取和处理地球表面的信息，尤其是自然资源与人文环境方面的信息，并最后反映在像片或数字影像上的技术。影像通常需要进一步处理方可使用，用于该目的的技术称为图像处理。图像处理包括各种可以对像片或数字影像进行处理的操作，这些操作包括影像压缩、影像存储、影像增强、处理以及量化影像模式识别等。目前，遥感已经成为环境研究中极有价值的工具，不同学科的专业人员不断地发现航空遥感不同数据在各领域内的潜在应用。遥感和图像处理技术被用于获取和处理地球表面有关的信息；GIS 的发展则源于对土地属性信息与相应几何表达的集成及空间分析的需求。这两项技术在过去是相互独立发展的，尽管它们实际上是互补的。首先，从 GIS 本身的角度出发，随着应用领域的开拓和深入，首先要求存储大量的有关数据，通过不断的积累和延伸，从而具备反映自然历史过程和人为影响的趋势的能力，揭示事物发展的内在规律。但是 GIS 数据库几乎只是通过地图数字化建立起来的，用户不能接触到原始资料及其有关信息，而地理信息系统中的原始数据却是有效地模拟和控制误差传播的基础。其次，GIS 为了保持系统的动态性和现势性，它还要求及时地更新系统中的数据，目前 GIS 中存储的信息只是现实世界的一个静态模型，需要定时或及时的更新。遥感作为一种获取和更新空间数据的强有力手段，能及时地提供准确、综合和大范围内进行动态检测的各种资源与环境数据，因此遥感信息就成为 GIS 十分重要的信息源。另外 GIS 中的数据可以作为遥感影像分析的一种辅助数据。在两者集成过程中，GIS 主要用于数据处理、操作和分析；而遥感则作为一种数据获取、维护与更新 GIS 中的数据的手段，此外，GIS 可用于基于知识的遥感影像分析。GIS 和遥感是两个相互独立发展起来的技术领域，随着它们应用领域的不断开拓和自身的不断发展，即由定性到定量、由静态到动态、由现状描述到预测预报的不断深入和提高，它们的结合也逐渐由低级向高级阶段发展。

遥感和 GIS 的结合经历了由低级向高级阶段的发展过程。最早的结合工作包括把航空遥感像片经目视判读和处理后编制成各种类型的专题图，然后将它们数字化、输入 GIS；从 20 世纪 70 年代中后期开始，各种影像分析系统得到了迅速而广泛地发展。大量的遥感数据以及图像分析系统图像分类所形成的各类专题信息，可以直接输入 GIS，整个过程能在"全数字"的环境下进行，图像数据能够在生成编辑地图的屏幕上显示，标志着遥感和 GIS 的结合进入了新的阶段。

遥感作为空间数据采集手段，已成为 GIS 的主要信息源与数据更新途径。遥感图像处理系统包含若干复杂的解析函数，并有许多方法用于信息的增强与分类。另外，大地测量为 GIS 提供了精确定位的控制系统，尤其是全球定位系统（GPS）可快速、廉价地获得地表特征的位置信息。航空像片及其精确测量方法的应用使得摄影测量成为 GIS 主要的地形数据来源。总之，遥感是 GIS 的主要数据源与更新手段，同时，GIS 的应用又进一步支持遥感信息的综合开发与利用。

五、管理科学

传统意义上的管理信息系统是以管理为目的，在计算机硬件和软件支持下具有存储、处理、管理和分析数据能力的信息系统，如人才管理信息系统、财务管理信息系统、服务业管理信息系统等。这类信息系统的最大特征是它处理的数据没有或者不包括空间特征。

非传统意义上的管理信息系统是以具有空间分析功能的 GIS 为支持、以管理为目标的信息系统，它利用 GIS 的各种功能实现对具有空间特征的要素进行处理分析以达到管理区域系统的目的，如城市交通管理信息系统、城市供水管理信息系统、节水农业管理信息系统等。

事实上，可以形象地把 GIS 与其他学科的关系用一棵树来表示，如图 1-4 所示。

正如图 1-4 所述，"树根"表示 GIS 的技术基础，如测量学、计算机科学与数学等；"树枝"表示 GIS 的应用，应用的结果与需求返回到"树根"；"雨滴"是每个应用中的数据来源，如各种测量如地形测量、环境测量等，并为它的发展提供了有效的手段，而 GIS 的应用主要是在环境科学、地理学和社会科学等领域。

六、测绘学

GIS 与测绘学和地理学有着密切的关系。大地测量、工程测量、矿山测量、地籍测

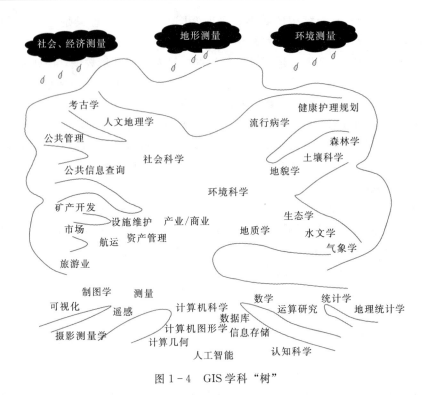

图 1-4 GIS 学科 "树"

量、航空摄影测量和遥感技术为 GIS 中的空间实体提供各种不同比例尺和精度的定位数据；电子速测仪、GPS 全球定位技术、解析或数字摄影测量工作站、遥感图像处理系统等现代测绘技术的使用，可直接、快速和自动地获取空间目标的数字信息产品，为 GIS 提供丰富和更为实时的信息源，并促使 GIS 向更高层次发展。GIS 的发展要求测绘能及时、快速、直接地提供数字形式的数据，这样就促使常规的测量仪器向数字化测量仪器发展，导致了数字化测绘生产体系的建立。

第五节 GIS 的 发 展

GIS 自 20 世纪 60 年代萌芽以来，至今已发展得相当成熟。作为传统学科与现代技术相结合的产物，GIS 正逐渐发展成为一门处理空间数据的现代综合学科。其研究的重点已从原始的算法和数据结构，转移到更加复杂的数据库管理和围绕 GIS 技术使用的问题上，并开始涉及地理信息科学的建立及地理信息的社会化服务。

一、国际地理信息系统发展简史

1. 20 世纪 60 年代为开拓发展阶段

20 世纪 60 年代，主要探索 GIS 的思想和技术方法，关注的是：什么是 GIS? GIS 能干什么？突破难点是 "机助制图、量算分析"。在这一时期，针对 GIS 一些具体功能的软件技术有了较大进展，主要表现在：①栅格-矢量转换技术、自动拓扑编码以及多边形中拓扑误差检测等得到发展；②具有属性数据的单张或部分图幅可以与其他图幅或部分在图边自动拼接；③采用命令语言建立空间数据管理系统，可以实现属性再分类、分解线段、合并多边形、改变比例尺、量测面积、按属性搜索、输出表格和报告以及多边形叠加处理等。这一时期的软件主要是针对当时的主机和外设开发的，算法较粗糙，图形功能较为有限。

2. 20 世纪 70 年代为发展巩固阶段

20 世纪 70 年代，是 GIS 走向实用的发展期。这一时期由于计算机硬件和软件技术的发展以及在自然资源和环境数据处理的应用，促进了 GIS 的迅速发展。特别是硬盘的使用，为空间数据的录入、存储、检索和输出提供了强有力的手段。用户屏幕和图形、图像卡的发展增强了人机对话和高质量图形显示功能，促使 GIS 朝着实用方向发展。关于 GIS 的理论技术问题引起学者重视，在国际地理联合会 IGU 组织建立了 GIS 专业委员会，学术期刊《Computer and Geosciences》于 1974 年创刊，序列学术会议 AutoCarto 成为讨论机助制图的有影响的国际会议。1973 年英国军械测绘局开始全国地图的数字化建库，而美国地质调查局 USGS 则于 1980 年完成了全国 1∶200 万地图的数字化建库。

美国、加拿大、英国、联邦德国、瑞典和日本等国对 GIS 的研究均投入了大量人力、物力和财力。到 1972 年加拿大地理信息系统全面投入运行与使用，成为世界上第一个运行型的 GIS。在此期间美国地质调查局发展了 50 多个 GIS，用于获取和处理地质、地理、地形和水资源信息；1974 年日本国土地理院开始建立数字国土信息系统，存储、处理和检索测量数据、航空照片信息、行政区划、土地利用、地形地质等信息；瑞典在中央、区域和城市三级建立了许多信息系统，如土地测量信息系统、斯德哥尔摩 GIS、城市规划信息系统等。但由于当时的 GIS 系统多数运行在小型机上，涉及的计算机软硬件、外部设备及 GIS 软件本身的价格都相当昂贵，限制了 GIS 的应用范围。

这一时期地图数字化输入技术有了一定的进展，采用人机对话交互方式，提高了工作效率，同时扫描输入技术也开始出现。图形功能扩展不大，数据管理能力也较差。

3. 20 世纪 80 年代为推广应用阶段

20 世纪 80 年代是 GIS 的推广应用阶段，由于计算机技术的飞速发展，在性能大幅度提高的同时，价格迅速下降，特别是图形工作站和个人计算机的性价比大为提高，使 GIS 的应用领域与范围不断扩大。GIS 技术在以下几个方面有了很大的突破：①栅格扫描输入处理方面，大大提高了数据输入的效率；②数据存储与运算方面，GIS 处理的数据量与复杂程度大为提高，遥感影像的自动校正、实体识别、影像增强和专家系统分析软件也明显增加；③数据输出方面，GIS 软件支持多种形式的图形输出；④在地理信息管理方面，适合 GIS 空间关系表达和分析的空间数据库管理系统也有了很大的发展。

4. 20 世纪 90 年代至今为蓬勃发展阶段

这个时期，随着地理信息产业的建立和数字化信息产品在全世界的普及，GIS 成为了一个产业，投入使用的 GIS 系统的数量，每 2～3 年就翻一番，GIS 市场的增长也很快。目前，GIS 的应用在走向区域化和全球化的同时，已渗透到各行各业，涉及千家万户，成为人们生产、生活、学习和工作中不可缺少的工具和助手。20 世纪 90 年代，在 GIS 领域发起了一场关于 GIS 是一门技术还是一门科学的大讨论，有关学者开始从更高层次思考 GIS 的学科内涵与外延，一些相关的学术组织、期刊名称也将 GIS system 改为 GIS science。由于网络技术以及面向对象软件方法论和支撑技术的成熟，为 GIS 注入了新的活力，同时大量的应用要求促使 GIS 软件技术的快速发展，开始具备作为应用集成平台的能力。

这个时期，GIS 具有以下特点：①仍然以图层为处理的基础，新的处理模式正在酝酿与探索之中；②引入了 Internet 技术，开始向以数据为中心的方向过渡，实现了较低层次（浏览型或简单查询型）的 B/S 结构；③开放程度大幅度增加，组件化技术已成为 GIS 的一个主要方向，实现了跨平台运行；④逐渐重视元数据问题，空间数据共享、服务共享和 GIS 系统互联技术不断发展；⑤实现了空间数据与属性数据的一体化存储和初步一体化查询，提高了空间数据的操纵能力；⑥对 GIS 集成技术进一步研究，重点主要在空间信息分析的新模式和新方法、空间关系和数据模型、人工智能引入等；⑦应用领域迅速扩大，应用深度不断提高，开始具有初步的分析决策能力。

21 世纪是信息时代，网络化 WebGIS 得到进一步发展。GIS 进入信息化服务阶段，研究的问题不再局限于原理、方法、技术问题，还涉入到社会化应用中的管理、信息标准、产业政策等软科学研究，地理信息产业在网络技术推动下逐渐走向成熟。

二、中国 GIS 发展概况

我国 GIS 方面的工作始于 20 世纪 80 年代初。GIS 进入发展阶段的标志是第七个五年计划的开始，GIS 研究作为政府行为，正式列入国家科技攻关计划，开始了有计划、有组织、有目标的科学研究、应用实验和工程建设工作。许多部门同时展开了 GIS 研究与开发工作。1994 年中国 GIS 协会在北京成立，标志着中国 GIS 行业已形成一定规模。"九五"期间，国家将 GIS 的研究应用作为重中之重的项目予以支持，1996 年，为支持国产 GIS 软件的发展，原国家科学技术委员会开始组织软件评测，并组织应用示范工程。这一系列的举措极大地促进了国产 GIS 软件的发展与 GIS 的应用。1998 年，国产软件打破国外软件的垄断，在国内市场的占有率达 25%。GIS 在资源调查、评价、管理和监测，在城市的管理、规划和市政工程、行政管理与空间决策、灾害的评估与预测、地籍管理及土地利用，在交通、农业、公安等诸多领域得到了广泛的应用。在 GIS 教育方面，在 20 世纪 80 年代中后期，国内只有部分师范院校在研究生和本科生教学中开设地理信息系统课程。1997 年，国家学位委员会对原有学科进行合并、调整，在地理学一级学科中增加了"地图学与地理信息系统"（理学）、在测绘科学与技术一级学科中增加了"地图制图学与地理信息工程"（工学）两个二级学科，随后，许多师范院校纷纷开设本科 GIS 专业，发展十分迅速。根据统计截至 2007 年，全国已有 40 余所高等师范院校开办了 GIS 专业，为相关部门培养和输送 GIS 人才。

我国 GIS 起步较晚，但发展十分迅猛，已经形成了较大规模的专业队伍和学术组织，并在许多领域得到广泛的应用，显示了 GIS 在我国的广阔发展前景。

三、GIS 发展展望

经过 60 余年的发展，GIS 已经从高校和科研院所的实验室走入了人们生产、生活的各个方面，正以它独特而又强大的功能为人们提供各种地理空间信息服务。随着计算机技术、网络技术的不断发展，GIS 在未来还将取得更大的进展。具体说来，GIS 技术未来的发展可能主要体现在以下几个方面。

1. 服务领域更加广泛

GIS 已在我们今天生活的许多方面都取得了良好的应用，它代替人工完成了海量地理空间信息的存储与处理，快速便捷地为人们完成空间信息和属性信息的查询与检索工作，使过去十分繁重的地图编绘、测绘数据处理等与地理信息相关的工作强度大大降低，效率和质量大大提高。未来随着技术的发展，GIS 的服务领域将更加广泛。目前在我国，GIS 在很大程度上依靠政府的推动和企业级用户的使用。在未来，地理信息系统将更加向个人用户普及，通过网络和数字终端（包括个人电脑、PDA、手机以及其他终端），个人用户在吃、穿、住、用、行等各个方面都可以随时得到 GIS 提供的空间信息服务，例如，以地图形式显示的最优出行路线选择、最感兴趣的购物点和消费点选择等。GIS 将形成政府、企业级和个人三方面用户同时发展，服务领域涵盖政府公共管理、企业业务管理和个人信息服务等各个方面。

2. 服务内容更加丰富

GIS 的基础是地理空间信息，GIS 所能提供的服务内容受它所存储的信息的约束。在未来，随着硬件存储容量的不断提升，软件存储能力的不断提高，网络质量的进一步优化，有线和无线数据传输速度的进一步加快，地理信息的不断丰富，统一地理信息数据格式下的可共享的数据量的增加，以及应用分析模型的不断拓展和更新，GIS 的功能会更加强大，能够为人们提供更多、更深入的信息服务内容。例如，现在的公众地理信息服务系统提供的大多是二维矢量化信息服务，在未来，随着技术的进步，此类系统能够提供三维的、以地面近景数据为基础的信息服务，并融合了可共享的、来自多个不同信息提供商的数据，在此种服务模式下，用户对于目标地区的地物信息将更加一目了然，相关信息将非常直观和详细，可更好地满足用户对地理信息服务的需求。

3. 服务形式更加开放

因为 GIS 所涉及的技术众多，因此大多数的 GIS 都是开发者开发固定的功能、用户被动使用的模式。未来随着计算机技术和网络技术的发展，GIS 将成为更加开放的体系，用户可以通过网络或数字终端根据自我需要和喜好对 GIS 进行定制，为 GIS 加上自己需要的内容以及设置为自己喜好的风格。在此种开放的模式下，GIS 的发展融入了用户的知识和创新，将大大提高 GIS 的产品品质和内容丰富度。

综上所述，随着技术的不断发展和应用的不断深入，GIS 在未来会发展成为应用更加广泛、内容更加丰富、形式更加开放，并能为人们提供更好更多的信息服务的信息系统。

第六节　GIS 主流软件简介

GIS 经过几十年的发展，软件产业日渐成熟。目前国外流行的 GIS 商业软件主要有美国 ESRI（Environmental Systems Research Institute）公司的 ArcGIS 软件，国内主要软件有北京超图软件股份有限公司的 SuperMap 和中地数码集团的 MapGIS 等。

一、ArcGIS 简介

ESRI 公司成立于 1969 年，总部设在美国加利福尼亚州雷德兰兹市，是世界最大的 GIS 技术提供商，产品在国际影响较大，在世界上占有较强的市场份额。

ArcGIS 软件是完整的 GIS 数据创建、更新、查询、制图和分析系统，主要包括如下应用程序。

1. ArcMap

ArcMap 是 ArcGIS for Desktop 中一个主要的应用程序，承担所有制图和编辑任务，也包括基于地图的查询和分析功能。对 ArcGIS 桌面来说，地图设计是依靠 ArcMap 完成的。

ArcMap 通过一个或几个图层集合表达地理信息，而在地图窗口中又包含了许多地图元素，通常拥有多个图层的地图包括的元素有比例尺、指北针、地图标题、描述信息和图例。ArcMap 界面如图 1-5 所示。

ArcMap 提供两种类型的地图视图：地理数据视图和地图布局视图。在地理数据视图中，用户能对地理图层进行符号化显示、分析和编辑 GIS 数据集。目录内容（Table of Contents）帮助用户组织和控制数据框中 GIS 数据图层。数据视图是任何一个数据集在选定的一个区域内的地理显示窗口。在地图布局窗口中，用户可以处理地图的页面，包括地理数据视图和其他地图元素，比如比例尺、图例、指北针和地理参考等。

ArcMap 的地图文档（即所谓的交互式地图）可以发布为一个 ArcGIS for Server 的 GIS 地图服务。地图服务是 ArcGIS for Server 的主要服务类型，几乎是所有服务器 GIS 应用的基础，包括 Web 地图浏览、编辑、分析、工作流以及移动 GIS。地图服务也可以发布为 OGC 标准中的 WMS 和 KML 形式。

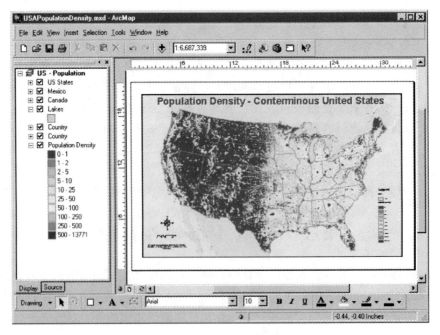

图 1-5 ArcMap 界面

2. ArcCatalog

ArcCatalog 应用程序帮助用户组织和管理所有的 GIS 信息，比如地图、球体、数据文件、Geodatabase、空间处理工具箱、元数据、服务等。它包括了下面的功能：浏览和查找地理信息；创建各种数据类型的数据；记录、查看和管理元数据；定义、输入和输出 Geodatabase 数据模型；在局域网和广域网上搜索和查找的 GIS 数据；管理运行于 SQL Server Express 中的 ArcSDE Geodatabase；管理文件类型的 Geodatabase 和个人类型的 Geodatabase；管理企业级 Geodatabase，支持的大型关系数据库包括 IBM DB2、Informix、Microsoft SQL Server（including SQL Azure）、Netezza、Oracle、PostgresSQL；管理多种 GIS 服务；管理数据互操作连接。ArcCatalog 界面如图 1－6 所示。

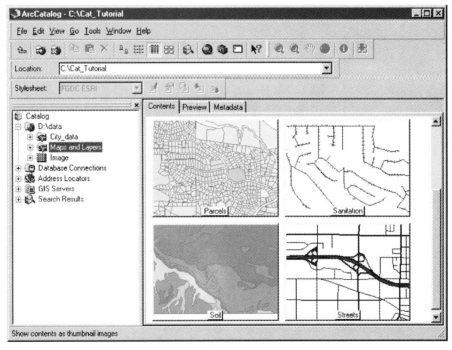

图 1－6　ArcCatalog 界面

用户可以使用 ArcCatalog 来组织、查找和使用 GIS 数据，同时也可以利用基于标准的元数据来描述数据。GIS 数据库管理员使用 ArcCatalog 来定义和建立 Geodatabase。GIS 服务器管理员则使用 ArcCatalog 来管理 GIS 服务器框架。

自 ArcGIS 10 开始，已经将 ArcCatalog 嵌入到各个桌面应用程序中，包括 ArcMap、ArcGlobe、ArcScene。

3. ArcToolbox

ArcToolbox 具有许多复杂的空间处理功能，包括的工具有：数据管理，数据转换，Coverage 的处理，矢量分析，地理编码，统计分析。ArcToolbox 界面如图 1－7 所示。

ArcToolbox 内嵌在 ArcCatalog 和 ArcMap 中，具有核心的简单数据的加载、转换，

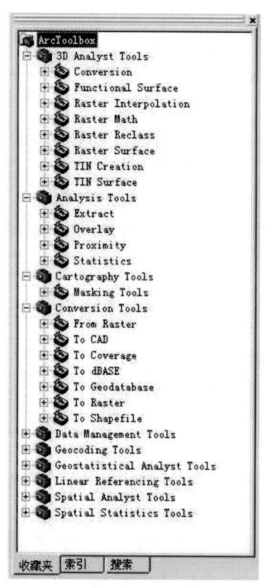

图 1-7 ArcToolbox 界面

以及基础的分析工具、Geodatabase 的创建和加载的工具、进行矢量分析、数据转换、数据加载和对 Coverage 的最完整的空间处理工具集合，包含了实现重要 GIS 分析的广泛的空间处理工具，所以它是最强大的空间处理工具级别。

二、SuperMap

北京超图软件股份有限公司是中国和亚洲领先的 GIS 平台软件企业，主要从事 GIS 基础平台和应用平台软件的研究、开发、推广和服务。超图公司于 1997 年成立，坚持自主创新，研发出具有自主知识产权的、面向专业应用的多种大型 GIS 基础平台软件和多种应用平台软件——SuperMap GIS 系列。该系列软件在高性能跨平台、海量空间数据管理和多重服务聚合等方面具有核心技术竞争优势。

SuperMap GIS 桌面平台产品是基于 SuperMap GIS 核心技术研制开发的一体化的 GIS 桌面软件，是 SuperMap GIS 系列产品的重要组成部分，它界面友好、简单易用，不仅可以很轻松地完成对空间数据的浏览、编辑、查询、制图输出等操作，而且还能完成拓扑分析、三维建模、空间分析、网络分析等较高级的 GIS 功能。SuperMap 界面如图 1-8 所示。

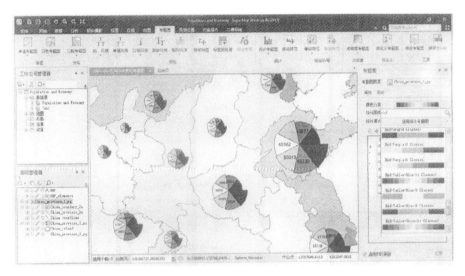

图 1-8 SuperMap 界面

北京超图软件股份有限公司一直致力于 GIS 平台软件的技术创新并不断突破。继 2005 年推出"高性能跨平台"的共相式 GIS 技术体系、2007 年推出基于"面向服务"的 Service GIS 技术体系、2009 年推出"二三维一体化"的 Realspace GIS 技术体系后，2013 年推出了基于云计算技术的云端一体化技术体系，是 Service GIS 技术体系的升级，并将三大技术体系融入全新的 GIS 平台软件产品系列——SuperMap GIS 7C。2015 年，SuperMap 软件跨平台技术体系、二三维一体化技术体系、云端一体化技术体系等三大技术体系得到进一步增强，推出新一代云端一体化 GIS 平台软件——SuperMap GIS 8C。

三、MapGIS

中地数码集团以中国地质大学和国家地理信息系统工程技术研究中心为依托，历经 20 余载，现为全球领先的专业从事 GIS 研究、开发、应用和服务的平台及解决方案服务提供商。中地数码集团坚持自主创新，致力于发展自主可控且具有国际竞争力的国产 GIS 软件：从成功研制出"中国第一套可实际应用的彩色地图编辑出版系统 MapCAD"，到率先研制出"中国具有完全自主知识产权的地理信息系统 MapGIS"，从"引领 GIS 新潮流，创开发模式新纪元的 MapGIS K9"的横空出世，再到全球首款具有"云"特性的 GIS 软件平台 MapGIS 10 的隆重推出。2016 年 8 月，中地数码集团在国家测绘地理信息局，正式推出其自主研发的 MapGIS 10.2 全品类 GIS 产品。MapGIS 系统的总体结构见图 1-9，MapGIS 系统启动界面见图 1-10。

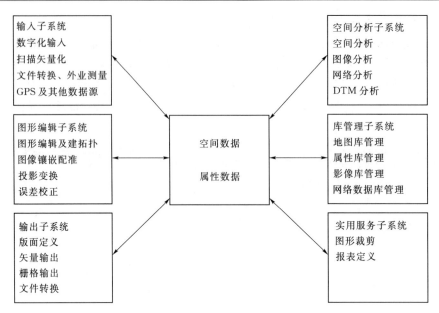

图 1 - 9 MAPGIS 系统的总体结构图

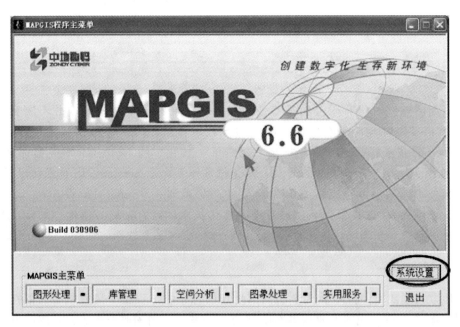

图 1 - 10 MAPGIS 系统的启动界面

　　MapGIS 产品的体系由三大领域构成：开发平台、工具产品和解决方案。通过强大的开发平台，为下游的各厂商提供技术支持和解决方案，共同推动 GIS 技术的应用，实现厂商与客户的共赢。

　　（1）开发平台：开发模式，创造价值。MapGIS 开发平台创造了新一代开发模式，带领空间信息产业迎来软件生产的大变革。以 MapGIS 基础开发平台、互联网 GIS 开发平台为"树根"，以数据中心集成开发平台为"树干"，以国土、市政、通信、农林、公安等各行业智慧集成开发平台为"枝叶"的MapGIS智慧平台之树正在茁壮成长。

（2）工具产品：产品工具，简单快捷。MapGIS工具产品让GIS工作变得得心应手，事半功倍。从工作细节出发，中地数码集团提供了矢量数据处理、遥感数据处理、国土、市政、三维GIS、嵌入式GIS等各类工具产品，近距离为用户创造价值，为信息化建设提升效率。

（3）解决方案：解决之道，睿智从容。强大的数据中心集成技术为基础，从各行业及专业技术关键信息出发，提供了数字城市、数字国土、通信/广电/邮政、城市地质、公安气象等系列的各类解决方案。

第二章　GIS 空间数据结构

第一节　空间数据及其特征

一、GIS 空间数据的来源与类型

空间数据是一个 GIS 应用系统的最基础的组成部分。空间数据是 GIS 的操作对象，因此设计和使用 GIS 的第一步工作就是根据系统的功能，获取所需要的空间数据，并创建空间数据库。

（一）空间数据的来源

建立 GIS 的空间数据库所需的各种数据的来源，主要包括地图、遥感图像、文本资料、统计资料、实测数据、多媒体数据、已有系统的数据等，可归纳为原始采集数据、再生数据和交换数据三种来源。

1. 地图数据

地图是 GIS 的主要数据源，因为地图包含着丰富的内容，不仅含有实体的类别和属性，而且含有实体间的空间关系。地图数据主要通过对地图的跟踪数字化和扫描数字化获取。地图数据不仅可以做宏观的分析（用小比例尺地图数据），而且可以做微观的分析（用大比例尺地图数据）。在使用地图数据时，应考虑到地图投影所引起的变形，在需要时进行投影变换，或转换成地理坐标。

地图数据通常用点、线、面及注记来表示地理实体及实体间的关系，如：

点——居民点、采样点、高程点、控制点等；

线——河流、道路、构造线等；

面——湖泊、海洋、植被等；

注记——地名注记、高程注记等。

2. 遥感图像数据（影像数据）

遥感图像数据是 GIS 的重要数据源。遥感图像数据含有丰富的资源与环境信息，在 GIS 支持下，可以与地质、地球物理、地球化学、地球生物、军事应用等方面的信息进行信息复合和综合分析。遥感图像数据是一种大面积的 、动态的、近实时的数据源，遥感技术是 GIS 数据更新的重要手段。

3. 文本资料

文本资料是指各行业、各部门的有关法律文档、行业规范、技术标准、条文条例等，如边界条约等，这些也属于 GIS 的数据。

4. 统计资料

国家和军队的许多部门和机构都拥有不同领域（如人口、基础设施建设、经济指标等）的大量统计资料，这些都是 GIS 的数据源，尤其是 GIS 属性数据的重要来源。

5. 实测数据

野外试验、实地测量等获取的数据可以通过转换直接进入 GIS 的地理数据库，以便于进行实时的分析和进一步的应用。例如，全站仪观测的数据、GPS（全球定位系统）所获取的数据等都是 GIS 的重要数据源。

6. 多媒体数据

多媒体数据（包括声音、录像等）通常可通过通信口传入 GIS 的地理数据库中，目前其主要功能是辅助 GIS 的分析和查询。

7. 已有系统的数据

GIS 还可以从其他已建成的信息系统和数据库中获取相应的数据。由于规范化、标准化的推广，不同系统间的数据共享和可交换性越来越强。这样就拓展了数据的可用性，增加了数据的潜在价值。

（二）空间数据的类型

空间数据根据表示对象的不同，又具体分为七种类型，它们各表示的具体内容如下：

（1）类型数据。例如考古地点、道路线、土壤类型的分布等。

（2）面域数据。例如随机多边形的中心点，行政区域界线、行政单元等。

（3）网络数据。例如道路交点、街道、街区等。

（4）样本数据。例如气象站、航线、野外样方分布区等。

（5）曲面数据。例如高程点、等高线、等值区域等。

（6）文本数据。例如地名、河流名称、区域名称等。

（7）符号数据。例如点状符号、线状符号、面状符号等。

二、空间数据的基本特征

要完整地描述空间实体或现象的状态，一般需要同时有空间数据和属性数据。如果要描述空间实体或现象的变化，则还需记录空间实体或现象在某一个时间的状态。所以，一般认为空间数据具有三个基本特征（图 2-1）。

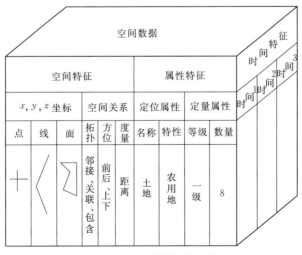

图 2-1 空间数据的基本特征

25

1. 空间特征

空间特征表达了地理事物和现象的客观存在性、几何形态的多样性和空间相关性，相应的空间特征又包括空间位置、空间关系等特征。空间位置一般以坐标数据表示，空间关系表达了地理空间中相互依存的事物和现象的关系，包括拓扑关系、方位关系和度量关系等。

2. 属性特征

表示现象的特征，例如变量、分类、数量特征和名称等。通过属性数据表达空间实体内在的性质和相互关系，属性数据从性质上通常分为定性和定量两种类型。定性数据包括名称、类型、特性等；定量属性包括数量、等级等。

3. 时间特征

时间特征指空间实体随着时间的变化，例如，土地利用现状的变化，珠穆朗玛峰的高程变化。

第二节 空间数据结构的类型

要将现实的实体、现象在GIS概念世界表达，需要建立一定的数据模型来描述地理实体及实体关系。数据结构是对数据模型具体的存储表现，通过特定的逻辑组织将地理实体、地理现象在GIS中记录下来。空间数据结构的建立是根据确定的数据结构类型，形成与该数据结构相适应的GIS空间数据，为空间数据库的建立提供基础。对现实世界的数据表达可以采用矢量数据模型和栅格数据模型。数据结构一般分为基于矢量模型的数据结构和基于栅格模型的数据结构（图2-2）。矢量数据是面向地物的结构，即对于每一个具体的目标都直接赋有位置和属性信息以及目标之间的拓扑关系说明。但是矢量数据仅有一些离数点的坐标，在空间表达方面它没有直接建立位置与地物的关系，如多边形的中间区域是"洞"或"岛"，其间的任何一点并没有与某个地物发生联系。与此相反，栅格数据是面向位置的结构，平面空间上的任何一点都直接联系到某一个或某一类地物。但对于某一个具体的目标又没有直接聚集所有信息，只能通

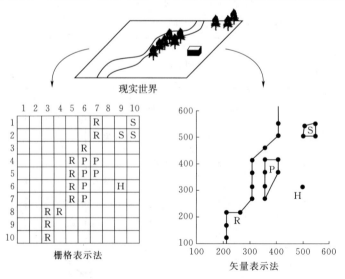

图2-2 栅格数据结构与矢量数据结构

过遍历栅格矩阵逐一寻找，它也不能完整地建立地物之间的拓扑关系。因而，从概念上形成了基于矢量和基于栅格两种类型的系统，分别用于不同的目的。为了设计一种系统能用于多种目的，目前正在研制一种一体化的数据结构，该数据结构具有矢量和栅格两种结构的特性，称为矢量栅格一体化的数据结构。以下分别介绍上述两种不同类型的数据结构。

一、简单数据结构

在简单数据结构中，空间数据按照以基本的空间对象（点、线或多边形）为单元进行单独组织，不含有拓扑关系数据，最典型的是面条结构。

这种数据结构的主要特点是：

（1）数据按点、线或多边形为单元进行组织，数据编排直观，数字化操作简单。

（2）每个多边形都以闭合线段存储，多边形的公共边界被数字化两次和存储两次，造成数据冗余和不一致。

（3）点、线和多边形有各自的坐标数据，但没有拓扑数据，互相之间不关联。

（4）岛只作为一个单个图形，没有与外界多边形的联系。

二、拓扑数据结构

建立拓扑关系是一种对空间结构关系进行明确定义的数学方法。具有某些拓扑关系的矢量数据结构就是拓扑数据结构，拓扑数据结构是 GIS 的分析和应用功能所必须的。

空间拓扑关系是指图形发生连续状态下的变形，但图形之间的邻接关系、关联关系和包含关系是保持不变的性质。在拓扑变换（理想橡皮板拉伸或缩短，但不能撕破、扭转或折叠）下，拓扑元素间能够保持不变的几何属性——拓扑属性具有空间分析意义。图形的形状和大小会随着图形的变形而改变，但是实体间的关系不会改变。拓扑关系能清晰地反映实体间的逻辑结构关系，它比几何关系具有更大的稳定性，不随地图投影而发生变化，对数据处理和空间分析具有重要意义。例如：利用拓扑关系有助于空间要素的查询，如供水管网系统中某段水管破裂，找关闭它的阀门，就需要查询该线（管道）与哪些点（阀门）关联。

1. 拓扑元素

对二维而言，矢量数据可抽象为点（节点）、线（链、弧段、边）、面（多边形）3 种要素，即为拓扑元素。对三维而言，则要加上体。

点（节点）——孤立点、线的端点、面的首尾点、链的连接点等。

线（链、弧段、边）——两节点间的有序弧段。

面（多边形）——若干条链构成的闭合多边形。

2. 空间数据的拓扑关系

空间数据拓扑关系的表示方法主要有下述几种：

（1）拓扑关联性。表示空间图形中不同类元素之间的拓扑关系。如结点、弧段及多边形之间的拓扑关系。如图 2-3 所示的图形，具有面和链之间的关联性：P_1 / a_1、a_5、a_6，P_2 / a_2、a_4、a_5 等；也有链和结点之间的关联性：N_1 / a_1、a_3、a_6，N_2 / a_1、a_5、a_2 等。即从图形的关联性出发，图 2-3 可用表 2-1 和表 2-2 所示的关联表来表示。

用关联表来表示图的优点是每条弧段所包含的坐标点只需存储一次，如果不考虑它们

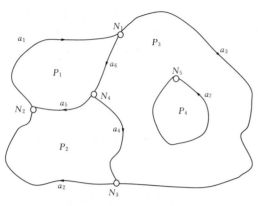

图 2-3 拓扑数据结构

之间的关联性，而以每个多边形的全部封闭链的坐标点来存储数据，不仅数据量大，还无法反映空间关系。

（2）拓扑邻接性。拓扑邻接性表示图形中同类元素之间的拓扑关系。如多边形之间的邻接性、链之间的邻接性以及结点之间的邻接性（连通性）。由于链的走向是有方向的，因此，通常用链的左右多边形来表示并求出多边形的邻接性，如表 2-5 用链的左右多边形表示时，得到表 2-6 所示。显然，同一弧段的左右多边形必然邻接，从而得到如表 2-7 所示的邻接矩阵表，表中值为 1 处，所对应多边形邻接。

表 2-1　　面与链的拓扑关联

面	链
P_1	a_1，a_5，a_6
P_2	a_2，a_4，a_5
P_3	a_3，a_4，a_6
P_4	a_7

表 2-2　　链与结点的拓扑关联

链	起点	终点
a_1	N_2	N_1
a_2	N_3	N_2
a_3	N_1	N_3
a_4	N_4	N_3
a_5	N_4	N_2
a_6	N_1	N_4
a_7	N_5	N_5

表 2-3　　链和结点之间的关系

链	起点	终点
a_1	N_2	N_1
a_2	N_3	N_2
a_3	N_1	N_3
a_4	N_4	N_3
a_5	N_4	N_2
a_6	N_1	N_4
a_7	N_5	N_5

表 2-4　　链和结点之间的关系

结点	链
N_1	a_1，a_3，a_6
N_2	a_1，a_2，a_5
N_3	a_2，a_3，a_4
N_4	a_4，a_5，a_6
N_5	a_7

表 2-5　　链与面的拓扑关系

链	左邻面	右邻面
a_1	—	P_1
a_2	—	P_2
a_3	—	P_3
a_4	P_3	P_2
a_5	P_2	P_1
a_6	P_3	P_1
a_7	P_4	P_3

表 2-6　　面之间的邻接性

	邻接多边形
P_1	P_2，P_3
P_2	P_1，P_3
P_3	P_1，P_2，P_4
P_4	P_3

表 2－7		面 之 间 的 邻 接 性		
	P_1	P_2	P_3	P_4
P_1	—	1	1	0
P_2	1	—	1	0
P_3	1	1	—	1
P_4	0	0	1	—

表 2－8		链 之 间 的 邻 接 性					
弧段	a_1	a_2	a_3	a_4	a_5	a_6	a_7
a_1	—	1	1	0	1	1	0
a_2	1	—	1	1	1	0	0
a_3	1	1	—	1	0	1	0
a_4	0	1	1	—	1	1	0
a_5	1	1	0	1	—	1	0
a_6	1	0	1	1	1	—	0
a_7	0	0	0	0	0	0	—

表 2－9		结 点 之 间 的 连 通 性			
结点	N_1	N_2	N_3	N_4	N_5
N_1	—	1	1	1	0
N_2	1	—	1	1	0
N_3	1	1	—	1	0
N_4	1	1	1	—	0
N_5	0	0	0	0	—

　　同理，从图 2－3 可以得到如表 2－3 和表 2－4 所示的链和结点之间的关系表。由于同一弧段上两个结点必相通，同一结点上的各链必相邻，所以分别得到链之间邻接矩阵和结点之间连通性矩阵如表 2－8 和表 2－9 所示。

　　（3）拓扑包含性。拓扑包含性是表示空间图形中，面状实体所包含的其他面状实体或线状、点状实体的关系。面状实体中包含面状实体的情况又分三种，即简单包含、多层包含和等价包含，如图 2－4 所示。

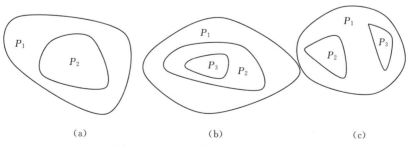

（a）　　　　　　　　　　　（b）　　　　　　　　　　　（c）

图 2－4　面状实体之间的包含关系
（a）简单包含；（b）多层包含；（c）等价包含

图2-4（a）中多边形P_1包含多边形P_2；图2-4（b）中多边形P_3包含在多边形P_2中，而多边形P_2、P_3又包含在多边形P_1中；图2-5（c）中多边形P_2、P_3都包含在多边形P_1中，多边形P_2、P_3对P_1而言是等价包含。

3. 拓扑关系的意义

空间数据的拓扑关系，对地理信息系统的数据处理和空间分析，具有重要的意义，因为：

（1）根据拓扑关系，不需要利用坐标或距离，可以确定一种地理实体相对于另一种地理实体的空间位置关系。因为拓扑数据已经清楚地反映出地理实体之间的逻辑结构关系，而且这种拓扑数据较之几何数据有更大的稳定性，即它不随地图投影而变化。

（2）拓扑数据有利于空间要素的查询。例如某区域与哪些区域邻接；某条河流能为哪些行政区的居民提供水源；与某一湖泊邻接的土地利用类型有哪些；特别是野生生物学家可能想确定一块与湖泊相邻的土地覆盖区，用于对生物栖息环境做出评价等，都需要利用拓扑数据。

（3）可以利用拓扑数据作为工具，重建地理实体。例如建立封闭多边形，实现道路的选取，进行最佳路径的计算等。

第三节 矢量数据结构

基于矢量模型的数据结构简称为矢量数据结构。矢量也叫向量，数学上称"具有大小和方向的量"为向量。矢量数据结构是通过记录坐标的方式来表示点、线、面等地理实体空间分布的一种数据组织方式。

一、矢量数据结构的概念

矢量数据结构直接以几何空间坐标为基础，记录取样点坐标。矢量数据结构的优点是：坐标空间设为连续，允许任意位置、长度和面积的精确定义；数据以点、线或多边形为单元进行组织，结构简单、直观、易实现等优点。其缺点是数据结构复杂、矢量叠置较为复杂、数学模拟比较困难、技术复杂等。这种数据组织方式定位明显，属性隐含，能最好地逼近地理实体的空间分布特征，数据精度高，数据存储的冗余度低，便于进行地理实体的网络分析，但对于多层空间数据的叠合分析比较困难。

二、矢量数据结构的编码的基本内容

（一）点实体

点实体包括由单独一对x，y坐标定位的一切地理或制图实体。在矢量数据结构中，除点实体的x，y坐标外还应存储其他一些与点实体有关的数据来描述点实体的类型、制图符号和显示要求等。点是空间上不可再分的地理实体，可以是具体的也可以是抽象的，如地物点、文本位置点或线段网络的结点等，如果点是一个与其他信息无关的符号，则记录时应包括符号类型、大小、方向等有关信息；如果点是文本实体，记录的数据应包括字符大小、字体、排列方式、比例、方向以及与其他非图形属性的联系方式等信息。对其他类型的点实体也应做相应的处理。图2-5说明了点实体的矢量数据结构的一种组织方式。

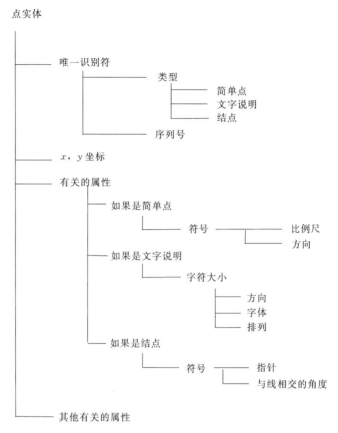

图 2-5 点实体的矢量数据结构

（二）线实体

线实体可以定义为直线元素组成的各种线性要素，直线元素由两对以上的 x、y 坐标定义。最简单的线实体只存储它的起止点坐标、属性、显示符等有关数据。例如，线实体输出时可能用实线或虚线描绘，这类信息属符号信息，它说明线实体的输出方式。

弧、链是 n 个坐标对的集合，这些坐标可以描述任何连续而又复杂的曲线。组成曲线的线元素越短，x、y 坐标数量越多，就越逼近于一条复杂曲线，既要节省存储空间，又要求较为精确地描绘曲线，唯一的办法是增加数据处理工作量。亦即在线实体的纪录中加入一个指示字，当启动显示程序时，这个指示字告诉程序：需要数学内插函数（例如样条函数）加密数据点且与原来的点匹配。于是能在输出设备上得到较精确的曲线。不过，数据内插工作却增加了，弧和链的存储记录中也要加入线的符号类型等信息。

线的网络结构。简单的线或链携带彼此互相连接的空间信息，而这种连接信息又是供排水网和道路网分析中必不可少的信息。因此要在数据结构中建立指针系统才能让计算机在复杂的线网结构中逐线跟踪每一条线。指针的建立要以结点为基础。如建立水网中每条支流之间连接关系时必须使用这种指针系统。指针系统包括结点指向线的指针。每条从结点出发的线汇于结点处的角度等，从而完整地定义线网络的拓扑关系。

如上所述，线实体主要用来表示线状地物（公路、水系、山脊线）、符号线和多边形

线实体

┌── 唯一标识码

├── 线标识码

├── 起始点

├── 终止点

├── 坐标对序列

├── 显示信息

└── 非几何属性

图 2-6　线实体矢量
编码的基本内容

边界，有时也称为"弧""链""串"等，其矢量编码包括的内容如图 2-6 所示。其中唯一标识是系统排列序号；线标识码可以标识线的类型；起始点和终止点可以用点号或直接用坐标表示；显示信息是显示线的文本或符号等；与线相连的非几何属性可以直接存储于线文件中，也可单独存储，而由标识码连接查找。

（三）面实体

多边形（有时称为区域）数据是描述地理空间信息的最重要的一类数据。在区域实体中，具有名称属性和分类属性的，多用多边形表示，如行政区、土地类型、植被分布等；具有标量属性的有时也用等值线描述（如地形、降雨量等）。

多边形矢量编码，不但要表示位置和属性，更重要的是能表达区域的拓扑特征，如形状、邻域和层次结构等，以便使这些基本的空间单元可以作为专题图的资料进行显示和操作，由于要表达的信息十分丰富，基于多边形的运算多而复杂，因此多边形矢量编码比点和线实体的矢量编码要复杂得多，也更为重要。

面实体编码主要有实体式、树状索引法、双重独立式、链状双重独立式。

1. 实体式

实体数据结构指构成多边形边界的各个线段，以多边形为单元进行组织，按照这种数据结构，边界坐标数据和多边形单元实体一一对应，各个多边形边界都单独编码和数字化。如图 2-7 所示的多边形，可以用表 2-10 的数据编码来表示。

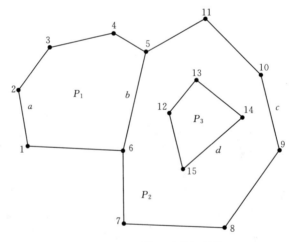

图 2-7　面实体矢量数据结构

表 2-10　　　　　　　　　　　　　多边形数据文件

多边形	数据项
P_1	(x_1, y_1)，(x_2, y_2)，(x_3, y_3)，(x_4, y_4)，(x_5, y_5)，(x_6, y_6)，(x_1, y_1)
P_2	(x_7, y_7)，(x_8, y_8)，(x_9, y_9)，(x_{10}, y_{10})，(x_{11}, y_{11})，(x_5, y_5)，(x_6, y_6)，(x_7, y_7)
P_3	(x_{12}, y_{12})，(x_{13}, y_{13})，(x_{14}, y_{14})，(x_{15}, y_{15})，(x_{12}, y_{12})

这种数据结构具有编码容易、数字化操作简单和数据编排直观等优点，但这种方法也有以下缺点：

（1）相邻多边形的公共边界被数字化并存储两次，造成数据冗余和碎屑多边形数据不一致，浪费空间，导致双重边界不能精确匹配。

（2）自成体系，缺少多边形的邻接信息，无拓扑关系，难以进行邻域处理，如消除多边形公共边界，合并多边形。

（3）岛作为一个单个图形，没有与外界多边形联系，不易检查拓扑错误。

所以，这种结构只用于简单的制图系统中。

2. 树状索引法

树状索引法数据结构采用树状索引以减少数据冗余并间接增加邻域信息，具体方法是对所有边界点进行数字化，将坐标对以顺序方式存储，由点索引与边界线号相联系，以线索引与各多边形相联系，形成树状索引结构。

树状索引结构消除了相邻多边形边界的数据冗余和不一致的问题，在简化过于复杂的边界线或合并多边形时可不必改造索引表，邻域信息和岛状信息可以通过对多边形文件的线索引处理得到，但是比较繁琐，因而给邻域函数运算、消除无用边、处理岛状信息以及检查拓扑关系等带来一定的困难，而且两个编码表都要以人工方式建立，工作量大且容易出错。

这种数据结构的优点：用建索引的方法消除多边形数据的冗余和不一致，邻接信息、岛信息可在多边形文件中通过是否公共弧段号的方式查询。

但缺点是表达拓扑关系较繁琐，给相邻运算、消除无用边、处理岛信息、检索拓扑关系等带来困难，以人工方式建立编码表，工作量大，易出错。

图 2-9 和图 2-10 分别为图 2-8 的多边形文件和线文件树状索引。

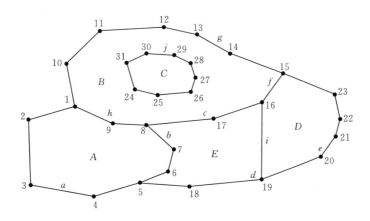

图 2-8　多边形原始数据

3. 双重独立式

这种数据结构最早是由美国人口统计局研制来进行人口普查分析和制图的，简称为DIME（Dual Independent Map Encoding）系统或双重独立式的地图编码法。它以城市街道为编码的主体，其特点是采用了拓扑编码结构。

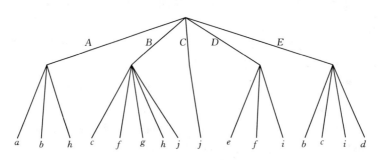

图 2-9 线与多边形之间的树状索引

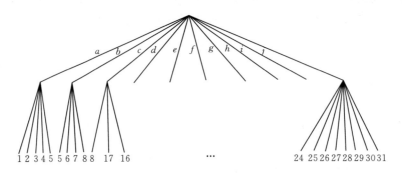

图 2-10 点与线之间的树状索引

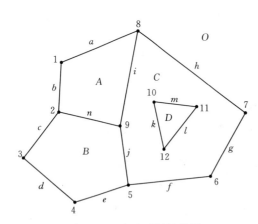

图 2-11 多边形原始数据

双重独立式数据结构是对图上网状或面状要素的任何一条线段，用其两端的节点及相邻面域来予以定义。例如对图 2-11 所示的多边形数据，用双重独立数据结构表示如表 2-11 所示。

表 2-11 中的第一行表示线段 a 的方向是从节点 1 到节点 8，其左侧面域为 O，右侧面域为 A。在双重独立式数据结构中，节点与节点或者面域与面域之间为邻接关系，节点与线段或者面域与线段之间为关联关系。这种邻接和关联的关系称为拓扑关系。利用这种拓扑关系来组织数据，可以有效地进行数据存储正确性检查，同时便于对数据进行更新和检索。因为在这种数据结构中，当编码数据经过计算机编辑处理以后，面域单元的第一个始节点应当和最后一个终节点相一致，而且当按照左侧面域或右侧面域来自动建立一个指定的区域单元时，其空间点的坐标应当自行闭合。如果不能自行闭合，或者出现多余的线段，则表示数据存储或编码有错，这样就达到数据自动编辑的目的。例如，从表 2-11 中寻找右多边形为 A 的记录，则可以得到组成 A 多边形的线及结点见表 2-12，通过这种方法可以自动形成面文件，并可以检查线文件数据的正确性。

表 2-11　　　　　　　　　　　　双重独立式（DIME）编码

线号	左多边形	右多边形	起点	终点
a	O	A	1	8
b	O	A	2	1
c	O	B	3	2
d	O	B	4	3
e	O	B	5	4
f	O	C	6	5
g	O	C	7	6
h	O	C	8	7
i	C	A	8	9
j	C	B	9	5
k	C	D	12	10
l	C	D	11	12
m	C	D	10	11
n	B	A	9	2

表 2-12　　　　　　　　　　自动生成的多边形 A 的线及结点

线号	起点	终点	左多边形	右多边形
a	1	8	O	A
i	8	9	C	A
n	9	2	B	A
b	2	1	O	A

4. 链状双重独立式

链状双重独立式数据结构是 DIME 数据结构的一种改进。在 DIME 中，一条边只能用直线两端点的序号及相邻的面域来表示，而在链状数据结构中，将若干直线段合为一个弧段（或链段），每个弧段可以有许多中间点。

在链状双重独立数据结构中，主要有四个文件：多边形文件、弧段文件、弧段坐标文件、结点文件。多边形文件主要由多边形记录组成，包括多边形号、组成多边形的弧段号以及周长、面积、中心点坐标及有关"洞"的信息等，多边形文件也可以通过软件自动检索各有关弧段生成，并同时计算出多边形的周长和面积以及中心点的坐标，当多边形中含有"洞"时则此"洞"的面积为负，并在总面积中减去，其组成的弧段号前也冠以负号；弧段文件主要有弧记录组成，存储弧段的起止结点号和弧段左右多边形号；弧段坐标文件由一系列点的位置坐标组成，一般从数字化过程获取，数字化的顺序确定了这条链段的方向。结点文件由结点记录组成，存储每个结点的结点号、结点坐标及与该结点连接的弧段。结点文件一般通过软件自动生成，因为在数字化的过程中，由于数字化操作的误差，各弧段在同一结点处的坐标不可能完全一致，需要进行匹配处理。当其偏差在允许范围内时，可取同名结点的坐标平均值。如果偏差过大，则弧段需要重新数字化。

表 2-13　　　　　　　　　　　多 边 形 文 件

多边形号	弧段号	周长	面积	中心点坐标
A	h，b，a			
B	g，f，c，h，−j			
C	j			
D	e，i，f			
E	e，i，d，b			

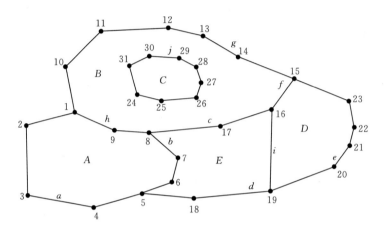

图 2-12　多边形原始数据

对如图 2-12 所示的矢量数据，其链状双重独立式数据结构的多边形文件、弧段文件、弧段坐标文件见表 2-13～表 2-15。

表 2-14　　　　　　　　　　　弧 段 文 件

弧段号	起始点	终结点	左多边形	右多边形
a	5	1	O	A
b	8	5	E	A
c	16	8	E	B
d	19	5	O	E
e	15	19	O	D
f	15	16	D	B
g	1	15	O	B
h	8	1	A	B
i	16	19	D	E
j	31	31	B	C

表 2－15	弧 段 坐 标 文 件
弧段号	点　号
a	5，4，3，2，1
b	8，7，6，5
c	16，17，8
d	19，18，5
e	15，23，22，21，20，19
f	15，16
g	1，10，11，12，13，14，15
h	8，9，1
i	16，19
j	31，30，29，28，27，26，25，24，31

第四节　栅　格　数　据　结　构

一、简单栅格数据结构

1. 栅格数据结构的概念

栅格结构是最简单最直观的空间数据结构，又称为网格结构（Raster 或 Grid Cell）或象元结构（Pixel），是指将地球表面划分为大小均匀紧密相邻的网格阵列，每个网格作为一个象元或象素，由行、列号定义，并包含一个代码，表示该象素的属性类型或量值，或仅仅包含指向其属性记录的指针。因此，栅格结构是以规则的阵列来表示空间地物或现象分布的数据组织，组织中的每个数据表示地物或现象的非几何属性特征。如图 2-13 所示，在栅格结构中，点用一个栅格单元表示；线状地物则用沿线走向的一组相邻栅格单元表示，每个栅格单元最多只有两个相邻单元在线上；面或区域用记有区域属性的相邻栅格

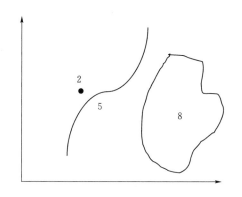

图 2-13　点、线、面数据的矢量与栅格表示

单元的集合表示，每个栅格单元可有多于两个的相邻单元同属一个区域。任何以面状分布的对象（土地利用、土壤类型、地势起伏、环境污染等），都可以用栅格数据逼近。遥感影像就属于典型的栅格结构，每个象元的数字表示影像的灰度等级。矢量数据与栅格数据表示见图2-14。

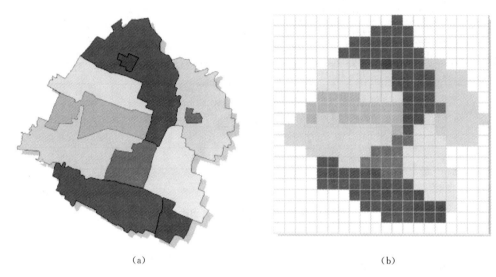

（a）　　　　　　　　　　　　　　　　　　　　　　（b）

图2-14　矢量数据与栅格数据表示

（a）矢量结构；（b）栅格结构

2. 栅格数据结构的特点

栅格结构的显著特点是：属性明显，定位隐含，即数据直接记录属性的指针或属性本身，而所在位置则根据行列号转换为相应的坐标给出，也就是说定位是根据数据在数据集中的位置得到的。由于栅格结构是按一定的规则排列的，所表示的实体的位置很容易隐含在网格文件的存贮结构中，在后面讲述栅格结构编码时可以看到，每个存贮单元的行列位置可以方便地根据其在文件中的记录位置得到，且行列坐标可以很容易地转为其他坐标系下的坐标。在网格文件中每个代码本身明确地代表了实体的属性或属性的编码，如果为属性的编码，则该编码可作为指向实体属性表的指针。由于栅格行列阵列容易为计算机存储、操作和显示，因此这种结构容易实现，算法简单，且易于扩充、修改，也很直观，特别是易于同遥感影像结合处理，给地理空间数据处理带来了极大的方便，受到普遍欢迎，许多系统都部分和全部采取了栅格结构。栅格结构的另一个优点是，特别适合于FOR-TRAN、BASIC等高级语言作文件或矩阵处理，这也是栅格结构易于为多数GIS设计者接受的原因之一。

3. 栅格数据的获取途径

栅格结构数据主要可由四个途径得到，即

（1）目读法。在专题图上均匀划分网格，逐个网格地决定其代码，最后形成栅格数字地图文件。

（2）矢量数字化。数字化仪手扶或自动跟踪数字化地图，得到矢量结构数据后，再转换为栅格结构。

（3）扫描数字化。逐点扫描专题地图，将扫描数据重采样和再编码得到栅格数据文件。

（4）分类影像输入。将经过分类解译的遥感影像数据直接或重采样后输入系统，作为栅格数据结构的专题地图。

在转换和重采样时，需尽可能保持原图或原始数据精度，通常有两种办法：

第一，在决定栅格代码时尽可能保持地表的真实性，保证最大的信息容量，如图2-15所示为一块举行的地表区域，其内部含有 A、B、C 三种地物类型，O 点位于中心，将这个矩形区域近似地表示为栅格结构的一个栅格单元时，可根据需要，采取如下方案之一决定该栅格单元的代码。

（1）中心点法。是将栅格中心点的值作为本栅格元素的值，既用处于栅格中心处的地物类型或现象特性决定栅格代码。如图2-15所示的矩形区域中，中心点 O 落在代码为 C 的地物范围内，按中心点法的规则，该矩形区域相应的栅格单元的代码应为 C，中心点法常用于具有连续分布特性的地理要素，如降雨量分布、人口密度图等。

（2）面积占优法。是把栅格中占有最大面积的属性值定为本栅格元素的值。如图2-15所示，显示 B 类地物所占面积最大，故相应栅格代码定为 B，面积占优法常用于分类较细、地物类别斑块较小的情况。

（3）百分比法。根据矩形区域内各地理要素所占面积的百分比数确定栅格单元的代码。如可记面积最大的两类 AB，也可根据 B 类和 A 类所占面积百分比数在代码中加入数字。

（4）重要性法。往往突出某些主要属性，对于这些属性，只要在栅格中出现，不管所占比例大小，就把该属性作为本栅格元素的值，即根据栅格内不同地物的重要性，选取最重要的地物类型决定相应的栅格单元代码。在图2-15中，假设 A 类为重要的地物类型，即 A 类比 B 类和 C

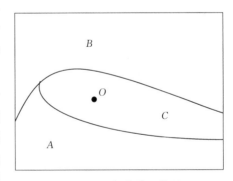

图2-15　栅格单元代码

类更为重要，则栅格单元的代码应为 A。重要性法常用于具有特殊意义而面积较小的地理要素，特别是点、线状地理要素，如城镇、交通枢纽、交通线、河流水系等，在栅格中代码应尽量表示这些重要地物。

第二，缩小单个栅格单元的面积，即增加栅格单元的总数，行列数也相应地增加。这样，每个栅格单元可代表更为精细的地面矩形单元，混合单元减少。混合类别和混合的面积都大大减小，可以大大提高量算的精度；接近真实的形态，表现更细小的地物类型。然而增加栅格个数、提高数据精度的同时也带来了一个严重的问题，那就是数据量的大幅度增加，数据冗余严重。为了解决这个难题，已发展了一系列栅格数据压缩编码方法，如游程长度编码、块码和四叉树码等。

二、栅格数据的编码方法

为减小栅格数据的存储量，主要有以下几种不同的数据结构和编码方法。

1. 直接栅格编码

直接编码就是将栅格数据看作一个数据矩阵，逐行（或逐列）逐个记录代码，可以每行从左到右逐像元记录（图 2－16 和图 2－17），也可奇数行从左到右而偶数行由右向左记录，为了特定的目的还可采用其他特殊的顺序。

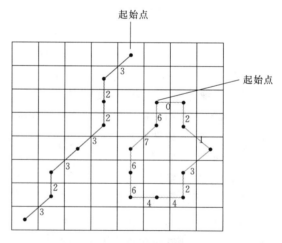

1	2	2	2
0	1	2	2
1	3	2	2
0	1	2	2

1，2，2，2；
0，1，2，2；
1，3，2，2；
0，1，2，2。

图 2－16 直接栅格编码一

0	2	2	5	5	5	5	5
2	2	2	2	2	5	5	5
2	2	2	2	3	3	5	5
0	0	2	3	3	3	5	5
0	0	3	3	3	3	5	3
0	0	0	3	3	3	3	3
0	0	0	0	3	3	3	3
0	0	0	0	0	3	3	3

0，2，2，5，5，5，5，5；
2，2，2，2，2，5，5，5；
2，2，2，2，3，3，5，5；
0，0，2，3，3，3，5，5；
0，0，3，3，3，3，5，5；
0，0，0，3，3，3，3，3；
0，0，0，0，3，3，3，3；
0，0，0，0，0，3，3，3。

图 2－17 直接栅格编码二

2. 链式编码（Chain Codes）

链式编码又称为弗里曼链码（Freeman，1961）或边界链码。链式编码主要是记录线状地物和面状地物的边界。它把线状地物和面状地物的边界表示为：由某一起始点开始并按某些基本方向确定的单位矢量链。基本方向可定义为：东＝0，东南＝1，南＝2，西南＝3，西＝4，西北＝5，北＝6，东北＝7 等八个基本方向（图 2－18）。

链式编码的前两个数字表示起点的行、列数，从第三个数字开始的每个数字表示单位矢量的方向，八个方向以 0～7 的整数代表。如图 2－19 所示的地物，其链式编码如表 2－16 所示。

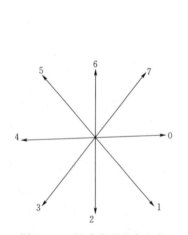

图 2－18 链式编码基本方向

图 2－19 链式编码示意图

表 2－16 **链 式 编 码**

特征码	起点行	起点列	链码
线	1	5	3223323
面	3	6	0213246676

链式编码对线状和多边形的表示具有很强的数据压缩能力，且具有一定的运算功能，如面积和周长计算等，探测边界急弯和凹进部分等都比较容易，类似矢量数据结构，比较适于存储图形数据。缺点是对叠置运算如组合、相交等则很难实施，对局部修改将改变整体结构，效率较低，而且由于链码以每个区域为单位存储边界，相邻区域的边界则被重复存储而产生冗余。

3. 游程长度编码（Run-length Codes）

游程长度编码是栅格数据压缩的重要编码方法，它的基本思路是：对于一幅栅格图像，常常有行（或列）方向上相邻的若干点具有相同的属性代码，因而可采取某种方法压缩那些重复的记录内容。其编码方案是，只在各行（或列）数据的代码发生变化时依次记录该代码以及相同代码重复的个数；或逐个记录各行（或列）代码发生变化的位置和相应代码，从而实现数据的压缩。

例如对图2-17所示的栅格数据，可按第一种方式沿行方向进行如下游程长度编码：（0，1），（2，2），（5，5）；（2，5），（5，3）；（2，4），（3，2），（5，2）；（0，2），（2，1），（3，3），（5，2）；（0，2），（3，4），（5，1），（3，1）；（0，3），（3，5）；（0，4），（3，4）；（0，5），（3，3）。也可按第二种方式沿列方向进行如下编码：（1，0），（2，2），（4，0）；（1，2），（4，0）；（1，2），（5，3），（6，0）；（1，5），（2，2），（4，3），（7，0）；（1，5），（2，2），（3，3），（8，0）；（1，5），（3，3）；（1，5），（6，3）；（1，5），（5，3）。

游程长度编码对图2-17只用了44个整数就可以表示，而如果用前述的直接编码却需要64个整数表示，可见游程长度编码压缩数据是十分有效又简便的。事实上，压缩比的大小是与图的复杂程度成反比的，在变化多的部分，游程数就多，变化少的部分游程数就少，图件越简单，压缩效率就越高。

游程长度编码在栅格加密时，数据量没有明显增加，压缩效率较高，且易于检索，叠加合并等操作，运算简单，适用于机器存储容量小，数据需大量压缩，而又要避免复杂的编码解码运算增加处理和操作时间的情况。

4. 块状编码（Block Codes）

块码是游程长度编码扩展到二维的情况，采用方形区域作为记录单元，每个记录单元包括相邻的若干栅格，数据结构由初始位置（行、列号）和半径，再加上记录单元的代码组成。根据块状编码的原则，对图2-17所示图像可以具体编码如下：（1，1，1，0），（1，2，2，2），（1，4，1，5），（1，5，1，5），（1，6，2，5），（1，8，1，5）；（2，1，1，2），（2，4，1，2），（2，5，1，2），（2，8，1，5）；（3，3，1，2），（3，4，1，2），（3，5，2，2），（3，7，2，5）；（4，1，2，0），（4，3，1，2），（4，4，1，3）；（5，3，1，3），（5，4，2，3），（5，6，1，5），（5，7，1，5），（5，8，1，3）；（6，1，3，0），（6，6，3，3）；（7，4，1，0），（7，5，1，3）；（8，4，1，0），（8，5，1，0）。其记录单元见图2-20。

一个多边形所包含的正方形越大，多边形的边界越简单，块状编码的效率就越好。块状编码对大而简单的多边形更为有效，而对那些碎部较多的复杂多边形效果并不好。块状编码在合并、插入、检查延伸性、计算面积等操作时有明显的优越性。然而对某些运算不

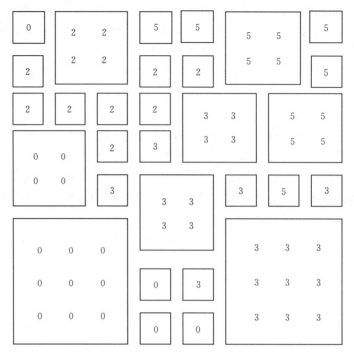

图 2-20　对图 2-17 进行块码编码的记录单元

适应，必须在转换成简单数据形式才能顺利进行。

5. 四叉树编码（Quad-tree Codes）

四叉树结构的基本思想是将一幅栅格地图或图像等分为四部分。逐块检查其格网属性值（或灰度）。如果某个子区的所有格网值都具有相同的值。则这个子区就不再继续分割，否则还要把这个子区再分割成四个子区。这样依次地分割，直到每个子块都只含有相同的属性值或灰度为止。

也就是根据栅格数据二维空间分布的特点，将空间区域按照 4 个象限进行递归分割（$2n \times 2n$，且 $n > 1$），直到子象限的数值单调为止，最后得到一棵四分叉的倒向树。四叉树分解，各子象限大小不完全一样，但都是同代码栅格单元组成的子块，其中最上面的一个结点叫做根结点，它对应于整个图形。不能再分的结点称为叶子结点，可能落在不同的层上，该结点代表子象限单一的代码，所有叶子结点所代表的方形区域覆盖了整个图形。从上到下、从左到右为叶子结点编号，最下面的一排数字表示各子区的代码。

为了保证四叉树分解能不断地进行下去，要求图形必须为 $2^n \times 2^n$ 的栅格阵列。n 为极限分割次数，$n+1$ 是四叉树最大层数或最大高度（图 2-21 和图 2-22）。

四叉树编码法有许多有趣的优点：①容易而有效地计算多边形的数量特征；②阵列各部分的分辨率是可变的，边界复杂部分四叉树较高即分级多，分辨率也高，而不需表示许多细节的部分则分级少，分辨率低，因而既可精确表示图形结构又可减少存贮量；③栅格到四叉树及四叉树到简单栅格结构的转换比其他压缩方法容易；④多边形中嵌套异类小多边形的表示较方便。

四叉树编码的最大缺点是转换的不定性，用同一形状和大小的多边形可能得出多种不

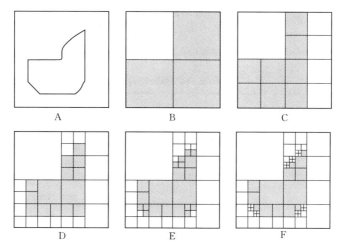

图 2-21 用四叉树表示一个多边形

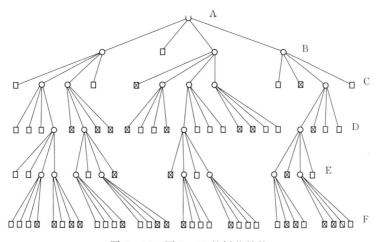

图 2-22 图 2-21 的树状结构

同的四叉树结构，故不利于形状分析和模式识别。但因它允许多边形中嵌套多边形即所谓"洞"这种结构存在，使越来越多的 GIS 工作者都对四叉树结构很感兴趣。上述这些压缩数据的方法应视图形的复杂情况合理选用，同时应在系统中备有相应的程序。另外，用户的分析目的和分析方法也决定着压缩方法的选取。

四叉树结构按其编码的方法不同又分为常规四叉树和线性四叉树。常规四叉树除了记录叶结点之外，还要记录中间结点。结点之间借助指针联系，每个结点需要用六个量表达：四个叶结点指针，一个父结点指针和一个结点的属性或灰度值。这些指针不仅增加了数据贮存量，而且增加了操作的复杂性。常规四叉树主要在数据索引和图幅索引等方面应用。

线性四叉树则只存贮最后叶结点的信息，包括叶结点的位置、深度和本结点的属性或灰度值。所谓深度是指处于四叉树的第几层上，由深度可推知子区的大小。

线性四叉树叶结点的编号需要遵循一定的规则，这种编号称为地址码，它隐含了叶结点的位置和深度信息。最常用的地址码是四进制或十进制的 Morton 码。

6. 几种编码方法比较分析

几种编码方法比较分析见表 2-17。

表 2-17　　　　　　　　　　　　几种编码方法比较分析

编码	直接栅格编码	链码	游程长度编码	块码和四叉树编码
特点	简单直观，是压缩编码方法的逻辑原型（栅格文件）	压缩效率较高，已接近矢量结构，对边界的运算比较方便，但不具有区域性质，区域运算较难	在很大程度上压缩数据，又最大限度地保留了原始栅格结构，编码解码十分容易，十分适合于微机地理信息系统采用	具有区域性质，又具有可变的分辨率，有较高的压缩效率，四叉树编码可以直接进行大量图形图像运算，效率较高

三、栅格数据与矢量数据比较分析

栅格数据与矢量数据是两种表示地理信息的方法，前者属性明显，位置隐含，而后者位置明显，属性隐含。它们都有自己独特的优势，都是有效地表示地理信息的方法。栅格数据结构和矢量数据结构的优缺点如下。

（一）栅格数据结构

1. 优点

（1）结构简单。

（2）空间数据的叠置与组合十分方便。

（3）空间分析易于进行。

（4）数学模拟方便。

（5）技术开发费用低。

2. 缺点

（1）图形数据量大。

（2）难以建立网络连接关系。

（3）地图输出不精美。

（二）矢量数据结构

1. 优点

（1）结构严密，数据量小。

（2）能完整地描述拓扑关系。

（3）图形数据和属性数据的恢复、更新和综合都能实现。

（4）图形输出精确美观。

2. 缺点

（1）结构复杂，处理技术也复杂。

（2）图形叠置与图形组合很困难。

（3）绘图费用高，尤其高质量绘图。

（4）数学模拟和空间分析困难。

由上述比较可知，栅格结构和矢量结构在表示地理信息方面是同等有效的，它们各具特色，互为补充，所以有些大型数据库既存储栅格结构数据，又存储矢量结构数据，根据需要来调用某种结构的数据，以获取最强的分析能力并提高效率。

第三章　GIS 数据的获取与处理

第一节　GIS 数据的获取

数据获取就是运用各种技术手段，通过各种渠道收集数据的过程。服务于 GIS 的数据获取工作包括两方面内容：空间数据的获取和属性数据的获取，它们在过程上有很多不同，但也有一些具体方法是相通的。空间数据获取的方法主要包括野外数据获取、现有地图数字化、摄影测量方法、遥感图像处理方法等。属性数据获取包括获取及获取后的分类和编码，主要是从相关部门的观测、测量数据、各类统计数据、专题调查数据、文献资料数据等渠道获取。

一、空间数据的获取

（一）野外数据获取

野外数据获取是 GIS 数据采集的一个基础手段。对于大比例尺的城市 GIS 而言，野外数据获取更是主要手段。

1. 平板测量

平板测量获取的是非数字化数据。虽然现在已不是 GIS 野外数据获取的主要手段，但由于它的成本低、技术容易掌握，少数部门和单位仍然在使用。平板仪测量包括小平板测量和大平板测量，测量的产品都是纸质地图。在传统的大比例尺地形图的生产过程中，一般在野外测量绘制铅笔草图，然后用小笔尖转绘在聚酯薄膜上，之后可以晒成蓝图提供给用户使用。当然也可以对铅笔草图进行手扶跟踪或扫描数字化使平板测量结果转变为数字数据，如图 3-1 所示。

2. 全野外数字测图

全野外数据采集设备是全站仪加电子手簿或电子平板配以相应的采集和编辑软件，作业分为编码和无码两种方法。数字化测绘记录设备以电子手簿为主。还可采用电子平板内外业一体化的作业方法，即利用电子平板（便携机）在野外进行碎部点展绘成图。

全野外数据采集测量工作包括图根控制测量、测站点的增补和地形碎部点的测量。采用全站仪进行观测，如图 3-2 所示，用电子手簿记录观测数据或经计算后的测点坐标。每一个碎部点的记录，通常有点号、观测值或坐标，除此以外还有与地图符号有关的编码以及点之间的连接关系码。这些信息码以规定的数字代码表示。信息码的输入可在地形碎部测量的同时进行，即观测每一碎部点后按草图输入碎部点的信息码。地图上的地理名称及其他各种注记，除一部分根据信息码由计算机自动处理外，不能自动注记的需要在草图上注明，在内业通过人机交互编辑进行注记。

全野外空间数据采集与成图分为三个阶段：数据采集、数据处理和地图数据输出。数

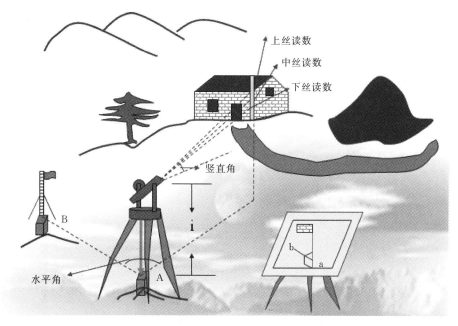

图 3-1 平板测量

图 3-2 全站仪数据采集

据采集是在野外利用全站仪等仪器测量特征点，并计算其坐标，赋予代码，明确点的连接关系和符号化信息。再经编辑、符号化、整饰等成图，通过绘图仪输出或直接存储成电子数据。数据采集和编码是计算机成图的基础，这一工作主要在外业完成。内业进行数据的图形处理，在人机交互方式下进行图形编辑，生成绘图文件，由绘图仪绘制地图。

通常工作步骤为：先布设控制导线网，然后进行平差处理得出导线坐标，再采用极坐标法、支距法或后方交会法等，获得碎部点三维坐标。

3. 空间定位测量

空间定位测量也是 GIS 空间数据的主要数据源。目前，常用的空间定位系统主要有美国的全球定位系统（Global Positioning System，GPS），俄罗斯的 GLONASS 全球导航卫星系统，以及欧洲的伽利略（GALILEO）导航卫星系统。我国的北斗导航卫星系统也在逐步完善之中，它必将给我国用户提供快速、高精度的定位服务，也必将给我国范围内GIS空间数据提供更为丰富、高效的空间定位数据。

GPS自其建立以来，因其方便快捷和较高的精度，迅速在各个行业和部门得到了广泛的应用。它从一定程度上改变了传统野外测绘的实施方式，并成为GIS数据采集的重要手段，在许多应用型GIS中都得到了应用，如车载导航系统。GPS接收机如图3-3所示。

图3-3 GPS接收机

（二）地图数字化

地图数字化是指根据现有纸质地图，通过手扶跟踪或扫描矢量化的方法，生产出可在计算机上进行存储、处理和分析的数字化数据。

1. 手扶跟踪数字化

早期，地图数字化所采用的工具是手扶跟踪数字化仪，见图3-4。这种设备是利用电磁感应原理，当使用者在电磁感应板上移动游标到图件的指定位置，按动相应的按钮

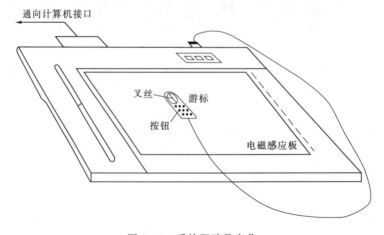

图3-4 手扶跟踪数字化

时，电磁感应板周围的多路开关等线路可以检测出最大信号的位置，从而得到该点的坐标值。这种方式数字化的速度比较慢，工作量大，自动化程度低，数字化精度与作业员的操作有很大关系，所以目前已基本上不再采用。

2. 扫描矢量化

随着计算机软件和硬件价格降低，并且提供了更多的功能，空间数据获取成本成为GIS项目中最主要的成分。由于手扶跟踪数字化需要大量的人工操作，使得它成为以数字为主体的应用项目瓶颈。扫描技术的出现无疑为空间数据录入提供了有力的工具。

常见的地图扫描处理的过程如图3-5所示。由于扫描仪扫描幅面一般小于地图幅面，因此大的纸地图需先分块扫描，然后进行相邻图对接；当显示终端分辨率及内存有限时，拼接后的数字地图还要裁剪成若干个归一化矩形块，对每个矩形块进行矢量化（Vectorization）处理后生成便于编辑处理的矢量地图，最后把这些矢量化的矩形图块合成为一个完整的矢量电子地图，并进行修改、标注、计算和漫游等编辑处理。

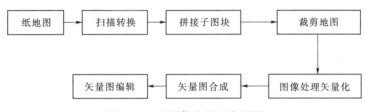

图3-5　地图信息处理流程图

（三）摄影测量方法

摄影测量是指根据在飞行器上拍摄的地面像片，获取地面信息，测绘地形图。摄影是快速获取地理信息的重要技术手段，是测制和更新国家地形图以及建立地理信息数据库的重要资料源。摄影测量技术曾经在我国基本比例尺地形图生产过程中扮演了重要角色，我国绝大部分1：1万和1：5万基本比例尺地形图使用了摄影测量方法。随着数字摄影测量技术的推广，在GIS空间数据采集的过程中，摄影测量也起着越来越重要的作用。航空飞机拍摄示意见图3-6。

1. 摄影测量原理

摄影测量包括航空摄影测量和地面摄影测量。地面摄影测量一般采用倾斜摄影或交向摄影，航空摄影一般采用垂直摄影。摄影机镜头中心垂直于聚焦平面（胶片平面）的连线称为相机的主轴线。航测上规定当主轴线与铅垂线方向的夹角小于3°时为垂直摄影。摄影测量通常采用立体摄影测量方法采集某一地区空间数据，对同一地区同时摄取两张或多张重叠的像片，在室内的光学仪器上或计算机内恢复它们的摄影方位，重构地形表面，即把野外的地形表面搬到室内进行观测。航测上对立体覆盖的要求是当飞机沿一条航线飞行时相机拍摄的任意相邻两张像片的重叠度（航向重叠）不少于55%～65%，在相邻航线上的两张相邻像片的旁向重叠应保持在30%。

2. 数字摄影测量的数据处理流程

数字摄影测量一般指全数字摄影测量，它是基于数字影像与摄影测量的基本原理，应用计算机技术、数字影像处理、影像匹配、模式识别等多学科的理论与方法，提取所摄对象用数字方式表达的集合与物理信息的摄影测量方法。

图 3-6　航空飞机拍摄

　　数字摄影测量是摄影测量发展的全新阶段，与传统摄影测量不同的是，数字摄影测量所处理的原始影像是数字影像。数字摄影测量继承立体摄影测量和解析摄影测量的原理，同样需要内定向、相对定向和绝对定向。不同的是数字摄影测量直接在计算机内建立立体模型。由于数字摄影测量的影像已经完全实现了数字化，数据处理在计算机内进行，所以可以加入许多人工智能的算法，使它进行自动内定向、自动相对定向、半自动绝对定向。不仅如此，还可以进行自动相关、识别左右像片的同名点、自动获取数字高程模型，进而生产数字正射影像。还可以加入某些模式识别的功能，自动识别和提取数字影像上的地物目标。

（四）遥感图像处理

　　遥感是通过遥感器这类对电磁波敏感的仪器，在远离目标和非接触目标物体条件下探测目标地物，获取其反射、辐射或散射的电磁波信息（如电场、磁场、电磁波、地震波等信息），并进行提取、判定、加工处理、分析与应用的一门科学和技术。

　　地面接收太阳辐射，地表各类地物对其反射的特性各不相同，搭载在卫星上的传感器捕捉并记录这种信息，之后将数据传输回地面，然后从所得数据，经过一系列处理过程，可得到满足 GIS 需求的数据。将计算机技术和遥感技术结合，使遥感制图从目视解释走向计算机化的轨道，并为 GIS 的地图更新、研究环境因素随时间变化情况提供了技术支持，也是 GIS 获取数据的重要手段。其工作过程如图 3-7 所示。

二、属性数据的获取

　　属性数据即空间实体的特征数据，一般包括名称、等级、数量、代码等多种形式，属性数据的内容有时直接记录在栅格或矢量数据文件中，有时则单独输入数据库存储为属性文件，通过关键码与图形数据相联系。

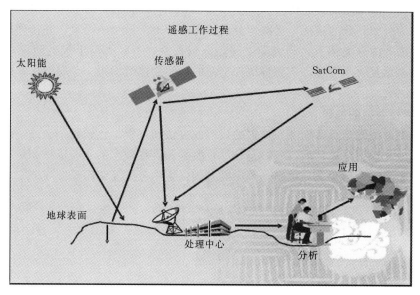

图 3-7 遥感工作过程

属性数据一般采用键盘输入。输入的方式有两种：一种是对照图形直接输入；另一种是预先建立属性表输入属性，或从其他统计数据库中导入属性，然后根据关键字与图形数据自动连接。

（一）属性数据的来源

国家资源与环境信息系统规范在"专业数据分类和数据项目建议总表"中，将数据分为社会环境、自然环境和资源与能源三大类共 14 小项，并规定了每项数据的内容及基本数据来源。

1. 社会环境数据

社会环境数据包括城市与人口、交通网、行政区划、地名、文化和通信设施五类。这几类数据可从人口普查办公室、外交部、民政部、国家测绘地理信息局，以及林业、文化、教育、卫生、邮政等相关部门获取。

2. 自然环境

自然环境数据包括地形数据、海岸及海域数据、水系及流域数据、基础地质数据五类。这些数据可以从国家测绘地理信息局、海洋局、水利水电部以及地质、矿产、地震、石油等相关部门和结构获取。

3. 资源与能源

资源与能源数据包括土地资源相关数据、气候和水热资源相关数据、生物资源相关数据、矿产资源相关数据、海洋资源相关数据五类。这几类数据可从中国科学院、国家测绘地理信息局及农、林、气象、水电、海洋等相关部门获取。

（二）属性数据的分类

空间数据的分类，是根据系统的功能以及相应的国际、国家和行业空间信息分类规范和标准，将具有不同空间特征和语义的空间要素区别开来的过程，是为了在空间数据的逻辑结构上将数据组织为不同的信息层并标识空间要素的类别。

空间数据一般采用线分类法对空间实体进行分类，即将分类对象按选定的空间特征和语义信息作为分类划分的基础，逐次地分成相应的若干个层级的类目，并排列成一个有层次的、逐级展开的分类体系。同级类之间是并列关系，下级类与上级类间存在着隶属关系，同级类不重复、不交叉，从而将地理空间的空间实体组织为一个层级树，因此也称作层级分类法。

（三）属性数据的编码

属性数据的编码是指确定属性数据的代码的方法和过程。代码是一个或一组有序的易于被计算机或人识别与处理的符号，是计算机鉴别和查找信息的主要依据和手段。编码的直接产物就是代码，而分类分级则是编码的基础。土地分类及编码见图 3-8。

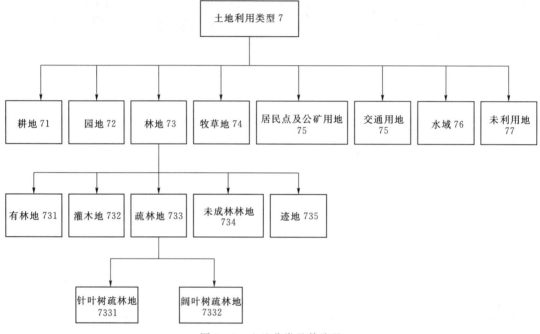

图 3-8　土地分类及其编码

对于要直接记录到栅格或矢量数据文件中的属性数据，则必须先对其进行编码，将各种属性数据变为计算机可以接受的数字或字符形式，便于 GIS 存储管理。属性数据编码一般要基于以下几个原则：

（1）编码的系统性和科学性。

（2）编码的一致性和唯一性。

（3）编码的标准化和通用性。

（4）编码的简捷性。

（5）编码的可扩展性。

（四）属性数据的采集

属性数据在 GIS 中是空间数据的组成部分。属性数据的录入主要采用键盘输入的方法。

当属性数据的数据量较小时，可以在输入几何数据的同时，用键盘输入；当数据量较大时，一般与几何数据分别输入，并检查无误后转入到数据库中。

为了把空间实体的几何数据和属性数据联系起来，必须在几何数据与属性数据之间有一公共标识符。标识符可以在输入几何数据或属性数据时手工输入，也可以由系统自动生成。

（五）属性数据的处理

属性数据校核包括两部分：

（1）属性数据与空间数据是否正确关联，标识码是否唯一，不含空值。

（2）属性数据是否准确，属性数据的值是否超过其取值范围等。

对属性数据进行校核很难，因为不准确性可能归结于许多因素，如观察错误、数据过时和数据输入错误等。属性数据错误检查可通过以下方法完成：

（1）可以利用逻辑检查，检查属性数据的值是否超过其取值范围，属性数据之间或属性数据与地理实体之间是否有荒谬的组合。在许多数字化软件中，这种检查通常使用程序来自动完成。例如有些软件可以自动进行多边形结点的自动平差，属性编码的自动查错等。

（2）把属性数据打印出来进行人工校对，这和用校核图来检查空间数据准确性相似。

对属性数据的输入与编辑，一般在属性数据处理模块中进行。但为了建立属性描述数据与几何图形的联系，通常需要在图形编辑系统中设计属性数据的编辑功能，主要是将一个实体的属性数据连接到相应的几何目标上，亦可在数字化及建立图形拓扑关系的同时或之后，对照一个几何目标直接输入属性数据。一个功能强的图形编辑系统可提供删除、修改、拷贝属性等功能。

第二节　空间数据的质量分析与控制

空间数据是 GIS 最基本和最重要的组成部分，也是一个 GIS 项目中成本比重最大的部分。数据质量的好坏，关系到分析过程的效率高低，及至影响着系统应用分析结果的可靠程度和系统应用目标的真正实现。因此，对数据质量的评价与控制就显得尤为重要。

一、空间数据质量概述

所谓空间数据质量是指数据对特定用途的分析和操作的适用程度。在论及数据质量的好坏时，人们常常使用误差或不确定性的概念，数据质量问题在很大程度上可以看作数据误差问题。而描述误差最常用的概念是准确度和精密度，对于以地图或遥感图像表达的空间数据，数据质量还与空间分辨率或制图比例尺有关。

空间数据质量在很大程度上可以看作是数据的误差问题，而与数据误差相联系的基本概念包括如下内容。

1. 误差（Error）

简而言之，误差表示数据与其真值之间的差异。误差的概念是完全基于数据而言的，没有包含统计模型在内，从某种程度上讲，它只取决于量测值，因为真值是确定的。如测量地面某点高程为 1002.4m，而其真值为 1001.3m，则该数据误差为 0.9m。

误差与不确定性有着不同的含义。在上例中，认为量测值（1002.4m）与误差（0.9m）都是确定的。也就是说，存在误差，但不存在不确定性。不确定性指的是"未知或未完全知"，因此，不确定性是基于统计的推理、预测。这样的预测即针对未知的真值，也针对未知的误差。

2. 准确度（Accuracy）

准确度是量测值与真值之间的接近程度。它可以用误差来衡量。仍以前问所述某点高程为例，如果以更先进量测方式测得其值为 1002.1m，则此量测方式比前一种方式更为准确，亦即其准确度更高。

3. 偏差（Bias）

与误差不同，偏差基于一个面向全体量测值的统计模型，通常以平均误差来描述。

4. 精密度（Precision）

精密度指在对某个量的多次量测中，各量测值之间的离散程度。可以看出，精密度的实质在于它对数据准确度的影响，同时在很多情况下，它可以通过准确度而得到体现，故常把两者结合在一起称为精确度，简称精度。精度通常表示成一个统计值，它基于一组重复的监测值，如样本平均值的标准差。

5. 不确定性（uncertainty）

不确定性是指对真值的认知或肯定的程度，是更广泛意义上的误差，包含系统误差、偶然误差、粗差、可度量和不可度量误差、数据的不完整性、概念的模糊性等。在 GIS 中，用于进行空间分析的空间数据，其真值一般无从量测，空间分析模型往往是在对自然现象认识的基础上建立的，因而空间数据和空间分析中倾向于采用不确定性来描述数据和分析结果的质量。

此外，GIS 数据的规范化和标准化直接影响地理信息的共享，而地理信息共享又直接影响到 GIS 的经济效益和社会效益。为了解决利用已有数据资源，并为今后数据共享创造条件，各国都在努力开展标准化研究工作。国家制定的规范和标准是信息资源共享的基础，不但有利于国内信息交流，也有利于国际信息交流。但是目前空间数据的标准化仍然存在不少问题，还缺乏统一的标准和规范，各部门间也缺乏必要的联系和协调，对空间数据科学的分类和统计缺乏严格的定义，直接导致建立的各类信息系统之间数据杂乱，难以相互利用，信息得不到有效的交流和共享。为使数据库和信息系统能向各级政府和部门提供更好的信息服务，实现数据共享，数据的规范化和标准化刻不容缓。

二、空间数据质量评价

（一）数据质量的评价指标

数据质量是数据整体性能的综合体现，而空间数据质量标准是生产、应用和评价空间数据的依据。为了描述空间数据质量，许多国际组织和国家都制定了相应的空间数据质量标准和指标（表 3-1）。空间数据质量指标的建立必须考虑空间过程和现象的认知、表达、处理、再现等全过程。

表 3 - 1   不同标准中的质量指标和质量参数

STDS（1992）	ICA（1996）	CEN/TC287（1997）	ISO/TC211（1997）
数据渊源	数据渊源	数据渊源	数据总揽（数据渊源、数据目的、数据用途）
		（潜在的）用途	
分辨率	分辨率		分辨率
几何精度	几何精度	几何精度	数据精度
属性精度	属性精度	属性精度	专题精度
完整性	完整性	完整性	完整性
逻辑一致性	逻辑一致性	逻辑一致性	逻辑一致性
	语义精度	元数据质量	
	时态精度	时态精度	时态精度
		数据同质性	
			数据测试和一致性

从实用的角度来讨论空间数据质量，空间数据质量指标应包括以下几个方面：

（1）数据情况说明（Source）：要求对地理数据的来源、数据内容及其处理过程等做出准确、全面和详尽的说明。

（2）完备性：要素、要素属性和要素关系的存在和缺失。完备性包括两个方面的具体指标：①多余，数据集中多余的数据；②遗漏，数据集中缺少的数据。

（3）逻辑一致性：对数据结构、属性及关系的逻辑规则的依附度（数据结果可以是概念上的、逻辑上的或物理上的），包括四个具体指标：①概念一致性，对概念模式规则的符合情况；②值域一致性，值对值域的符合情况；③格式一致性，数据存储同数据集的物理结构匹配程度；④拓扑一致性，数据集拓扑特征编码的准确度。

（4）位置准确度：要素位置的准确度，包括三个具体指标：①绝对或客观精度，坐标值与可以接受或真实值的接近程度；②相对或内在精度，数据集中要素的相对位置和其可以接受或真实的相对位置的接近程度；③格网数据位置精度，格网数据位置值同可以接受或真实值的接近程度。

（5）时间准确度：要素时间属性和时间关系的准确度，包括三个具体指标：①时间量测准确度，时间参照的正确性（时间量测误差报告）；②时间一致性，事件时间排序或时间次序的正确性；③时间有效性，时间上数据的有效性。

（6）专题准确度：定量属性的准确度；定性属性的正确性；要素的分类分级以及其他关系。包括四个具体指标：①分类分级正确性，要素被划分的类别或等级，或者它们的属性与论域（例如，地表真值或参考数据集）的比较；②非定量属性准确度，非定量属性的正确性；③定量属性准确度，定量属性的准确度；④对于任意数据质量指标可以根据需要建立其他的具体指标。

（7）数据相容性（Compatibility）：指多个来源的数据在同一个应用中使用的吻合和难易程度。一般来说，比例尺的不同、数据分类体系和标准的不同都会带来数据不相容问题。

（8）数据的可得性（Accessibility）：指获取或使用数据的容易程度。保密的数据按其保密等级限制了使用者获得所需的数据，而公开的数据可能由于价格太高而不能获得，只能另找数据采集途径，降低了数据的质量并造成浪费。

（二）数据质量的评价方法

1. GIS 数据质量的评价方法

空间数据质量评价方法分直接评价和间接评价两种。直接评价方法是对数据集通过全面检测或抽样检测方式进行评价的方法，又称验收度量。间接评价方法是对数据的来源和质量、生产方法等间接信息进行数据集质量评价的方法，又称预估度量。这两种方法本质区别是面向的对象不同，直接评价方法面对的是生产出的数据集，而间接评价方法则面对的是一些间接信息，只能通过误差传播的原理，根据间接信息估算出最终成品数据集的质量。

直接评价法又分为内部和外部两种。内部直接评价方法要求对所有数据仅在其内部对数据集进行评价。例如在属于拓扑结构的数据集中，为边界闭合的拓扑一致性做的逻辑一致性测试所需要的所有信息。外部直接评价法要求参考外部数据对数据集测试。例如对数据集中道路名称做完整性测试需要另外的道路名称原始性资料。

间接评价法是一种基于外部知识的数据集质量评价方法。外部知识可包括但不限定数据质量综述元素和其他用来生产数据集的数据集或数据的质量报告。本方法只是推荐性的，仅在直接评价方法不能使用时使用。在下列几种情况下，间接评价法是有效的：使用信息中记录了数据集的用法，数据日志信息记录了有关数据集生产和历史的信息，用途信息描述了数据集生产的用途。

2. GIS 数据质量常用评价方法

（1）敏感度分析法。一般而言，精确确定 GIS 数据的实际误差非常困难。为了从理论上了解输出结果如何随输入数据的变化而变化，可以通过人为地在输入数据中加上扰动值来检验输出结果对这些扰动值的敏感程度。然后根据适合度分析，由置信域来衡量由输入数据的误差所引起的输出数据的变化。

为了确定置信域，需要进行地理敏感度测试，以便发现由输入数据的变化引起输出数据变化的程度，即敏感度。这种研究方法得到的并不是输出结果的真实误差，而是输出结果的变化范围。对于某些难以确定实际误差的情况，这种方法是行之有效的。

在 GIS 中，敏感度检验一般有以下几种：地理敏感度、属性敏感度、面积敏感度、多边形敏感度、增删图层敏感度等。敏感度分析法是一种间接测定 GIS 产品可靠性的方法。

（2）尺度不变空间分析法。地理数据的分析结果应与所采用的空间坐标系统无关，即为尺度不变空间分析，包括比例不变和平移不变。尺度不变是数理统计中常用的一个准则，一方面在能保证用不同的方法能得到一致的结果，另一方面又可在同一尺度下合理地衡量估值的精度。也就是说，尺度不变空间分析法使 GIS 的空间分析结果与空间位置的参考系无关，以防止由基准问题而引起分析结果的变化。

（3）Monte Carlo 实验仿真。由于 GIS 的数据来源繁多，种类复杂，既有描述空间拓扑关系的几何数据，又有描述空间物体内涵的属性数据。对于属性数据的精度往往只能用打分或不确定度来表示。对于不同的用户，由于专业领域的限制和需要，数据可靠性的评价标准并不相同。因此，想用一个简单的、固定不变的统计模型来描述 GIS 的误差规律似乎是不可能的。在对所研究问题的背景不十分了解的情况下，Monte Carlo 实验仿真是一种有效的方法。

Monte Carlo 实验仿真首先根据经验对数据误差的种类和分布模式进行假设，然后利用计算机进行模拟试验，将所得结果与实际结果进行比较，找出与实际结果最接近的模型。对于某些无法用数学公式描述的过程，用这种方法可以得到实用公式，也可检验理论研究的正确性。

（4）空间滤波。获取空间数据的方法可能是不同的，既可以采用连续方式采集，也可采用离散方式采集。这些数据采集的过程可以看成是随机采样，其中包含倾向性部分和随机性部分。前者代表所采集物体的实际信息，而后者是由观测噪声引起的。

空间滤波可分为高通滤波和低通滤波。高通滤波是从含有噪声的数据中分离出噪声信息，低通滤波是从含有噪声的数据中提取信号。例如经高通滤波后可得到一随机噪声场，然后用随机过程理论等方法求得数据的误差。

对 GIS 数据质量的研究，传统的概率论和数理统计是其最基本的理论基础，同时还需要信息论、模糊逻辑、人工智能、数学规划、随机过程、分形几何等理论与方法的支持。

三、空间数据质量问题的来源

空间数据质量问题实际上是伴随着数据的采集、处理和应用过程而产生并表现出来的。根据这一过程，可以把空间数据质量问题划分为三个阶段：第一阶段是实地空间数据的测量、采集和制图；第二阶段是空间数据库的建库，包括数字化、数据录入和数据转换；第三阶段是空间数据的操作、处理、分析、输出和应用。每个阶段都包含前一阶段所带来的原有误差，并增加了本阶段所引入的新的误差因素（表 3-2）。

表 3-2　　　　　　　　　　　　　空间数据的部分误差来源

数据处理过程	误差来源
数据采集	野外测量误差：仪器误差、记录误差 遥感数据误差：辐射和几何纠正误差、信息提取误差 地图数据误差：原始数据误差、坐标转换、制图综合及印刷等误差
数据输入	数字化误差：仪器误差、操作误差 不同系统格式转换误差：栅格-矢量互换、三角网-等值线互换
数据存储	数值精度不够 空间精度不够：格网或图像太大、地区最小制图单元太大
数据处理	分类间隔不合理 多层数据叠加引起的误差传播：插值误差、多源数据综合分析误差 比例尺太小引起的误差
数据输出	输出设备不精确引起的误差 输出的媒介不稳定造成的误差
数据使用	对数据所包含的信息的误解 对数据信息使用不当

1. 空间现象自身存在的复杂性、不稳定性和模糊性

空间数据质量问题首先来源于空间事物或现象自身存在的复杂性、不稳定性和模糊性，主要包括空间位置、分布和过程、专题和属性及发生时间区段上的不确定性、不稳定性或模糊性，如某种土壤类型边界划分的模糊性，金属矿体与围岩边界的不确定性，社会经济现象的复杂性等。因此，空间数据存在质量问题是不可避免的。

2. 空间数据的获取和表达所产生的质量问题

由于原始数据的获取产生空间数据质量问题大体上可以归结为三方面：其一是人们对空间对象的特征、变量概念认识上的不确切或不一致，必然导致获取、量测、记录数据上的差异、不准确。例如，对一些地理、地质、环境生态现象认识上的模糊性或不一致性；其二是测量仪器、手段和方法的不完善、不精确以及观测时外界条件的影响，造成测量成果的误差或偏差，例如 GPS 定位或导航产生的误差、经纬仪测量角度产生的误差，遥感图像数据在地物几何位置和光谱特征上的偏差等；第三方面，自然界和社会经济现象中事物过程的类型和特征千差万别，它们在空间和时间上的表现形式或者为连续性、或者为离散性，或者两者兼有，但是目前 GIS 对它们的描述都是采用点、线、面、体或各种符号的图形要素形式，这里必然存在图形表达上的合理性问题和准确性问题。此外，多数空间数据都记录在纸质或聚酯材料地图上，这类物理介质会产生变形、磨损，导致图形要素的变化、差错。

以上两大因素产生的空间数据质量问题可以归纳为两种类型：第一类可称为明显的质量问题，包括：①数据记录的年代、日期的不确切，不齐全，或过于陈旧；②数据的空间覆盖范围（统计区域）偏小或偏离；③地图比例尺偏小或不齐全；④观测点、数据点密度不够；⑤数据格式问题；⑥数据的可访问性或可达性问题，由于国家或地区之间、部门之间的保密或阻隔，许多数据无法获得。第二类属于观测值、量测值的精度问题，来源于原始观测、记录值的误差，包括粗差、系统误差。

3. 空间数据处理过程中产生的空间数据质量问题

在空间数据处理过程中，很多操作都会带来误差，降低空间数据的质量。

（1）地图数字化和扫描后的矢量化处理。数字化过程采点的位置精度、空间分辨率、属性赋值等都可能出现误差。

（2）投影变换。地图投影是三维地球椭球面或球面到二维平面的拓扑变换，在不同投影方式下，地理特征的位置、面积和方向的表达会有差异。确定空间数据投影类型的主要依据是：数据的用途、数据的专题内容、比例尺大小、数据表达空间区域的形状和大小、所处空间的地理位置及其他特殊要求。

（3）数据格式转换。在矢量格式和栅格格式之间的数据格式转换中，数据所表达的空间特征的位置具有差异性。

（4）数据抽象。在数据发生比例尺变换时，对数据进行的聚类、归并、合并等操作时产生的误差，它包括知识性误差（例如，操作符合地学规律的程度）和数据所表达的空间特征位置的变化误差。

（5）建立拓扑关系。拓扑过程中伴随有数据所表达的空间特征的位置坐标的变化。

（6）与主控数据层的匹配。一个数据库中，常存贮同一地区的多个数据层，为保证各

数据层之间在空间位置上的协调性，一般建立一个主控数据层以控制其他数据层的边界和控制点。在与主控数据层匹配的过程中会存在空间位移，导致误差的出现。

（7）数据叠加操作和更新。数据在进行叠加运算以及数据更新时，会产生空间位置和属性值的差异。

（8）数据集成处理。指在来源不同、类型不同的各种数据集的相互操作过程中所产生的误差。数据集成是包括数据预处理、数据集之间的相互运算、数据表达等过程在内的复杂过程，其中位置误差、属性误差都会出现。

（9）数据的可视化表达。数据在可视化表达过程中为适应视觉效果，需对数据的空间特征位置、注记等进行调整，由此产生数据表达上的误差。

（10）数据处理过程中误差的传递和扩散。在数据处理的各个过程中，误差是累积和扩散的，前一过程的累积误差可能成为下一阶段的误差起源，从而导致新的误差的产生。

4. 空间数据应用中产生的空间数据质量问题

在空间数据使用的过程中也会产生空间数据质量问题，主要包括如下两个方面：

（1）对数据的解释过程。对于同一种空间数据来说，不同用户对它的内容的解释和理解可能不同。例如，对于土壤数据，城市开发部门、农业部门、环境部门对某一级别土壤类型的内涵的理解和解释会有很大的差异。处理这类问题的方法是随空间数据提供各种相关的文档说明，如元数据。

（2）缺少文档。缺少对某一地区不同来源的空间数据的说明，诸如缺少投影类型、数据定义等描述信息。这样往往导致数据用户对数据的随意性使用而使误差扩散开来。

四、空间数据质量的控制

空间数据质量控制是指在 GIS 建设和应用过程中，对可能引入误差的步骤和过程加以控制，对这些步骤和过程的一些指标和参数予以规定，对检查出的错误和误差进行修正，以达到提高系统数据质量和应用水平的目的。在进行空间数据质量控制时，必须明确数据质量是一个相对的概念，除了可度量的空间和属性误差外，许多质量指标是难以确定的。因此空间数据质量控制主要是针对其中可度量和可控制的质量指标而言的。数据质量控制是个复杂的过程，要从数据质量产生和扩散的所有过程和环节入手，分别采取一定的方法和措施来减少误差。

（一）空间数据质量控制的方法

1. 传统的手工方法

质量控制的手工方法主要是将数字化数据与数据源进行比较，图形部分的检查包括目视方法、绘制到透明图上与原图叠加比较，属性部分的检查采用与原属性逐个对比或其他比较方法。

2. 元数据方法

数据集的元数据中包含了大量的有关数据质量的信息，通过它可以检查数据质量，同时元数据也记录了数据处理过程中质量的变化，通过跟踪元数据可以了解数据质量的状况和变化。

3. 地理相关法

用空间数据的地理特征要素自身的相关性来分析数据的质量。例如，从地表自然特征的空间分布着手分析，山区河流应位于微地形的最低点，因此，叠加河流和等高线两层数据时，若河流的位置不在等高线的汇水线上且不垂直相交，则说明两层数据中必有一层数据有质量问题，如不能确定哪层数据有问题时，可以通过将它们分别与其他质量可靠的数据层叠加来进一步分析。因此，可以建立一个有关地理特征要素相关关系的知识库，以备各空间数据层之间地理特征要素的相关分析之用。

（二）空间数据生产过程中的质量控制

数据质量控制应体现在数据生产和处理的各个环节。下面仍以地图数字化生成空间数据过程为例，介绍数据质量控制的措施。

1. 数据源的选择

选择内容和质量满足系统建设要求的数据源是选择数据源的基本要求。这一阶段的数据质量控制，主要主意以下方面：

（1）首先，数据源的误差范围不能大于系统对数据误差的允许范围。因为数据处理过程中的每一步都会保留原有误差，并可能引入新的误差。那样，进入数据库或经过分析后输出的数据误差就会超出系统对误差的容许范围。

（2）地图数据源，最好采用最新的二底图，即采用以变形较小的薄膜片为材料制作的分版图，以降低输入原图的复杂性和可能的变形误差。

（3）尽可能减少数据处理的中间环节。如直接使用测量数据建库而不是将测量数据先行制图，再在所制地图基础上经数字化而建立空间数据库。

2. 数字化过程的数据质量控制

主要从数据预处理、数字化设备的选用、对点精度、数字化限差和数据精度检查等环节出发。

（1）数据预处理。主要包括对原始地图、表格等的整理、清绘。对于质量不高的数据源，如散乱的文档和图面不清晰的地图，通过预处理工作不但可减少数字化误差，还可提高数字化工作的效率。对于扫描数字化的原始图形或图像，还可采用分版扫描的方法，来减小矢量化误差。

（2）数字化设备的选用。主要按手扶数字化仪、扫描仪等设备的分辨率和精度等有关参数进行挑选，这些参数应不低于设计的数据精度要求。一般要求数字化仪的分辨率达到 0.025mm，精度达到 0.2mm；对扫描仪的分辨率则不低于 300DPI（Dots Per Inch）。

（3）数字化对点精度（准确性）。数字化对点精度是指数字化时数据采集点与原始点重合的程度。一般要求数字化对点误差小于 0.1mm。

（4）数字化限差。数字化时各种最大限差规定为：曲线采点密度 2mm、图幅接边误差 0.2mm、线划接合距离 0.2mm、线划悬挂距离 0.7mm。对于接边误差的控制，通常当相邻图幅对应要素间距离小于 0.3mm 时，可移动其中一个要素以使两者接合；当这一距离在 0.3mm 与 0.6mm 之间时，两要素各自移动一半距离；若距离大于 0.6mm，则按一般制图原则接边，并作记录。

（5）数据的精度检查。主要检查输出图与原始图之间的点位误差。一般对直线地物和独立地物，这一误差应小于 0.2mm；对曲线地物和水系，这一误差应小于 0.3mm；对边界模糊的要素应小于 0.5mm。

（三）空间数据处理分析中的质量控制

地理数据在计算机的处理分析过程中，会因为计算过程本身引入误差，主要包括：

（1）计算误差。计算机能否按所需的精度存储和处理数据，主要取决于数据存储的有效位数。数据位数较小时，反复的运算处理过程会使舍入误差积累，带来较大误差。

（2）数据转换误差。数据类型转换和数据格式转换是 GIS 数据处理中的常用操作，这些操作都是通过一定的运算而实现的，因而也都会带来一定的误差。特别是矢量数据格式与栅格数据格式之间的转换，会因为栅格单元尺寸而大受影响。

（3）拓扑叠加分析误差。叠加分析是 GIS 特有的，也是极为重要的应用分析功能之一。无论矢量数据还是栅格数据，都将叠加分析作为其重要的空间分析手段。矢量数据的多边形叠加分析，由于多边形的边界不可能完全重合，从而产生若干无意义的多边形，对这样无意义多边形的处理往往会改变多边形的边界位置而引起误差，并可能由此进一步带来空间位置上的地物属性误差。

第三节　GIS 数据的处理

地理空间数据来源复杂，种类繁多，表达方式各不相同，存在诸多方面的差异，如：投影不一致，比例尺不同，格式不一致、分类标准不一、精度不同等，导致数据难于使用。为了使空间数据规范化，必须进行空间数据处理。

空间数据处理是指空间数据从采集到输出的整个过程中对空间数据本身的操作，不涉及对数据内容的分析。由于数据类型和用户要求的不同，对不同的问题，空间数据处理的内容可能会有所不同。但其基本内容包括空间数据的编辑、空间数据的坐标变换、空间数据的结构转换、图形拼接、拓扑关系的建立等几个方面。

一、图形编辑

通过数字化所获取的原始图形数据不可避免地存在错误和误差，如空间数据不完整、数据重复、位置不正确、空间数据变形等。在将这些数据并入空间数据库之前，必须经过检核和编辑，修正这些错误。图形编辑涉及的内容很广，包括用鼠标增加一个点、线、面实体，删除一个点、线、面实体，移动、拷贝、旋转一个点、线、面实体等。

（一）结点的编辑

结点是弧段的端点，它是建立点、线、面关联拓扑关系的桥梁和纽带，GIS 中相当多的工作都涉及结点编辑问题。

1. 结点吻合（Snap）

结点吻合（Snap）也称结点匹配。如图 3-9 所示，三个弧段中的结点 A、B、C 本应是同一点，坐标一致，但是由于数字化过程中人为因素所造成的误差，使三者没能吻合成一个点，造成三点坐标不一致，不能建立弧段和多边形之间的关联关系。为此，需要通过人工编辑或自动编辑，将这三点坐标匹配一致（图 3-10）。

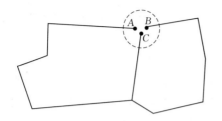

图 3-9 没有吻合在一起的三个结点

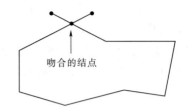

图 3-10 采用直线求交法进行结点吻合

结点匹配通常有两种方法：一是通过求交点的方法，求两条线的交点或延长线的交点，得到吻合的结点；二是采用自动匹配的方法，给定一个容差，在图形数字化时或图形数字化之后，求容差范围之内的所有结点的坐标平均值，将所得到的中心点坐标作为吻合后的结点坐标。

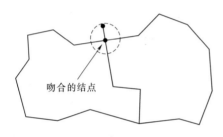

图 3-11 结点与线的吻合

2. 结点与线的吻合

在数字化过程中，经常遇到一个弧段与另一个弧段本应相连但其中一个弧段的结点不能与另一弧段相吻合的情况（图 3-11）。这时所需要进行的编辑处理，称为结点与线的吻合。

3. 清除假结点

假结点是指由仅有两个弧段共有的结点（图 3-12）。通常在一条线没有一次录入完毕的情况下会产生假结点（Pseudo Node，也称伪结点），假结点使一条完整的线变成两段。有一些系统中用结点表示地理实体（如电力、通信系统中用结点表示电力或通信设备），这时需要将假结点清除掉，将两弧段合并成一条，使它们之间不存在结点。

（二）弧段及多边形的编辑

弧段的编辑包括删除与增加点、移动点、删除一段弧段等操作。多边形的编辑包括合并、劈分、求交、多边形形状的改变等操作。

图 3-12 两个弧段之间的假结点

（三）数据检查与清理

这里的数据检查是指拓扑关系的检查。检查的内容主要包括结点是否匹配，是否存在悬挂线，多边形是否闭合，是否有假结点。在数据检查过程中，可以将存在错误的拓扑关系的点、线、面用不同的颜色或符号标示出来，以便于人工检查和修改。数据清理则是采用一些方法自动清除空间数据的错误，例如给定一个结点吻合的容差使该容差范围之内的结点自动吻合在一起；给定弧段的容限，将小于该容限的弧段自动删除等。

二、图形坐标变换

在地图录入完毕后，经常需要进行投影变换，得到经纬度参照系下的地图。对各种投影进行坐标变换的原因主要是输入时地图是一种投影，而输出的地图产物是另外一种投影。进行投影变换有两种方式，一种是利用多项式拟合，类似于图像几何纠正；另一种是直接应用投影变换公式进行变换。

1. 基本坐标转换

在投影变换过程中，有以下三种基本的操作，见图 3-13：平移、缩放和旋转。

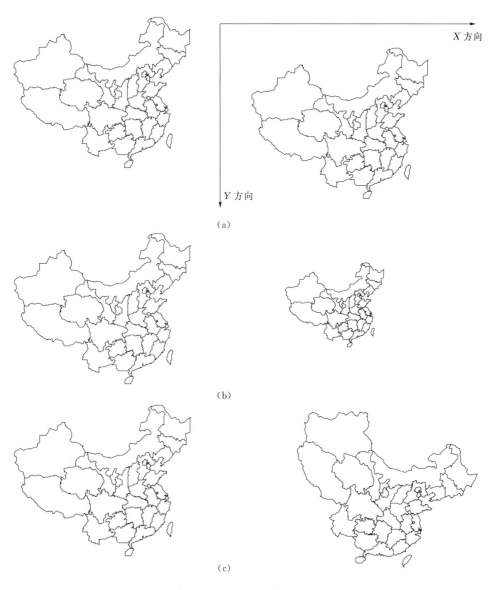

图 3-13 图形坐标变换

（a）平移；（b）缩放；（c）旋转

2. 仿射变换

如果综合考虑图形的平移、旋转和缩放，则其坐标变换式如下：

$$(X',Y') = \lambda \begin{bmatrix} \cos\theta & \sin\theta \\ -\sin\theta & \cos\theta \end{bmatrix} \begin{bmatrix} X \\ Y \end{bmatrix} + \begin{bmatrix} T_X \\ T_Y \end{bmatrix} \quad (3-1)$$

式（3-1）是一个正交变换，其更为一般的形式是：

$$(X',Y') = \lambda \begin{bmatrix} a & b \\ c & d \end{bmatrix} \begin{bmatrix} X \\ Y \end{bmatrix} + \begin{bmatrix} T_X \\ T_Y \end{bmatrix} \qquad (3-2)$$

后者被称为二维的仿射变换（Affine Transformation），仿射变换在不同的方向可以有不同的压缩和扩张，可以将球变为椭球，将正方形变为平行四边形（图 3-14）。

三、空间数据结构变换

1. 矢量向栅格转换

矢量结构向栅格结构转换又称为多边形填充，就是在矢量表示的多边形边界内部的所有栅格点上赋以相应的多边形编号，从而形成栅格数据阵列。从点、线、面实体转化为栅格单元的过程称之为栅格化，栅格化的首要工作是选择单元的大小和形状，而后检测实体是否落在这些多边形上，记录属性等。

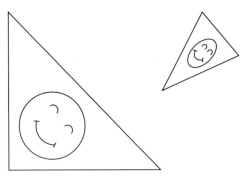

图 3-14　仿射变换

栅格化的过程是个生成二维阵列的过程，主要操作如下：

（1）将点和线实体的角点的笛卡儿坐标转换到预定分辨率和已知位置值的矩阵中。

（2）沿行或沿列利用单根扫描线或一组相连接的扫描线去测试线性要素与单元边界的交叉点，并记录有多少个栅格单元穿过交叉点。

（3）对多边形，测试过角点后，剩下线段处理，这时只要利用二次扫描就可以知道何时到达多边形的边界，并记录其位置与属性值。

2. 栅格向矢量的转换

栅格向矢量的转换是将具有相同属性代码的栅格集合表示为多边形区域的边界与边界的拓扑关系，是将每个边界弧段由多个小直线段组成的矢量格式边界线的过程，这个由栅格单元转换到几何图形的过程称为矢量化。矢量化要保持栅格结构存在的连通性、临界性与被转换物体的外形。

栅格向矢量的转换从概念上容易理解，但在转换中包括对细化的处理，将产生大量的多余坐标要去除，因此比矢量向栅格转换的算法要复杂得多。栅格向矢量转换中最困难的是边界线搜索与拓扑结构的形成。

栅格向矢量转换通常包括下列步骤：

（1）多边形边界提取与细化，二值化（把 256 个灰度压缩到 2 个灰度，边界线占一灰度）通过确定结点和边界点来实现。

（2）边界线追踪，以矢量形式记录栅格点中心的坐标，对已提取的结点或边界点，判断跟踪搜索方向后，由一个结点向另一个结点搜索每一个边界线弧段，直到连成边界弧段为止。

（3）拓扑关系生成，将原栅格数据的边界拓扑关系形成完整的矢量拓扑结构并建立与属性数据的联系。

（4）去除冗余点，在逐个搜索边界点时，遇到边界弧段是直线的情况时，会造成一些多余点，因此必须将这些多余点记录去除。

（5）曲线圆滑，曲线受栅格精度限制一般不圆滑，因此采用一定的插补算法对不圆滑现象进行光滑处理。

通过栅格向矢量转换，可将栅格数据分析的结果，在矢量绘图仪上输出；将大量的面状栅格数据转换为少数矢量数据表示的多边形边界，起到压缩数据的作用；将自动扫描仪获取的栅格数据加入到矢量形式的数据库，从而大大地丰富了 GIS 数据采集与输入的功能。

四、图形拼接

在相邻图幅的边缘部分，由于原图本身的数字化误差，使得同一实体的线段或弧段的坐标数据不能相互衔接，或是由于坐标系统、编码方式等不统一，需进行图幅数据边缘匹配处理。

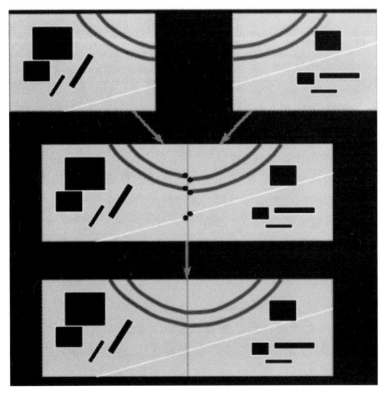

图 3-15　图幅拼接

图幅的拼接总是在相邻两图幅之间进行的，如图 3-15 所示。要将相邻两图幅之间的数据集中起来，就要求相同实体的线段或弧的坐标数据相互衔接，也要求同一实体的属性码相同，因此必须进行图幅数据边缘匹配处理。具体步骤如下。

1. 逻辑一致性的处理

由于人工操作的失误，两个相邻图幅的空间数据库在接合处可能出现逻辑裂隙，如一个多边形在一幅图层中具有属性 A，而在另一幅图层中属性为 B。此时，必须使用交互编辑的方法，使两相邻图斑的属性相同，取得逻辑一致性。

2. 识别和检索相邻图幅

将待拼接的图幅数据按图幅进行编号，编号有 2 位，其中十位数指示图幅的横向顺序，个位数指示纵向顺序（图 3-16），并记录图幅的长宽标准尺寸。因此，当进行横向图幅拼接时，总是将十位数编号相同的图幅数据收集在一起；进行纵向图幅拼接时，是将个位数编号相同的图幅数据收集在一起。其次，图幅数据的边缘匹配处理主要是针对跨越相邻图幅的线段或弧而言的。为了减少数据容量，提高处理速度，一般只提取图幅边界 2cm 范围内的数据作为匹配和处理的目标，同时要求图幅内空间实体的坐标数据已经进行过投影转换。

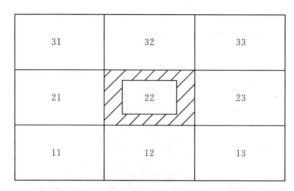

图 3-16　图幅编号及图幅边缘提取范围

3. 相邻图幅边界点坐标数据的匹配

相邻图幅边界点坐标数据的匹配采用追踪拼接法。只要符合下列条件，两条线段或弧段即可匹配衔接：相邻图幅边界两条线段或弧段的左右码各自相同或相反，相邻图幅同名边界点坐标在某一允许值范围内（如 ±0.5mm）。

匹配衔接时是以一条弧或线段作为处理的单元，因此，当边界点位于两个结点之间时，须分别取出相关的两个结点，然后按照结点之间线段方向一致性的原则进行数据的记录和存储。

4. 相同属性多边形公共边界的删除

当图幅内图形数据完成拼接后，相邻图斑会有相同属性。此时，应将相同属性的两个或多个相邻图斑组合成一个图斑，即消除公共边界，并对共同属性进行合并（图 3-17）。

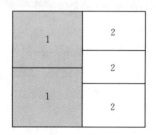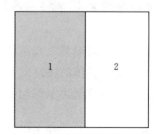

图 3-17　相同属性多边形公共边界的删除

多边形公共界线的删除，可以通过构成每一面域的线段坐标链，删去其中共同的线段，然后重新建立合并多边形的线段链表。

五、拓扑关系的建立

在图形修改完毕后，需要对图形要素建立正确的拓扑关系。目前，大多数 GIS 软件都提供了完善的拓扑关系生成功能。正如拓扑的定义所描述的，建立拓扑关系时只需要关注实体之间的连接、相邻关系，而节点的位置、弧段的具体形状等非拓扑属性则不影响拓扑的建立过程。

1. 点线拓扑关系的建立

点线拓扑关系的建立方法：在图形采集和编辑中实时建立，此时有两个文件表，一个记录结点所关联的弧段，一个记录弧段两端点的结点。如图 3-18 所示，已经数字化了两条弧段 A_1、A_2，涉及 3 个结点，当从 N_2 出发数字化第三条弧段 A_3 时，起始结点首先根据空间坐标，寻找它附近是否存在已有的结点或弧段，若存在结点，则弧段 A_3 不产生新的起结点号，而将 N_2 作为它的起结点。当它到终结点时，进行同样的判断和处理，由于 A_2 的终结点不能匹配到现有结点，因而产生一个新结点。将新弧段和新结点分别填入弧段表中，同时在结点表一栏的 N_2 的记录添加 N_2 所关联的新弧段 A_3。同理在数字化的弧段 A_4 时，由于起结点和终结点都匹配到原有的结点，所以不需创建新结点记录，只是创建一个新的弧段记录，然后在原来的 N_3 和 N_4 结点关联的弧段记录中分别增加这一条弧段号 A_4。

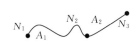

弧段-结点表

ID	起结点	终结点
A_1	N_1	N_2
A_2	N_2	N_3

结点-弧段表

ID	关联弧段
N_1	A_1
N_2	A_1，A_2
N_3	A_2

弧段-结点表

ID	起结点	终结点
A_1	N_1	N_2
A_2	N_2	N_3
A_3	N_2	N_4

结点-弧段表

ID	关联弧段
N_1	A_1
N_2	A_1，A_2，A_3
N_3	A_2
N_4	A_3

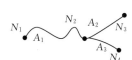

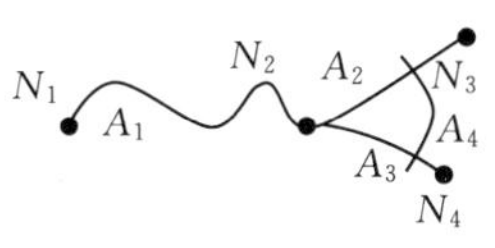

弧段-结点表

ID	起结点	终结点
A_1	N_1	N_2
A_2	N_2	N_3
A_3	N_2	N_4
A_4	N_3	N_3

结点-弧段表

ID	关联弧段
N_1	A_2，A_2，A_3
N_2	A_2，A_4
N_3	A_3，A_3

图 3-18　结点与弧段拓扑关系的实时建立

2. 多边形拓扑关系的建立

多边形有三种情况：①独立多边形，它与其他多边形没有共同边界，如独立房屋，这种多边形可以在数字化过程中直接生成，因为它仅涉及一条封闭的弧段；②具有公共边界的简单多边形，在数据采集时，仅输入了边界弧段数据，然后用一种算法自动将多边形的边界聚合起来，建立多边形文件；③嵌套的多边形，除了要按第二种方法自动建立多边形外，还要考虑多边形内的多边形（也称作内岛）。

下面以第二种情况为例，讨论多边形自动生成的步骤和方法。

首先进行结点匹配，如图 3-19 所示的 3 条弧段的端点本来应该是同一结点，但由于数字化误差，三点坐标不完全一致，造成它们之间不能建立关联关系。因此，以任一弧段的端点为圆心，以给定容差为半径，产生一个搜索圆，搜索落入该搜索圆内的其他弧段的端点，若有，则取这些端点坐标的平均值作为结点位置，并代替原来各弧段的端点坐标。

(a)   (b)

图 3-19　结点匹配示意图

(a) 三个没有吻合在一起的弧段端点；(b) 经结点匹配处理后产生的同一结点

建立结点-弧段拓扑关系。在结点匹配的基础上，对产生的结点进行编号，并产生两个文件表，一个记录结点所关联的弧段，另一个记录弧段两端的结点，如图 3-20所示。

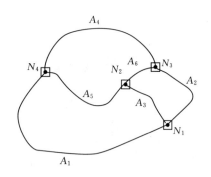

弧段-结点表

ID	起结点	终结点
A_1	N_1	N_4
A_2	N_1	N_3
A_3	N_1	N_2
A_4	N_4	N_3
A_5	N_4	N_2
A_6	N_2	N_3

结点-弧段表

ID	关联弧段
N_1	A_2，A_3，A_1
N_2	A_6，A_5，A_3
N_3	A_4，A_6，A_2
N_4	A_4，A_1，A_5

图 3-20　结点与弧段拓扑关系的建立

多边形的自动生成。多边形的自动生成实际上就是建立多边形与弧段的关系，并将弧段关联的左右多边形填入弧段文件中。建立多边形拓扑关系时，必须考虑弧段的方向性，即弧段沿起结点出发，到终结点结束，沿该弧段前进方向，将其关联的两个多边形定义为左多边形和右多边形。多边形拓扑关系是从弧段文件出发建立的。

在建立多边形拓扑关系之前，首先将所有弧段的左、右多边形都置为空，并将已经建立的结点—弧段拓扑关系中各个结点所关联的弧段按方位角大小排序。方位角是指从 x 轴按逆时针方向量至结点与它相邻的该弧段上后一个（或前一个）顶点的连线的夹角，如图 3-21 所示。

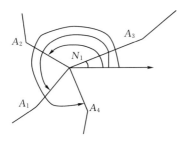

ID	关联弧度
N_1	A_3，A_2，A_1，A_4

图 3-21　在结点出弧段按方位角大小排序

　　建立多边形拓扑关系的算法如下：从弧段文件中得到第一条弧段，以该弧段为起始弧段，并以顺时针方向为搜索方向，若起终点号相同，则这是一条单封闭弧段，否则根据前进方向的结点号在结点—弧段拓扑关系表中搜索下一个待连接的弧段。由于与每个结点有关的弧段都已按方位角大小排过序，则下一个待连接的弧段就是它的后续弧段。如图 3-20 所示，假如从 A_4 开始，其起结点为 N_4，终结点为 N_3，在结点 N_3 上，连接的弧段分别为 A_4、A_6、A_2，则后续弧段为 A_6，沿 A_6 向前追踪，其下一结点为 N_2，N_2 连接的弧段为 A_6、A_5、A_3，后续弧段为 A_5，A_5 的下一结点为 N_4，回到弧段追踪的起点，形成一个弧段号顺时针排列的闭合的多边形，该多边形-弧段的拓扑关系表建立完毕。在多边形建立过程中，将形成的多边形号逐步填入弧段-多边形关系表的左、右多边形内。

　　对于嵌套多边形，需要在建立简单多边形以后或建立过程中，采用多边形包含分析方法判别一个多边形包含了哪些多边形，并将这些内多边形按逆时针排列。

　　3. 网络拓扑关系的建立

　　在输入道路、水系、管网、通信线路等信息时，为了进行流量、连通性、最佳线路分析，需要确定实体间的连接关系。网络拓扑关系的建立主要是确定结点与弧段之间的拓扑关系，这一工作可以由 GIS 软件自动完成，其方法与建立多边形拓扑关系时相似，只是不需要建立多边形。但在一些特殊情况下，两条相互交叉的弧段在交点处不一定需要结点，如道路交通中的立交桥，在平面上相交，但实际上不连通，这时需要手工修改，将在交叉处连通的节点删除，如图 3-22 所示。

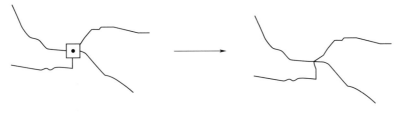

图 3-22　删除不需要的结点

第四节　空间数据的元数据

Metadata 可以译成元数据，是描述数据的数据。在地理空间数据中，元数据是说明数据内容、质量、状况和其他有关特征的背景信息。元数据并不是一个新的概念。实际上传统的图书馆卡片、出版图书的版权说明、磁盘的标签等都是元数据。纸质地图的元数据主要表现为地图类型、地图图例，包括图名、空间参照系和图廓坐标、地图内容说明、比例尺和精度、编制出版单位和日期或更新日期、销售信息等。在这种形式下，元数据是可读的，生产者和用户之间容易交流，用户通过它可以非常容易地确定该书或地图是否能够满足其应用的需要。

随着计算机技术和 GIS 技术发展，特别是网络通信技术的发展，空间数据共享日益普遍。管理和访问大型数据集的复杂性正成为数据生产者和用户面临的突出问题。数据生产者需要有效的数据管理和维护办法；用户需要找到更快、更加全面和有效的方法，以便发现、访问、获取和使用现势性强、精度高、易管理和易访问的地理空间数据。在这种情况下，空间数据的内容、质量、状况等元数据信息变得更加重要，成为信息资源有效管理和应用的重要手段。地理信息元数据标准和操作工具已经成为国家空间数据基础设施的一个重要组成部分。

在 GIS 应用中，元数据的主要作用可以归纳为如下几个方面：

（1）帮助数据生产单位有效地管理和维护空间数据、建立数据文档，并保证即使其主要工作人员离退时，也不会失去对数据情况的了解。

（2）提供有关数据生产单位数据存储、数据分类、数据内容、数据质量、数据交换网络及数据销售等方面的信息，便于用户查询检索地理空间数据。

（3）帮助用户了解数据，以便就数据是否能满足其需求做出正确的判断。

（4）提供有关信息，以便用户处理和转换有用的数据。

可见，元数据是使数据充分发挥作用的重要条件之一，它可以用于许多方面，包括数据文档建立、数据发布、数据浏览、数据转换等。元数据对于促进数据的管理、使用和共享均有重要的作用。

一、元数据的概念

元数据是关于数据的描述性数据信息，它应尽可能多地反映数据集自身的特征规律，以便于用户对数据集的准确、高效与充分的开发与利用，不同领域的数据库，其元数据的内容会有很大差异。通过元数据可以检索、访问数据库，可以有效利用计算机的系统资源，可以对数据进行加工处理和二次开发等。

到目前为止，科学界关于元数据认识的共同点是：元数据的目的就是促进数据集的高效利用，并为计算机辅助软件工程（CASE）服务。元数据的内容包括：

（1）对数据集的描述，对数据集中各数据项、数据来源、数据所有者及数据序代（数据生产历史）等的说明。

（2）对数据质量的描述，如数据精度、数据的逻辑一致性、数据完整性、分辨率、元数据的比例尺等。

（3）对数据处理信息的说明，如量纲的转换等。

（4）对数据转换方法的描述。

（5）对数据库的更新、集成等的说明。

二、空间数据元数据的应用

1. 帮助用户获取数据

通过元数据，用户可对空间数据库进行浏览、检索和研究等。一个完整的地学数据库除应提供空间数据和属性数据外，还应提供丰富的引导信息，以及由纯数据得到的分析、综述和索引等。通过这些信息用户可以明白一系列问题，如"这些数据是什么数据""这个数据库是否有用"等。

2. 空间数据质量控制

无论是统计数据还是空间数据都存在数据精确问题，影响空间数据精度的原因主要有两个方面：一是源数据的精度；二是数据加工处理工程中精度质量的控制情况。空间数据质量控制内容包括：①有准确定义的数据字典，以说明数据的组成，各部分的名称，表征的内容等；②保证数据逻辑科学地集成，如植被数据库中不同亚类的区域组合成大类区，这要求数据按一定逻辑关系有效的组合；③有足够的说明数据来源、数据的加工处理工程、数据解译的信息。这些要求可通过元数据来实现，这类元数据的获取往往由地学和计算机领域的工作者来完成。数据逻辑关系在数据中的表达要由地学工作者来设计，空间数据库的编码要求一定的地学基础，数据质量的控制和提高要有数据输入、数据查错、数据处理专业背景知识的工作人员，而数据再生产要由计算机基础较好的人员来实现。所有这方面的元数据，按一定的组织结构集成到数据库中构成数据库的元数据信息系统来实现上述功能。

3. 在数据集成中的应用

数据集层次的元数据记录了数据格式、空间坐标体系、数据的表达形式、数据类型等信息；系统层次和应用层次的元数据则记录了数据使用软硬件环境、数据使用规范、数据标准等信息。这些信息在数据集成的一系列处理中，如数据空间匹配、属性一致化处理、数据在各平台之间的转换使用等是必要的。这些信息能够使系统有效地控制系统中的数据流。

三、GIS 使用元数据的原因

在 GIS 中使用元数据，有利于空间数据的管理共享，有利于实现一些特定功能，对于 GIS 软件的开发，可以提高开发的效率和质量。

（一）性能上的原因

1. 完整性

面向对象的 GIS 和空间数据库的目标之一，是把事物的有关数据都表示为类的形式，而这些类也包括类自身，即复杂的"类的类"结构。这就要求有支持类与类之间相互印证和操作的机制，而元数据可以帮助这个机制的实现。

2. 可扩展性

有意地延伸一种计算机语言或者数据库特征的语义是很有用的，如把跟踪或引擎信息的生成结果添加到操作请求中，通过动态改变元数据信息可以实现这种功能。

3. 特殊性

继承机制是靠动态连接操作请求和操作体来实现的，语言及数据库以结构化和语义信息的相关上下文（Context）方式把操作请求传递给操作体，而这些信息可以通过元数据表达。

4. 安全性

分类完好的语言和数据库都支持动态类型检测，类的信息表示为元数据，这样在系统运行时，可以被类检测者访问。

（二）功能上的原因

1. 查错功能

在查错时使用元数据信息，有助于检测可运行应用系统的解释和修改状态。

2. 浏览功能

为数据的控制类开发浏览器时，为显示数据，要求能解释数据的结构，而这些信息是以元数据来表达的。

3. 程序生成

如果允许访问元数据，则可以利用关于结构的信息自动生成程序，如数据库查询的优化处理和远程过程调用残体生成。

四、空间数据元数据的获取与管理

1. 空间数据元数据的获取

空间数据元数据的获取是个较复杂的过程，相对于基础数据的形成时间，它的获取可分为三个阶段：数据收集前、数据收集中和数据收集后。对于模型元数据，这三个阶段分别是模型形成前、模型形成中和模型形成后。

第一阶段的元数据是根据要建设的数据库的内容而设计的元数据，内容包括普通元数据、专指性元数据；第二阶段的元数据随数据的形成同步产生；第三阶段的元数据是在上述数据收集到以后，根据需要产生的，包括数据处理过程描述、数据利用情况、数据质量评估、浏览文件的形成、拓扑关系、影像数据的指标体及指标、数据集大小、数据存放路径等。

空间数据元数据的获取方法主要有五种：键盘输入、关联表、测量法、计算法和推理法。键盘输入一般工作量大且易出错；关联表方法是通过公共项（字段）从已存在的元数据或数据中获取有关的；测量法容易使用且出错较少，如用全球定位系统测量数据空间点的位置等；计算法指由其他元数据或数据计算得到的元数据，如水平位置可由仪器设置及时间计算得到；推理法指根据数据的特征获取元数据。在元数据获取的不同阶段，使用的方法也有差异。在第一阶段主要是键入方法和关联表方法，第二阶段主要采样测量方法，第三阶段主要方法是计算和参考方法。

2. 空间数据元数据的管理

空间数据元数据的理论和方法涉及数据库和元数据两方面。由于元数据的内容、形式的差异，元数据的管理与数据涉及的领域有关，它是通过建立在不同数据领域基础上的元数据信息系统实现的。在元数据管理信息系统中，物理层存放数据与元数据，该层由一些软件通过一定的逻辑关系与逻辑层关联起来。在概念层中用描述语言及模型定义了许多概念，如实体名称、别名等。通过这些概念及其限制特征，经过与逻辑层关联可获取、更新物理层的元数据及数据。

五、元数据存储和功能实现

元数据系统用于数据库的管理，可以避免数据的重复存储，通过元数据建立的逻辑数据索引可以高效查询检索分布式数据库中任何物理存储的数据。减少数据用户查询数据库及获取数据的时间，从而减低数据库的费用。数据库的建设和管理费用是数据库整体性能的反映，通过元数据可以实现数据库的设计和系统资源的利用方面开支的合理分配，数据库许多功能（如数据库检索、数据转换、数据分析等）的实现是靠系统资源的开发来实现的，因而这类元数据的开发和利用将大大地增强数据库的功能并降低数据库的建设费用。

伴随着人类对数字地理信息重要性认识的加深，元数据标准化这一问题便逐渐成为共享地学信息的热点，而要研究元数据体系，则首先要对元数据的理论基础有一个正确的分析。事实上元数据标准依赖于信息共享标准的理论，它与自然科学中的许多学科都有交叉，几乎涉及数理化天地生中的所有方面，并依赖于现代科技的发展。计算机是它的基础平台，网络是它的通信基础，没有数学模型和对各学科的综合认识，也就谈不上用遥感等技术研究地球机理。因此，从宏观角度来看，地理信息标准化涉及许多领域，似乎它的理论也枚不胜举；但从微观角度来考虑，数字地理信息所研究的共享体系理论则主要包括地理信息的模型建立表示理论、空间参照系理论、质量体系理论以及计算机通信技术等方面的理论，它们是数据共享体系的基础。当然，其他能够促使地理信息共享的理论也将成为基于数字地球的元数据体系的有力支柱。

第四章 空 间 分 析

空间分析是基于地理对象的位置和形态的空间数据的分析技术，其目的在于提取和传输空间信息。空间分析是 GIS 的主要特征。空间分析能力（特别是对空间隐含信息的提取和传输能力）是 GIS 区别于一般信息系统的主要方面，也是评价一个 GIS 成功与否的一个主要指标。

空间分析实际上是对空间数据一系列的运算和查询。不同的应用具有不同的运算和不同的查询内容、方式、过程。应用模型是在对具体对象与过程进行大量专业研究的基础上总结出来的客观规律的抽象，将它们归结成一系列典型的运算与查询命令，可以解决某一类专业的空间分析任务。

第一节 空 间 查 询

查询和定位空间对象，并对空间对象进行量算是地理信息系统的基本功能之一，它是 GIS 进行高层次分析的基础。在 GIS 中，为进行高层次分析，往往需要查询定位空间对象，并用一些简单的量测值对地理分布或现象进行描述，如长度、面积、距离、形状等。实际上，空间分析首先始于空间查询和量算，它是空间分析的定量基础。

图形与属性互查是最常用的查询，主要有两类：第一类是按属性信息的要求来查询定位空间位置，称为"属性查图形"；第二类是根据对象的空间位置查询有关属性信息，称为"图形查属性"。如一般 GIS 软件都提供一个"INFO"工具，让用户利用光标，用点选、画线、矩形、圆、不规则多边形等工具选中地物，并显示出所查询对象的属性列表，可进行有关统计分析。该查询通常分为两步，首先借助空间索引，在 GIS 数据库中快速检索出被选空间实体，然后根据空间实体与属性的连接关系即可得到所查询空间实体的属性列表。

在大多数 GIS 中，提供的空间查询方式如下。

一、基于空间关系查询

空间实体间存在着多种空间关系，包括拓扑、顺序、距离、方位等关系。通过空间关系查询和定位空间实体是 GIS 不同于一般数据库系统的功能之一。

简单的面、线、点相互关系的查询包括：

（1）面面查询，如与某个多边形相邻的多边形有哪些。

（2）面线查询，如某个多边形的边界有哪些线。

（3）面点查询，如某个多边形内有哪些点状地物。

（4）线面查询，如某条线经过（穿过）的多边形有哪些，某条链的左、右多边形是哪些。

（5）线线查询，如与某条河流相连的支流有哪些，某条道路跨过哪些河流。

（6）线点查询，如某条道路上有哪些桥梁，某条输电线上有哪些变电站。

（7）点面查询，如某个点落在哪个多边形内。

（8）点线查询，如某个结点由哪些线相交而成。

二、基于属性数据的查询

GIS 中基于属性数据的查询包括两个方面的内容：由地物目标的某种属性数据（或者属性集合）查询该目标的其他属性信息；由地物目标的属性信息查询其对应的图形信息。

目前 GIS 的地物属性数据库大多是以传统的关系数据库为基础的，因此基于属性的 GIS 查询可以通过关系数据库的 SQL 语言进行查询。一般来说，地物的图形数据和属性数据是分开存贮的，图形和属性之间通过目标的 ID 码进行关联，通过 SQL 语言操作数据库进行查询。

三、图形属性混合查询

GIS 中的查询往往不仅仅是单一的图形或者属性信息查询，而是包含了两者的混合查询。混合查询中有两个方面是比较重要的：一是查询条件的分离，二是查询的优化。对于多条件的混合查询，查询的条件要分离为对图形和属性的查询，在相应的图形数据和属性数据库中查询，结果为两者的交集。查询优化在多条件查询情况下可以通过调整查询顺序来提高查询的执行效率。

第二节　空　间　量　算

空间量算是指对空间信息的自动化量算，是 GIS 所具有的重要功能，也是进行其他空间分析的定量化基础。其中的主要量算如下。

一、质心量算

质心是描述地理对象空间分布的一个重要指标。例如要得到一个全国的人口分布等值线图，而人口数据只能到县级，所以必须在每个县域里定义一个点作为质心，代表该县的数值，然后进行插值计算全国人口等值线。质心通常定义为一个多边形或面的几何中心，当多边形比较简单，比如矩形，计算很容易。但当多边形形状复杂时，计算也更加复杂。

在某些情况下，质心描述的是分布中心，而不是绝对几何中心。同样以全国人口为例，当某个县绝大部分人口明显集中于一侧时，可以把质心放在分布中心上，这种质心称为平均中心或重心。如果考虑其他一些因素的话，可以赋予权重系数，称为加权平均中心。计算公式见式（4-1）、式（4-2）

$$X_G = \frac{\sum_i W_i X_i}{\sum_i W_i} \tag{4-1}$$

$$Y_G = \frac{\sum_i W_i Y_i}{\sum_i W_i} \qquad\qquad (4-2)$$

式中：W_i 为第 i 个离散目标物权重，X_i，Y_i 为第 i 个离散目标物的坐标。

质心量测经常用于宏观经济分析和市场区位选择，还可以跟踪某些地理分布的变化，如人口变迁、土地类型变化等。

二、几何量算

几何量算对点、线、面、体四类目标物而言，其含义是不同的。

(1) 点状目标：坐标。

(2) 线状目标：长度、曲率、方向。

(3) 面状目标：面积、周长等。

(4) 体状目标：表面积、体积等。

线由点组成，而线长度（直线段）可由两点间的直线距离得到，对于复合的线状地物，可通过对各线段求和来实现。在栅格数据结构中，求线的长度，只需对地物骨架线通过的格网数目进行累加。

面积和周长的计算：在平面直角坐标系中，计算面积时，采用的是几何交叉处理方法，即沿多边形的每个顶点作垂直与 x 轴的垂线，然后计算每条边、每条边的两条垂线和被 x 轴所包围的面积，求出这些面积的代数和，即为多边形的面积。多边形的周长则是多边形每一条边长度之和。

三、形状量算

目标物的外观是多变的，很难找到一个准确的量对其进行描述。因此，对目标属紧凑型的或膨胀型的判断极其模糊。

如果认为一个标准的圆目标既非紧凑型也非膨胀型，则可定义其形状系数见式（4-3）。

$$r = \frac{P}{2\sqrt{\pi} \cdot \sqrt{A}} \qquad\qquad (4-3)$$

式中：P 为目标物周长，A 为目标物面积。

如果　　$r<1$，目标物为紧凑型；

　　　　$r=1$，目标物为一标准圆；

　　　　$r>1$，目标物为膨胀型。

四、距离量算

人们日常生活中的"距离"是指两个事物或实体之间的远近。最常用的距离是欧式距离，即一般几何意义上的距离，这种距离无论是矢量结构还是栅格结构，实现起来都比较容易。但现实生活中，旅行所耗费的距离常常不只与欧式距离成正比，还与路况、运输工具的性能等有关，即从固定点出发，旅行特定时间后所能达到的点在各个方向上是不同距离的（也即在各个方向上的阻力是不同的）。这样，考虑阻力影响，所计算出的距离称为耗费距离。

第三节　缓冲区分析

缓冲区分析是指以点、线、面实体为基础，自动建立其周围一定宽度范围内的缓冲区多边形图层，然后建立该图层与目标图层的叠加，进行分析而得到所需结果。它是用来解决邻近度问题的空间分析工具之一。邻近度描述了地理空间中两个地物距离相近的程度。

缓冲区分析是 GIS 重要的空间分析功能之一，它在交通、林业、资源管理、城市规划中有着广泛的应用，例如湖泊和河流周围的保护区的定界、汽车服务区的选择、民宅区远离街道网络的缓冲区的建立等。

一、缓冲区的类型

1. 点的缓冲区

基于点要素的缓冲区，通常以点为圆心、以一定距离为半径的圆（图 4-1）。

图 4-1　点缓冲区

2. 线的缓冲区

基于线要素的缓冲区，通常是以线为中心轴线，距中心轴线一定距离的平行条带多边形（图 4-2）。

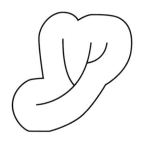

图 4-2　线缓冲区

3. 面的缓冲区

基于面要素多边形边界的缓冲区，向外或向内扩展一定距离以生成新的多边形（图 4-3）。

4. 多重缓冲区

在建立缓冲区时，缓冲区的宽度也就是邻域的半径并不一定是相同的，可以根据要素的不同属性特征，规定不同的邻域半径，以形成可变宽度的缓冲区。例如，沿河流绘出的环境敏感区的宽度应根据河流的类型而定。这样就可根据河流属性表，确定不同类型的河流所对应的缓冲区宽度,以产生所需的缓冲区(图4-4)。

图4-3 面缓冲区

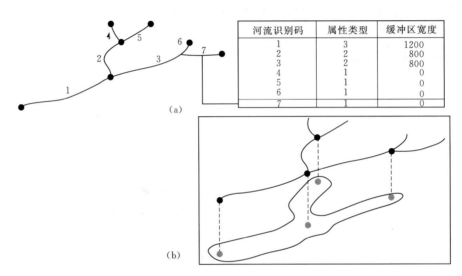

河流识别码	属性类型	缓冲区宽度
1	3	1200
2	2	800
3	2	800
4	1	0
5	1	0
6	1	0
7	1	0

(a)

(b)

图4-4 多重缓冲区
(a)矢量数据及其对应的属性数据;(b)矢量数据缓冲结果

二、缓冲区的建立

(一)点缓冲区的建立

点缓冲区的建立从原理上来说相当地简单,即建立以点状要素为圆心、半径为缓冲区距离的圆周所包围的区域,其算法的关键是确定点状要素为中心的圆周。若要将多个点缓冲区合并,则可采用圆弧弥合的方法:将圆心角等分,用等长的弧代替圆弧,即用均与步长的直线段逼近圆弧。

(二)线缓冲区的建立

线缓冲区的建立比较复杂:先生成缓冲区边界,然后对可能出现的尖角和凹陷等特殊情况做进一步的处理,最后进行自相交处理以区别缓冲区的外边界和岛边界。缓冲区计算的基本问题是双线问题,主要有角平分线法和凸角圆弧法。

1. 角平分线法

角平分线法的基本思想是:在轴线首尾处作轴线的垂线,按缓冲区半径 R 截出左右边线的起止点并对轴线作其平行线;在轴线的其他转折点上,用与该线所关联的两邻线段的平行线的交点来生成缓冲对应顶点,见图4-5。

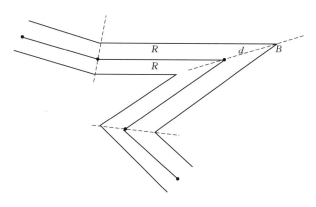

图 4-5　角平分线法

　　角分线法的缺点是难以最大限度保证双线的等宽性，尤其是在凸侧角点在进一步变锐时，将远离轴线顶点。当缓冲区半径不变时，d 随张角 B 的减小而增大，结果在尖角处双线之间的宽度遭到破坏。因此，为克服角分线法的缺点，要有相应的补充判别方案，用于校正所出现的异常情况。但由于异常情况不胜枚举，导致校正措施复杂。

　　2. 凸角圆弧法

　　在轴线首尾点处，做轴线的垂线并按双线和缓冲区半径截出左右边线起止点；在轴线其他转折点处，首先判断该点的凸凹性，在凸侧用圆弧弥合，在凹侧则用前后两邻边平行线的交点生成对应顶点。这样外角以圆弧连接，内角直接连接，线段端点以半圆封闭，见图4-6。

　　在凹侧平行边线相交在角分线上。交点距对应顶点的距离与角分线法类似公式见式（4-4）。

$$d = R/\sin(B/2) \qquad (4-4)$$

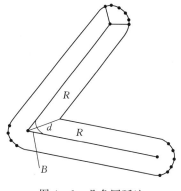

图 4-6　凸角圆弧法

　　该方法最大限度地保证了平行曲线的等宽性，避免了角分线法的众多异常情况。

第四节　叠　加　分　析

　　叠加分析是 GIS 最常用的提取空间隐含信息的手段之一。该方法源于传统的透明材料叠加，即将来自不同的数据源的图纸绘于透明纸上，在透光桌上将其叠放在一起，然后用笔勾出感兴趣的部分，提取出感兴趣的信息。

　　GIS 的叠加分析是将有关主题层组成的数据层面，进行叠加产生一个新数据层面的操作，其结果综合了原来两层或多层要素所具有的属性。叠加分析不仅包含空间关系的比较，还包含属性关系的比较。GIS 叠加分析可以分为以下几类：视觉信息叠加、点与多边形叠加、线与多边形叠加、多边形叠加、栅格图层叠加。

一、视觉信息叠加

视觉信息叠加是将不同侧面的信息内容叠加显示在结果图件或屏幕上，以便研究者判断其相互空间关系，获得更为丰富的空间信息。GIS 中视觉信息叠加包括以下几类。

（1）点状图，线状图和面状图之间的叠加显示。

（2）面状图区域边界之间或一个面状图与其他专题区域边界之间的叠加。

（3）遥感影像与专题地图的叠加。

（4）专题地图与数字高程模型（DEM）叠加显示立体专题图。

视觉信息叠加不产生新的数据层面，只是将多层信息复合显示，便于分析。

二、点与多边形叠加

点与多边形叠加，是指一个点图层与一个多边形图层相叠加，叠加分析的结果往往是将其中一个图层的属性信息注入另一个图层中，然后更新得到的数据图层；基于新数据图层，通过属性数据直接获得点与多边形叠加所需要的信息。

点与多边形叠加，实际上是计算多边形对点的包含关系。矢量结构的 GIS 能够通过计算每个点相对于多边形线段的位置，进行点是否在一个多边形中的空间关系判断。

在完成点与多边形的几何关系计算后，还要进行属性信息处理。最简单的方式是将多边形属性信息叠加到其中的点上。当然也可以将点的属性叠加到多边形上，用于标识该多边形，如果有多个点分布在一个多边形内的情形时，则要采用一些特殊规则，如将点的数目或各点属性的总和等信息叠加到多边形上。

通过点与多边形叠加，可以计算出每个多边形类型里有多少个点，不但要区分点是否在多边形内，还要描述在多边形内部的点的属性信息。通常不直接产生新数据层面，只是把属性信息叠加到原图层中，然后通过属性查询间接获得点与多边形叠加的需要信息。

三、线与多边形叠加

线与多边形叠加，是指一个线图层与一个多边形图层相叠加，叠加分析的结果往往是将多变形图层的属性信息注入另一个图层中，然后更新得到的数据图层；基于新数据图层，通过属性数据直接获得线与多边形叠加所需要的信息。

线与多边形的叠加，是比较线上坐标与多边形坐标的关系，判断线是否落在多边形内。计算过程通常是计算线与多边形的交点，只要相交，就产生一个结点，将原线打断成一条条弧段，并将原线和多边形的属性信息一起赋给新弧段。叠加的结果产生了一个新的数据层面，每条线被它穿过的多边形打断成新弧段图层，同时产生一个相应的属性数据表记录原线和多边形的属性信息。根据叠加的结果可以确定每条弧段落在哪个多边形内，可以查询指定多边形内指定线穿过的长度。如果线状图层为河流，叠加的结果是多边形将穿过它的所有河流打断成弧段，可以查询任意多边形内的河流长度，进而计算它的河流密度等；如果线状图层为道路网，叠加的结果可以得到每个多边形内的道路网密度，内部的交通流量，进入、离开各个多边形的交通量，相邻多边形之间的相互交通量。

四、多边形叠加

多边形叠加是 GIS 最常用的功能之一。多边形叠加将两个或多个多边形图层进行叠加产生一个新多边形图层的操作，其结果将原来多边形要素分割成新要素，新要素综合了原来两层或多层的属性，如图 4-7 所示。

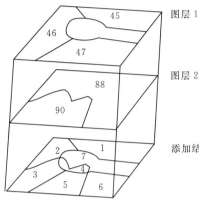

宗地 ID	宗地号
45	京-99-01
46	京-99-02
47	京-99-03

土壤 ID	稳定性
88	稳定
90	不稳定

ID	宗地 ID	宗地号	土壤 ID	稳定性
1	45	京-99-01	88	稳定
2	46	京-99-02	88	稳定
3	46	京-99-02	90	不稳定
4	–	–	90	不稳定
5	47	京-99-03	90	不稳定
6	47	京-99-03	88	稳定
7	–	–	88	稳定

图 4-7 多边形叠加分析

叠加过程可分为几何求交过程和属性分配过程两步。几何求交过程首先求出所有多边形边界线的交点，再根据这些交点重新进行多边形拓扑运算，对新生成的拓扑多边形图层的每个对象赋一多边形唯一标识码，同时生成一个与新多边形对象一一对应的属性表。由于矢量结构的有限精度原因，几何对象不可能完全匹配，叠加结果可能会出现一些碎屑多边形（Silver Polygon），如图 4-8 所示。通常可以设定一模糊容限以消除它。

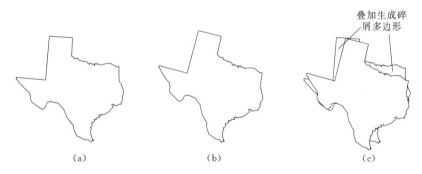

（a）   （b）   （c）

图 4-8 多边形叠加产生碎屑多边形

（a）T_1 时刻多边形；（b）T_2 时刻多边形；（c）T_3 多边形叠加结果

多边形叠加结果通常把一个多边形分割成多个多边形，属性分配过程最典型的方法是将输入图层对象的属性拷贝到新对象的属性表中，或把输入图层对象的标识作为外键，直接关联到输入图层的属性表。这种属性分配方法的理论假设是多边形对象内属性是均质的，将它们分割后，属性不变。也可以结合多种统计方法为新多边形赋属性值。

多边形叠加完成后，根据新图层的属性表可以查询原图层的属性信息，新生成的图层和其他图层一样可以进行各种空间分析和查询操作。

根据叠加结果最后欲保留空间特征的不同要求，一般的 GIS 软件都提供了三种类型的多边形叠加操作，如图 4-9 所示。

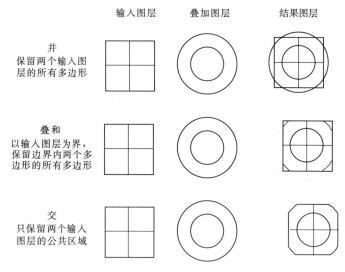

图 4-9　多边形的不同叠加方式

五、栅格图层叠加

栅格数据由于其空间信息隐含属性信息明确的特点，可以看作是最为典型的数据层面，通过数学关系建立不同数据层面之间的联系是 GIS 提供的典型功能，空间模拟尤其需要通过各种各样的方式将不同的数据层面进行叠加运算，以揭示某种空间现象或空间过程。在栅格数据内部，叠加运算是通过像元之间的各种运算来实现的。

叠加操作的输出结果可能是：

（1）各层属性数据的算术运算结果。

（2）各层属性数据的极值。

（3）逻辑条件组合。

（4）其他模型运算结果。

同矢量数据多边形叠置分析相比，栅格数据的更易处理，简单而有效，不存在破碎多边形的问题等优点，使得栅格数据的叠置分析在各类领域应用极为广泛。根据栅格数据叠加层面来将栅格数据的叠置分析运算方法分为以下几类。

（一）布尔逻辑运算

栅格数据一般可以按属性数据的布尔逻辑运算来检索，即这是一个逻辑选择的过程。设有 A、B、C 三个层面的栅格数据系统，一般可以用布尔逻辑算子以及运算结果的文氏图表示其一般的运算思路和关系。布尔逻辑为 AND、OR、XOR、NOT，如图 4-10 所示。

（二）重分类

重分类是将属性数据的类别合并或转换成新类。即对原来数据中的多种属性类型，按照一定的原则进行重新分类，以利于分析。重分类时必须保证多个相邻接的同一类别的图

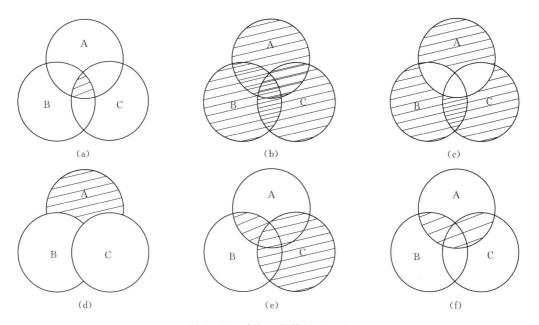

图 4 - 10 布尔逻辑算子文氏图

(a) A. AND. B. AND. C；(b) A. OR. B. OR. C；(c) A. XOR. B. XOR. C (d) A. NOT. (B. AND. C)；

(e) A. AND. B. OR. C；(f) A. AND. (B. OR. C)

形单元应获得相同的名称，并将图形单元合并，从而形成新的图形单元，如图 4 - 11
所示。

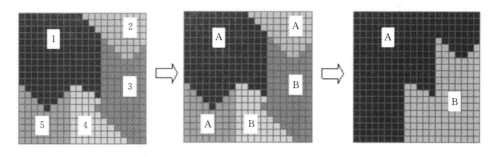

图 4 - 11 重分类的过程

（三）数学运算复合法

指不同层面的栅格数据逐网格按一定的数学法则进行运算，从而得到新的栅格数据系
统的方法。其主要类型有以下几种。

1. 算术运算

算术运算指两个以上图层的对应网格值经加、减运算，而得到新的栅格数据系统的方
法。这种复合分析法具有很大的应用范围。图 4 - 12 给出了该方法在栅格数据编辑中的应
用例证。

2. 函数运算

函数运算指两个以上层面的栅格数据系统以某种函数关系作为复合分析的依据进行逐

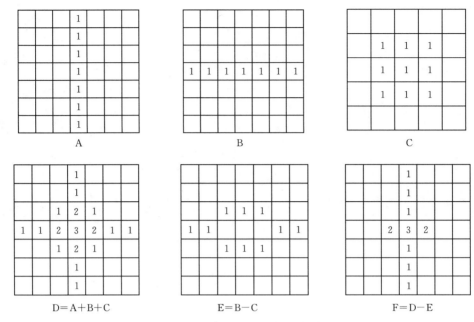

图 4 - 12 栅格数据的算术运算

网格运算，从而得到新的栅格数据系统的过程。

这种复合叠置分析方法被广泛地应用到地学综合分析、环境质量评价、遥感数字图像处理等领域中。

类似这种分析方法在地学综合分析中具有十分广泛的应用前景。只要得到对于某项事物关系及发展变化的函数关系式，便可运用以上方法完成各种人工难以完成的极其复杂的分析运算，这也是目前信息自动复合叠置分析法受到广泛应用的原因。值得注意是，信息的复合法只是处理地学信息的一种手段，而其中各层面信息关系模式的建立对分析工作的完成及分析质量的优劣具有决定性作用。这往往需要经过大量的试验和总结研究，而计算机自动复合分析法的出现也为获得这种关系模式创造了有利的条件。

第五节 空 间 插 值

空间插值常用于将离散点的测量数据转换为连续的数据曲面，以便与其他空间现象的分布模式进行比较，它包括了空间内插和外推两种算法。空间内插算法是一种通过已知点的数据推求同一区域其他未知点数据的计算方法；空间外推算法则是通过已知区域的数据，推求其他区域数据的方法。在以下几种情况下必须作空间插值：

（1）现有的离散曲面的分辨率，象元大小或方向与所要求的不符，需要重新插值。例如将一个扫描影像（航空像片、遥感影像）从一种分辨率或方向转换到另一种分辨率或方向的影像。

（2）现有的连续曲面的数据模型与所需的数据模型不符，需要重新插值。如将一个连续的曲面从一种空间切分方式变为另一种空间切分方式，从 TIN 到栅格、栅格到 TIN 或矢量多边形到栅格。

（3）现有的数据不能完全覆盖所要求的区域范围，需要插值。如将离散的采样点数据内插为连续的数据表面。

空间插值的理论假设是空间位置上越靠近的点，越可能具有相似的特征值；而距离越远的点，其特征值相似的可能性越小。然而，还有另外一种特殊的插值方法——分类，它不考虑不同类别测量值之间的空间联系，只考虑分类意义上的平均值或中值，为同类地物赋属性值。它主要用于地质、土壤、植被或土地利用的等值区域图或专题地图的处理，在"景观单元"或图斑内部是均匀和同质的，通常被赋给一个均一的属性值，变化发生在边界上。

空间插值的数据通常是复杂空间变化有限的采样点的测量数据，这些已知的测量数据称为"硬数据"。如果采样点数据比较少的情况下，可以根据已知的导致某种空间变化的自然过程或现象的信息机理，辅助进行空间插值，这种已知的信息机理，称为"软信息"。但通常情况下，由于不清楚这种自然过程机理，往往不得不对该问题的属性在空间的变化作一些假设，例如假设采样点之间的数据变化是平滑变化，并假设服从某种分布概率和统计稳定性关系。

采样点的空间位置对空间插值的结果影响很大，理想的情况是在研究区内均匀布点。然而当区域景观大量存在有规律的空间分布模式时，如有规律间隔的数或沟渠，用完全规则的采样网络则显然会得到片面的结果，正是这个原因，统计学家希望通过一些随机的采样来计算无偏的均值和方差。但是完全随机的采样同样存在缺陷，首先随机的采样点的分布位置是不相关的，而规则采样点的分布则只需要一个起点位置，方向和固定大小的间隔，尤其是在复杂的山地和林地里比较容易。其次完全随机采样，会导致采样点的分布不均，一些点的数据密集，另一些点的数据缺少。图 4 – 13 列出空间采样点分布的几种选择。

空间插值方法可以分为整体插值和局部插值方法两类。整体插值方法用研究区所有采样点的数据进行全区特征拟合；局部插值方法是仅仅用邻近的数据点来估计未知点的值。整体插值方法通常不直接用于空间插值，而是用来检测不同于总趋势的最大偏离部分，在去除了宏观地物特征后，可用剩余残差来进行局部插值。由于整体插值方法将短尺度的、局部的变化看作随机的和非结构的噪声，从而丢失了这一部分信息。局部插值方法恰好能弥补整体插值方法的缺陷，可用于局部异常值，而且不受插值表面上其他点的内插值影响。

（1）权重距离递减（Inverse Distance Weighted）：该方法假设每个采样点有一个局部影响，此影响随着采样点到要素距离的增大而减少，距要素较近的点具有相对较大的权重。距离倒数插值方法是 GIS 软件根据点数据生成栅格图层的最常见方法。权重距离递减法计算值易受数据点集群的影响，计算结果经常出现一种孤立点数据明显高于周围数据点的"鸭蛋"分布模式，可以在插值过程中通过动态修改搜索准则进行一定程度的改进。

（2）样条函数内插（Spline）：此方法的用途非常广泛，通过所有的采样点建立一个数学函数，从而产生一个曲率最小的表面。样条函数是一个分段函数，进行一次拟合只有少数点拟合，同时保证曲线段连接处连续，这就意味着样条函数可以修改少数数据点配准

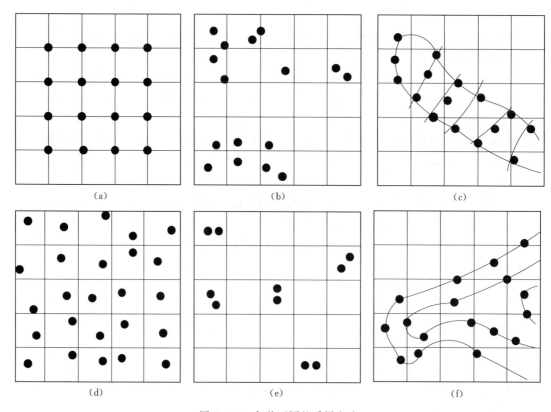

图 4-13 各种不同的采样方式

（a）规则采样；（b）随机采样；（c）断面采样；（d）成层随机采样；（e）聚集采样；（f）等值线采样

而不必重新计算整条曲线。样条函数的一些缺点是：样条内插的误差不能直接估算，同时在实践中要解决的问题是样条块的定义以及如何在三维空间中将这些"块"拼成复杂曲面，又不引入原始曲面中所没有的异常现象等问题。

（3）Kriging 内插：这种方法充分吸收了地理统计的思想，认为任何在空间连续性变化的属性是非常不规则的，不能用简单的平滑数学函数进行模拟，可以用随机表面给予较恰当的描述。这种连续性变化的空间属性称为"区域性变量"，可以描述象气压、高程及其他连续性变化的描述指标变量。地理统计方法为空间插值提供了一种优化策略，即在插值过程中根据某种优化准则函数动态的决定变量的数值。Kriging 插值方法着重于权重系数的确定，从而使内插函数处于最佳状态，即对给定点上的变量值提供最好的线性无偏估计。

Kriging 方法考虑了观测点和被估计点的位置关系，并且也考虑各观测点之间的相对位置关系，所以在点稀少时插值效果比反距离权重等其他方法要好。Kriging 法的优点是以空间统计学作为其坚实的理论基础，可以克服内插中误差难以分析的问题，能够对误差做出逐点的理论估计；不但能估计测定参数的空间变异分布，而且还可以估算估计参数的方差分布。其缺点是计算步骤较繁琐，计算量大，且变异函数有时需要根据经验人为选定。

（4）趋势面内插（Trend）：某种地理属性在空间的连续变化，可以用一个平滑的数学平面加以描述。思路是先用已知采样点数据拟合出一个平滑的数学平面方程，再根据该方程计算无测量值的点上的数据。这种只根据采样点的属性数据与地理坐标的关系，进行多元回归分析得到平滑数学平面方程的方法，称为趋势面分析。它的理论假设是地理坐标 (x, y) 是独立变量，属性值 Z 也是独立变量且是正态分布的，同样回归误差也是与位置无关的独立变量。

该算法对所有的采样点，建立一个特定次数的多项式的数学函数，在计算此函数产生结果表面时，Trend 采用最小二乘法进行拟合，从而使结果表面与采样点值之间的差异最小化，即所有输入样点的实际值与估计值之差的平方和越小越好。

（5）泰森多边形方法（Thiessen）：采用了一种极端的边界内插方法，只用最近的单个点进行区域插值。泰森多边形按数据点位置将区域分割成子区域，每个子区域包含一个数据点，各子区域到其内数据点的距离小于任何到其他数据点的距离，并用其内数据点进行赋值。连接所有数据点的连线形成 Delaunay 三角形，与不规则三角网 TIN 具有相同的拓扑结构。

GIS 和地理分析中经常采用泰森多边形进行快速的赋值，实际上泰森多边形的一个隐含的假设是任何地点的气象数据均使用距它最近的气象站的数据。而实际上，除非是有足够多的气象站，否则这个假设是不恰当的，因为降水、气压、温度等现象是连续变化的，用泰森多边形插值方法得到的结果图变化只发生在边界上，在边界内都是均质的和无变化的。

在实际应用中，没有绝对最好的空间插值方法，只有在特定的条件下，对于各种研究区域的实际情况的最佳方法。在运用空间插值方法时，要得到理想的空间插值效果，必须针对不同研究区域的实际情况，对实测数据样本点进行充分分析，反复试验比较来选择最佳的方法。最重要的是在运用一般插值方法的基础上，依据自身需要及学科的特点，对插值方法进行改进以找到更优的空间插值方法。

第六节 网 络 分 析

现实世界中，若干线状要素相互连接成网状结构，资源沿着这个线性网流动，这样就构成了一个网络。在 GIS 中，作为空间实体的网络与图论中的网络不同。它作为一种复杂的地理目标，除具有一般网络的边、结点间的抽象的拓扑含义之外，还具有空间定位上的地理意义和目标复合上的层次意义。具体说来，网络就是指现实世界中，由链和结点组成的、带有环路，并伴随着一系列支配网络中流动之约束条件的线网图形，它的基础数据是点与线组成的网络数据。

网络分析是通过模拟、分析网络的状态以及资源在网络上的流动和分配等，研究网络结构、流动效率及网络资源等的优化问题的领域。对地理网络、城市基础设施网络进行地理分析和模型化，是 GIS 中网络分析功能的主要目的。进行网络分析研究的数学分支是图论和运筹学，它的根本目的是研究、筹划一项基于网络数据的工程如何安排，并使其运行效果最好，如一定资源的最佳分配，从一地到另一地的花费时间最短等，研究内容主要包括选择最佳路径、选择最佳布局中心的位置、资源分配、结点弧段的遍历等。其基本思想则在于人类活动总是趋向于按一定目标选择达到最佳效果的空间位置。这类问题在生产、社会、经济活动中不胜枚举，因此研究此类问题具有重大意义。目前网络分析在电子导航、交通旅游、各种城市管网和配送、急救等领域发挥重要的作用。

一、网络组成和属性

（一）网络组成

网络是现实世界中，由链和结点组成的、带有环路、并伴随着一系列支配网络中流动之约束条件的线网图形。它是现实世界中的网状系统的抽象表示，可以模拟交通网、通信网、地下水管网、天然气网等网络系统。网络的基本组成部分和属性如下（图 4-14）。

1. 线状要素——链

网络中流动的管线，是构成网络的骨架，也是资源或通信联络的通道，包括有形物体如街道、河流、水管、电缆线等，无形物体如无线电通信网络等，其状态属性包括阻力和需求。

2. 点状要素

（1）障碍，禁止网络中链上流动的，或对资源或通信联络起阻断作用的点。

（2）拐角点，出现在网络链中所有的分割结点上状态属性的阻力，如拐弯的时间和限制（如不允许左拐）。

（3）结点，网络链与网络链之间的连接点，位于网络链的两端，如车站、港口、电站等，其状态属性包括阻力和需求。

（4）中心，是接受或分配资源的位置，如水库，商业中心、电站等。其状态属性包括资源容量，如总的资源量，阻力限额，如中心与链之间的最大距离或时间限制。

（5）站点，在路径选择中资源增减的站点，如库房、汽车站等其状态属性有要被运输的资源需求，如产品数。

除了基本组成部分外，有时还要增加一些特殊结构，如邻接点链表用来辅助进行路径分析等。

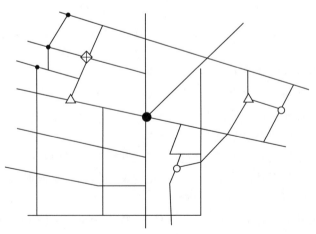

图 4-14　网络的构成元素

（二）网络中的属性

网络组成部分都是用图层要素形式表示，需要建立要素间的拓扑关系，包括结点-弧段拓扑关系和弧段-结点拓扑关系，并用一系列相关属性来描述。这些属性是网络中的重要部分，一般以表格的方式存储在 GIS 数据库中，以便构造网络模型和网络分析，例如，在城市交通网络中，每一段道路都有名称、速度上限、宽度等；停靠点处有大量的物资等待装载或下卸等属性。在这些属性中，有一些特殊的非空间属性。

1. 阻强

阻强指资源在网络流动中的阻力大小，如所花的时间、费用等。它是描述链与拐角点所具有的属性。链的阻强描述的是从链的一个结点到另一个结点所克服的阻力，它的大小一般与弧段长度、方向、属性及结点类型等有关。拐角点的阻强描述资源流动方向在结点处发生改变的阻力大小，它随着两条相连链弧的条件状况而变化。若有单行线，则表示资源流在往单行线逆向方向的阻力为无穷大或为负值。为了网络分析的需要，一般来说要求不同类型的阻强要统一量纲。

运用阻强概念的目的在于模拟真实网络中各路线及转弯的变化条件。网络分析中选取的资源最优分配和最优路径随要素阻碍强度的大小而变化。最优路径是最小阻力的路线。对不构成通道的链或拐角点往往赋予负的阻强，这样在选取最佳路线时可自动跳过这些链或拐角点。

2. 资源容量

资源容量指网络中心为了满足各链的需求，能够容纳或提供的资源总数量，也指从其他中心流向该中心或从该中心流向其他中心的资源总量。如水库的总容水量、宾馆的总容客量、货运总站的仓储能力等。

3. 资源需求量

资源需求量指网络系统中具体的线路、链、结点所能收集的或可以提供给某一中心的资源量。如城市交通网络中沿某条街道的流动人口、供水网络中水管的供水量、货运停靠点装卸货物的件数等。

二、网络的建立

网络分析的基础是网络的建立，一个完整的网络必须首先加入多层点文件和线文件，由这些文件建立一个空的空间图形网络，然后对点和线文件建立起拓扑关系，加入其各个网络属性特征值，如根据网络实际的需要、设置不同阻强值、网络中链的连通性、中心点的资源容量、资源需求量等。一旦建立起网络数据，全部数据被存放在地理数据库中，由数据库的生命循环周期来维持其运作。

三、网络的应用

GIS 中的网络分析就是对交通网络、各种网线、电力线、电话线、供排水管线等进行地理分析和模型化，然后再从模型中提炼知识指导现实，从网络分析应用功能的角度上，网络分析划分为路径分析、最佳选址、资源分配和地址匹配。

1. 路 径 分 析

在任何定义域上，距离总是指两点或其他对象间的最短的间隔，同时在讨论距离时，定义这个距离的路径也是其重要的方面。在平面域上，因为欧氏距离的路径是一条直线，对它的确定是直截了当的，所以一般不专门讨论与距离相连的路径问题。在球面上，与距离相连的路径是大圆航线，需要特别的计算，但在给定了两点的地理坐标（地理位置）后，这个路径的计算是基本的也是简单易行的。但在一个网络上，给定了两点的位置，在计算两点间的距离时，必须同时考虑与之相关联的路径。因为路径的确定相对复杂，无法直接计算。这就是为什么"计算机网络上两点的距离"在大多数的情况下，都称之为"最短路径计算"。在这里，"路径"显然比"距离"更为重要。

在路径分析中有以下几类的分析处理方向：

（1）静态最佳路径：由用户确定权值关系后，即给定每条弧段的属性，当需求最佳路径时，读出路径的相关属性，求最佳路径。

（2）动态分段技术：给定一条路径由多段联系组成，要求标注出这条路上的公里点或要求定位某一公路上的某一点，标注出某条路上从某公里数到另一公里数的路段。

（3）N 条最佳路径分析：确定起点、终点，求代价较小的几条路径，因为在实践中往往仅求出最佳路径并不能满足要求，可能因为某种因素不走最佳路径，而走近似最佳路径。

（4）最短路径：确定起点、终点和所要经过的中间点、中间连线，求最短路径。

（5）动态最佳路径分析：实际网络分析中，权值是随着权值关系式变化的，而且可能会临时出现一些障碍点，所以往往需要动态地计算最佳路径。

上述讨论的路径分析中网络要素的属性是固定不变的，在网络分析中属于静态求最优路径。在实际应用中，各网络要素的属性如阻碍强度是动态变化的，还可能出现新的障碍，如城市交通路况的实时变化，此时需要动态地计算动态最优路径。有时仅求出单个最优路径仍不够，还需要求出次优路径。

最短路径问题已经在运筹学、计算机科学、空间分析和交通运输工程等领域有广泛研究，对着交通、消防、信息传输、救灾、抢险等有着重要的意义。

2. 资 源 分 配

资源分配主要是优化配置网络资源的问题，资源分配的目的是对若干服务中心，进行优化划定每个中心的服务范围，把所有连通链都分配到某一中心，并把中心的资源分配给这些链以满足其需求，也即要满足覆盖范围和服务对象数量，筛选出最佳布局和布局中心的位置。资源分配网络模型由中心点（分配中心）及其状态属性和网络组成。分配有两种方式，一种是由分配中心向四周输出，另一种是由四周向中心集中。这种分配功能可以解决资源的有效流动和合理分配。具体来说，资源分配是根据中心容量以及网线和节点的需求，并依据阻强大小，将网线和节点分配给中心，分配是沿着最佳路径进行的。当网络元素被分配给某个中心点时，该中心拥有的资源量就依据网络元素的需求而缩减，中心资源耗尽，分配亦停止。

资源分配模型可用来计算中心地的等时区、等交通距离区、等费用距离区等。可用来进行城镇中心、商业中心或港口等地的吸引范围分析，以用来寻找区域中最近的商业中心，进行各种区划和港口腹地的模拟等。

3. 最佳选址

选址功能是指在一定约束条件下、在某一指定区域内选择设施的最佳位置，它本质上是资源分配分析的延伸，例如连锁超市、邮筒、消防站、飞机场、仓库等的最佳位置的确定。在网络分析中的选址问题一般限定设施必须位于某个节点或某条链上，或者限定在若干候选地点中选择位置。

服务中心选址的步骤具体如下：

（1）对若干候选地点或方案进行资源分配分析。将待规划建设的服务中心与现有的中心合在一起进行资源分配分析，划分服务区，进行不同方案的显示。

（2）对每种选址方案的资源分配或服务区划分结果，计算这些方案中所有参与运行的链的网络运行花费的总和或平均值。

（3）比较各种方案，选择上述花费的总和或平均值为最小的方案即满足约束条件的最佳地址的选择。

实际中，由于要考虑到很多实际因素，例如学校选址，需要考虑生源问题、环境嘈杂性、交通性等；商场的选址，要考虑交通状况、周围人群的经济能力、消费水平、文化素质问题等。除此之外，选址不但要考虑社会人文因素，还要考虑地形起伏、建筑物的遮挡等，需要将这些实际因素添加进去，得到一个综合指标的最佳选址。

4. 地址匹配

地址匹配实质是对地理位置的查询，它涉及地址的编码。地址匹配与其他网络分析功能结合起来，可以满足实际工作中非常复杂的分析要求。所需输入的数据，包括地址表和含地址范围的街道网络及待查询地址的属性值。这种查询也经常用于公用事业管理，事故分析等方面，如邮政、通信、供水、供电、治安、消防、医疗等领域。

四、栅格数据的网络分析

经典的 GIS 都认为矢量、栅格数据相对比之中，叠置及三维分析栅格具有优势，缓冲区分析矢栅参半，而网络分析栅格数据则毫无办法。实际上在矢量数据的网络分析中，一方面，由于矢量数据本身结构和矢量网络分析所基于的图论知识的限制，图论概念众多、结构复杂、方法多、组织形式多、变化多、地学数据量大、精度要求相对苛刻，数据组织和输入的困难极大地影响了它的广泛应用；另一方面，在基于矢量数据进行大型网络分析时，由于矢量数据基于的是点线面，分析计算复杂，且算法效率问题更显著。虽然各种局部的改良方法很多，但这些方法的共同弱点是连接的拓扑关系的显式数据以及相应的几何数据（距离）作为运算的必须数据，因而在庞大网络经常性的动态变化时，例如故障和维修引起的中断，线路和权重改变等，维护和更新这些拓扑数据、几何数据是十分困难的，并且这些变化将引起结构的整体变化。因此算法本身效率不高以及数据维护、更新等问题使得矢量数据在进行网络分析应用和推广上碰到了巨大困难。

栅格数据由于其自身的"属性明显，位置隐含"独特特点，并且将地图代数的方法在栅格数据上的独到应用，利用了图数一体的栅格数据优点，充分发挥栅格图的平面点集位数据蕴含了全部拓扑数据和几何数据这一特点，弥补了矢量数据在数据维护、更新等的缺陷，自动并且自适应地组织和输入图论的各种方法所需要的数据。在网络分析中地图代数的栅格方法是将网络视为具有距离刻度的连通管系统，例如当起点唯一注入大量高压水时，终点最先射出的水流轨迹即为最短路径。对于网络的动态变化，用图计量变化表示十分方便、易行，并且作为网络图本身的栅格数据严密地隐含了全面的拓扑数据和几何数据，其相应数据组织也无需任何特别的安排，算法效率高，且适应数据变更动态变化。

在实际工作中，网络数据随着应用的目的、范围、对象而变化，相互间的拓扑关系更是动态、复杂而且数量大。对于基于矢量数据的网络分析系统而言，还需事先做好显式数据，组织各顶点数据，然后取得所有两结点之间的路径长度，再通过 Dijkstra 或其他算法取得全部顶点两两之间的路径长度，一旦一个数据变化，全部组织需要重新进行。因此更为困难的也许不是数据本身，而是数据关系复杂，数量大而且难以穷举。而栅格数据本身存储简单，其自身的连通管最短路径算法充分发挥了栅格数据的长处，数据组织与最优路径是同步进行的，而无需先行，门槛低，初始化易行，十分有益于网络分析的广泛开展和取得成效。栅格数据的网络分析具有的独特优势、算法效率高、更科学，更适合动态变化，相信不久它在网络分析问题上有更全面的应用。

第七节 数 字 高 程 模 型

数字地形模型（Digital Terrain Model，DTM）是描述地面特性的空间分布的有序数值阵列。

数字高程模型（Digital Elevation Model，DEM）是用一组有序数值阵列形式表示地面高程的一种实体地面模型，是数字地形模型的一个分支，其他各种地形特征值均可由此派生。

数字地形模型最初是为了高速公路的自动设计提出来得，此后它被用于各种线路选线（铁路、公路、输电线）的设计以及各种工程的面积、体积、坡度计算，任意两点间的通视判断及任意断面图绘制。在测绘中被用于绘制等高线、坡度坡向图、立体透视图、制作正射影像图以及地图的修测。在遥感应用中可作为分类的辅助数据。它还是 GIS 的基础数据，可用于土地利用现状的分析、合理规划及洪水险情预报等。在军事上可用于导航及导弹制导、作战电子沙盘等。对 DTM 的研究包括 DTM 的精度问题、地形分类、数据采集、DTM 的粗差探测、质量控制、数据压缩、DTM 应用以及不规则三角网 DTM 的建立与应用等。

一、DEM 的表示模型

1. 等高线模型

等高线模型表示高程，高程值的集合是已知的，每一条等高线对应一个已知的高程值，这样一系列等高线集合和它们的高程值一起就构成了一种地面高程模型，如图 4-15 所示。

等高线通常被存成一个有序的坐标点对序列，可以认为是一条带有高程值属性的简单多边形或多边形弧段。由于等高线模型只表达了区域的部分高程值，往往需要一种插值方

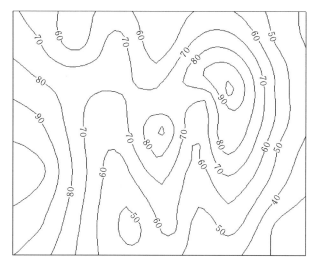

图 4-15　等高线

法来计算落在等高线外的其他点的高程，又因为这些点是落在两条等高线包围的区域内，所以，通常只使用外包的两条等高线的高程进行插值。

2. 规则格网模型

规则网格，通常是正方形，也可以是矩形、三角形等规则网格。规则网格将区域空间切分为规则的格网单元，每个格网单元对应一个数值。数学上可以表示为一个矩阵，在计算机实现中则是一个二维数组。每个格网单元或数组的一个元素，对应一个高程值，如图 4-16 所示。

对于每个格网的数值有两种不同的解释。第一种是格网栅格观点，认为该格网单元的数值是其中所有点的高程值，即格网单元对应的地面面积内高程是均一的高度，这种数字高程模型是一个不连续的函数。第二种是点栅格观点，认为该网格单元的数值是网格中心点的高程或该网格单元的平均高程值，这样就需要用一种插值方法来计算每个点的高程。计算任何不是网格中心的数据点的高程值，使用周围 4个中心点的高程值，采用距离加权平均方法进行计算，当然也可使用样条函数和克里金插值方法。

91	78	63	50	53	63	44	55	43	25
94	81	64	51	57	62	50	60	50	35
100	84	66	55	64	66	54	65	57	42
103	84	66	56	72	71	58	74	65	47
96	82	66	63	80	78	60	84	72	49
91	79	66	66	80	80	62	86	77	56
86	78	68	69	74	75	70	93	82	57
80	75	73	72	68	75	86	100	81	56
74	67	69	74	62	66	83	88	73	53
70	56	62	74	57	58	71	74	63	45

图 4-16　格网 DEM

规则格网的高程矩阵，可以很容易地用计算机进行处理，特别是栅格数据结构的地理信息系统。它还可以很容易地计算等高线、坡度坡向、山坡阴影和自动提取流域地形，使得它成为 DEM 最广泛使用的格式，目前许多国家提供的 DEM 数据都是以规则格网的数据矩阵形式提供的。格网 DEM 的缺点是不能准确表示地形的结构和细部，为避免这些问题，可采用附加地形特征数据，如地形特征点、山脊线、谷底线、断裂线，以描述地形结构。

格网 DEM 的另一个缺点是数据量过大，给数据管理带来了不方便，通常要进行压缩存储。DEM 数据的无损压缩可以采用普通的栅格数据压缩方式，如游程编码、块码等，但是由于 DEM 数据反映了地形的连续起伏变化，通常比较"破碎"，普通压缩方式难以达到很好的效果；因此对于网格 DEM 数据，可以采用哈夫曼编码进行无损压缩；有时，在牺牲细节信息的前提下，可以对网格 DEM 进行有损压缩，通常的有损压缩大都是基于离散余弦变换（Discrete Cosine Transformation，DCT）或小波变换（Wavelet Transformation）的，由于小波变换具有较好的保持细节的特性，近年来将小波变换应用于 DEM 数据处理的研究较多。

3. 层次模型

层次地形模型（Layer of Details，LOD）是一种表达多种不同精度水平的数字高程模型。大多数层次模型是基于不规则三角网模型的，通常不规则三角网的数据点越多精度越高，数据点越少精度越低，但数据点多则要求更多的计算资源。所以如果在精度满足要求的情况下，最好使用尽可能少的数据点。层次地形模型允许根据不同的任务要求选择不同精度的地形模型。层次模型的思想很理想，但在实际运用中必须注意几个重要的问题：

（1）层次模型的存储问题，很显然，与直接存储不同，层次的数据必然导致数据冗余。

（2）自动搜索的效率问题，例如搜索一个点可能先在最粗的层次上搜索，再在更细的层次上搜索，直到找到该点。

（3）三角网形状的优化问题，例如可以使用 Delaunay 三角剖分。

（4）模型可能允许根据地形的复杂程度采用不同详细层次的混合模型，例如，对于飞行模拟，近处时必须显示比远处更为详细的地形特征。

（5）在表达地貌特征方面应该一致，例如，如果在某个层次的地形模型上有一个明显的山峰，在更细层次的地形模型上也应该有这个山峰。

这些问题目前还没有一个公认的最好的解决方案，仍需进一步深入研究。

4. 不规则三角网（TIN）模型

尽管规则格网 DEM 在计算和应用方面有许多优点，但也存在许多难以克服的缺陷。

（1）在地形平坦的地方，存在大量的数据冗余。

（2）在不改变格网大小的情况下，难以表达复杂地形的突变现象。

（3）在某些计算，如通视问题，过分强调网格的轴方向。

不规则三角网（Triangulated Irregular Network，TIN）是另外一种表示数字高程模型的方法，它既减少规则格网方法带来的数据冗余，同时在计算（如坡度）效率方面又优于纯粹基于等高线的方法，如图 4-17 所示。

TIN 模型根据区域有限个点集将区域划分为相连的三角面网络，区域中任意点落在三角面的顶点、边上或三角形内。如果点不在顶点上，该点的高程值通常通过线性插值的方法得到（在边上用边的两个顶点的高程，在三角形内则用三个顶点的高程）。所以 TIN 是一个三维空间的分段线性模型，在整个区域内连续但不可微。

TIN 的数据存储方式比格网 DEM 复杂，它不仅要存储每个点的高程，还要存储其平

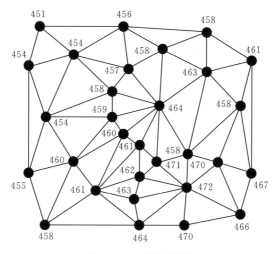

图 4 - 17　TIN 模型

面坐标、节点连接的拓扑关系，三角形及邻接三角形等关系。TIN 模型在概念上类似于多边形网络的矢量拓扑结构，只是 TIN 模型不需要定义"岛"和"洞"的拓扑关系。

　　有许多种表达 TIN 拓扑结构的存储方式，一个简单的记录方式是：对于每一个三角形、边和节点都对应一个记录，三角形的记录包括三个指向它三个边的记录的指针；边的记录有四个指针字段，包括两个指向相邻三角形记录的指针和它的两个顶点的记录的指针；也可以直接对每个三角形记录其顶点和相邻三角形（图 4 - 18）。每个节点包括三个坐标值的字段，分别存储 X，X，Z 坐标。这种拓扑网络结构的特点是对于给定一个三角形查询其三个顶点高程和相邻三角形所用的时间是定长的，在沿直线计算地形剖面线时具有较高的效率。当然可以在此结构的基础上增加其他变化，以提高某些特殊运算的效率，例如在顶点的记录里增加指向其关联的边的指针。

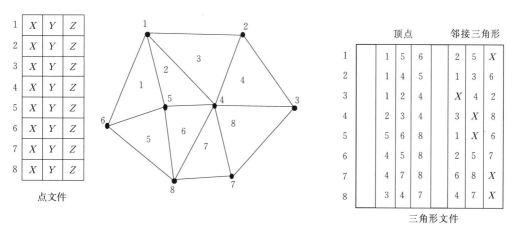

图 4 - 18　三角网的一种存储方式

　　不规则三角网数字高程由连续的三角面组成，三角面的形状和大小取决于不规则分布的测点，或节点的位置和密度。不规则三角网与高程矩阵方法不同之处是随地形起伏变化的复杂性而改变采样点的密度和决定采样点的位置，因而它能够避免地形平坦时的数据冗余，又能按地形特征点如山脊、山谷线、地形变化线等表示数字高程特征。

二、DEM 的创建

为了建立 DEM，必需量测一些点的三维坐标，这就是 DEM 数据采集。

(一) DEM 数据采集方法

1. 地面测量

利用自动记录的测距经纬仪（常用电子速测经纬仪或全站经纬仪）在野外实测。这种速测经纬仪一般都有微处理器，可以自动记录和显示有关数据，还能进行多种测站上的计算工作。其记录的数据可以通过串行通信，输入计算机中进行处理。

2. 现有地图数字化

利用数字化仪对已有地图上的信息（如等高线）进行数字化的方法，目前常用的数字化仪有手扶跟踪数字化仪和扫描数字化仪。

3. 空间传感器

利用全球定位系统 GPS，结合雷达和激光测高仪等进行数据采集。

4. 数字摄影测量方法

这是 DEM 数据采集最常用的方法之一。利用附有的自动记录装置（接口）的立体测图仪或立体坐标仪、解析测图仪及数字摄影测量系统，进行人工、半自动或全自动的量测来获取数据。

(二) 数字摄影测量获取 DEM

数字摄影测量方法是空间数据采集最有效的手段，它具有效率高、劳动强度低的优点。数据采样可以全部由人工操作，通常费时且易于出错；半自动采样可以辅助操作人员进行采样，以加快速度和改善精度，通常是由人工控制高程 Z，由机器自动控制平面坐标 X，Y 的驱动；全自动方法利用计算机视觉代替人眼的立体观测，速度虽然快，但精度较差。

人工或半自动方式的数据采集，数据的记录可分为"点模式"或"流模式"，前者根据控制信号记录静态量测数据，后者是按一定规律连续地记录动态的量测数据。

摄影测量方法用于生产 DEM，数据点的采样方法根据产品的要求不同而异。沿等高线、断面线、地性线进行采样往往是有目的的采样。而许多产品要求高程矩阵形式，所以基于规则格网或不规则格网点的面采样是必需的，这种方式与其他空间属性的采样方式一样，只是采样密度高一些。

1. 沿等高线采样

在地形复杂及陡峭地区，可采用沿等高线跟踪方式进行数据采集，而在平坦地区，则不宜采用沿等高线采样。沿等高线采样时可按等距离间隔记录数据或按等时间间隔记录数据方式进行。采用后一种方式，由于在等高线曲率大的地方跟踪速度较慢，因而采集的点较密集，而在等高线较平直的地方跟踪速度快，采集的点较稀疏，故只要选择恰当的时间间隔，所记录的数据就能很好地描述地形，又不会有太多的数据。

2. 规则格网采样

利用解析测图仪在立体模型中按规则矩形格网进行采样，直接构成规则格网 DEM。

当系统驱动测标到格网点时，会按预先选定的参数停留一短暂时间（如 0.2s），供作业人员精确测量。该方法的优点是方法简单、精度高、作业效率也较高；缺点是对地表变化的尺度的灵活性较差，可能会丢失特征点。

3. 渐进采样

渐进采样方法的目的是使采样点分布合理，即平坦地区样点少，地形复杂区的样点较多。渐进采样首先按预定比较稀疏的间隔进行采样，获得一个较稀疏的格网，然后分析是否需要对格网进行加密，如图 4 - 19 所示。判断加密的方法可利用高程的二阶差分是否超过了给定的阈值；或利用相邻的三点拟合一条二次曲线，计算两点间中点的二次内插值与线性内插值之差，判断是否超过阈值。当超过阈值时，则对格网加密采样，然后对较密的格网进行同样的判断处理，直至不再超限或达到预先给定的加密次数（或最小格网间隔），然后再对其他格网进行同样的处理。

4. 选择采样

为了准确地反映地形，可根据地形特征进行选择采样，例如沿山脊线、山谷线、断裂线进行采集以及离散碎部点（如山顶）的采集。这种方法获取的数据尤其适合于不规则三角网 DEM 的建立。

5. 混合采样

为了同步考虑采样的效率与合理性，可将规则采样（包括渐进采样）与选择性采样结合进行混合采样，即在规则采样的基础上再进行沿特征线、点采样。为了区别一般的数据点和特征点，应当给不同的点以不同的特征码，以便处理时可按不同的方式进行。利用混合采样可建立附加地形特征的规则格网 DEM，也可建立附加特征的不规则三角网 DEM。

6. 自动化 DEM 数据采集

上述方法均是基于解析测图仪或机助制图系统利用半自动的方法进行 DEM 数据采集，现在已经可以利用自动化测图系统进行完全自动化的 DEM 数据采集。此时可按像片上的规则格网利用数字影像匹配进行数据采集。

最后数字摄影测量获取的 DEM 数据点都要按一定插值方法转成规则格网 DEM 或规则三角网 DEM 格式数据。

三、DEM 用途

由于 DEM 描述的是地面高程信息，它在测绘、水文、气象、地貌、地质、土壤、工程建设、通信、军事等国民经济和国防建设以及人文和自然科学领域有着广泛的应用。

（1）坡度与坡向的计算。

坡度：定义为地表单元的法向与

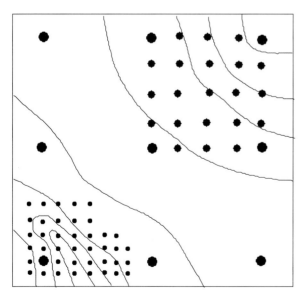

图 4 - 19　渐进采样

Z 轴的夹角，即切平面与水平面的夹角。在计算出各地表单元的坡度后，可对不同的坡度设定不同的灰度级，可得到坡度图。

坡向：指地表单元的法向量在水平面上的投影与 X 轴之间的夹角，在计算出每个地表单元的坡向后，可制作坡向图，通常把坡向分为东、南、西、北、东北、西北、东南、西南 8 类，再加上平地，共 9 类，用不同的色彩显示，即可得到坡向图。

（2）模拟飞行。DEM 图像通过与 TM 图像中 7 个不同波段进行叠加，生成仿真的真彩色或假彩色三维地形模型（DTM），在此基础上进行飞行模拟。在飞行模拟环境中可以根据观察的需要，对地面显示速度、方位、观察位置、高程和透视角度等进行交互控制，完全达到身临其境的效果。同时，它能将大范围、广视角和小范围、高精度有机结合起来进行显示，可以从不同的高度、方位由远及近地观察地形的总体及部分特征。

（3）在测绘中可用于绘制等高线、坡度、坡向图、立体透视图，制作正射影像图、立体景观图、立体匹配片、立体地形模型及地图的修测。在各种工程中可用于体积、面积的计算，各种剖面图的绘制及线路的设计等。

第五章　空间数据的表现与产品输出

第一节　GIS 产品输出

一、GIS 产品类型

GIS 产品是指由系统处理、分析，可以直接供研究、规划和决策人员使用的产品，其形式有地图、图像、统计图表以及各种格式的数字产品等。GIS 产品是系统中数据的表现形式，反映了地理实体的空间特征和属性特征。GIS 产品输出是指将 GIS 分析或查询检索的结果表示为某种用户需要的可以理解的形式的过程。

1. 地图

地图是空间实体的符号化模型，是 GIS 产品的主要表现形式（图 5-1），根据地理实体的空间形态，常用的地图种类有点位符号图、线状符号图、面状符号图、等值线图、三维立体图、晕渲图等。点位符号图在点状实体或面状实体的中心以制图符号表示实体质量特征；线状符号图采用线状符号表示线状实体的特征；面状符号图在面状区域内用填充模式表示区域的类别及数量差异；等值线图将曲面上等值的点以线划连接起来表示曲面的形态；三维立体图采用透视变换产生透视投影使读者对地物产生深度感并表示三维曲面的起伏；晕渲图以地物对光线的反射产生的明暗使读者对三维表面产生起伏感，从而达到表示立体形态的目的（图 5-2）。

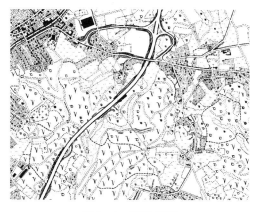

图 5-1　普通地图

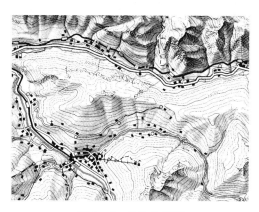

图 5-2　晕渲地形图

地图上各种地物之间的关系，要求按数学法则构成，这就是先将地球自然表面的景物垂直投影到地球椭球面（或球面）上，再将地球椭球面（或球面）按数学法则投影到平面上而构成地图。地图在表现空间地物是使用了大量的地图符号，地图符号是地图的语言，是一种图形语言。它与文字语言相比较，最大的特点是形象直观。就单个符号而言，它可以表示某个事物的空间位置、大小、质量和数量特征；就同类符号而言，可以反映各类要素的分布特点；而各类符号的总和，则可以表明各类要素之间的相互关系及区域总体特征。因此，地图符号不仅具有确定客观事物空间位置、分布特点以及质量和数量特征的基本功能，而且还具有相互联系和共同表达地理环境各要素总体的特殊功能。使用地图符号具有以下功效：

（1）有选择地表示地理环境中的主要事物，因而在较小比例尺的地图上所表现的地面情况，仍能一目了然，重点突出。对于那些由于缩小而不能按比例尺表示的重要地面景物，可用不依比例的符号夸大表示。

（2）用平面的图形符号表示地面的起伏状况，也可以说是在二维平面上，能够表达出三维空间状况，而且可以量测其长度、高度和坡度等。

（3）除了用符号表示出地面景物的外形，还能表示出景物的看不见的本质特征，如在海图上可以表示出海底地形、海底地质、海水的温度和含盐度等。

（4）用符号可以表示出地面没有外形的许多自然和社会经济现象，如气压、雨量、政区和人口移动等。此外还可以表现出事物间的联系和制约关系，如森林分布和木材加工工业之间的联系。地图上还有起说明作用的文字和数字，它们也是地图的重要组成部分，用以标明地面景物的名称、质量和数量。

2. 图像

图像也是空间实体的一种模型，它不采用符号化的方法，而是采用人的直观视觉变量（如灰度、颜色、模式）表示各空间位置实体的质量特征。它一般将空间范围划分为规则的单元（如正方形），然后再根据几何规则确定的图像平面的相应位置用直观视觉变量表示该单元的特征，图5-3为正射影像地图，图5-4为三维模拟地图。

图5-3　正射影像地图　　　　　　　图5-4　三峡库区三维模拟地图

3. 统计图表

非空间信息可采用统计图表表示。统计图将实体的特征和实体间与空间无关的相互关系采用图形表示，它将与空间无关的信息传递给使用者，使得使用者对这些信息有全面、直观的了解。统计图常用的形式有柱状图、扇形图、直方图、折线图和散点图等。统计表格将数据直接表示在表格中，使读者可直接看到具体数据值，见图5-5～图5-7。

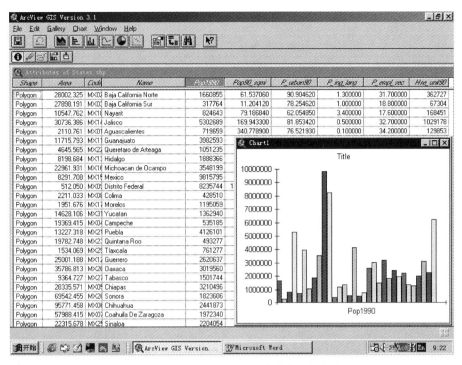

图 5-5 ARC/VIEW 制作的统计表格与直方图

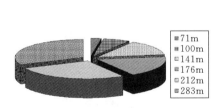

图 5-6 圆饼状统计图

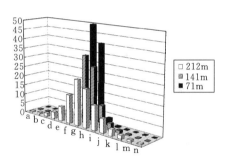

图 5-7 直方统计图

随着数字图像处理系统、GIS、制图系统以及各种分析模拟系统和决策支持系统的广泛应用，数字产品成为广泛采用的一种产品形式，供信息作进一步的分析和输出，使得多种系统的功能得到综合。数字产品的制作是将系统内的数据转换成其他系统采用的数据形式。

二、GIS 产品输出设备

目前，一般 GIS 软件都为用户提供三种图形、图像输出方式以及属性数据报表输出，屏幕显示主要用于系统与用户交互时的快速显示，是比较廉价的输出产品，需以屏幕摄影方式做硬拷贝，可用于日常的空间信息管理和小型科研成果输出；矢量绘图仪制图用来绘制高精度的比较正规的大图幅图形产品。喷墨打印机，特别是高品质的激光打印机已经成为当前 GIS 地图产品的主要输出设备，表 5-1 列出了主要空间数据输出设备。

表 5 - 1　　　　　　　　　　　　　　主要图形输出设备一览表

设备	图形输出方式	精度	特点
矢量绘图机	矢量线划	高	适合绘制一般的线划地图，还可以进行刻图等特殊方式的绘图
喷墨打印机	栅格点阵	高	可制作彩色地图与影像地图等各类精致地图制品
高分辨彩显	屏幕象元点阵	一般	实时显示 GIS 的各类图形、图像产品
行式打印机	字符点阵	差	以不同复杂度的打印字符输出各类地图，精度差，变形大
胶片拷贝机	光栅	较高	可将屏幕图形复制至胶片上，用于制作幻灯片或正胶片

1. 屏幕显示

由光栅或液晶的屏幕显示图形、图像，通常是比较廉价的显示设备，常用来做人和机器交互的输出设备，其优点是代价低、速度快，色彩鲜艳，且可以动态刷新，缺点是非永久性输出，关机后无法保留，而且幅面小、精度低、比例不准确，不宜作为正式输出设备。

由于屏幕同绘图机的彩色成图原理有着明显的区别，所以，屏幕所显示的图形如果直接用彩色打印机输出，两者的输出效果往往存在着一定的差异。这就为利用屏幕直接进行地图色彩配置的操作带来很大的障碍。解决的方法一般是根据经验制作色彩对比表，依此作为色彩转换的依据。近年来，部分 GIS 与机助制图软件在屏幕与绘图机色彩输出一体化方面已经做了不少卓有成效的工作。图 5 - 8 所示为通过屏幕输出的地图。

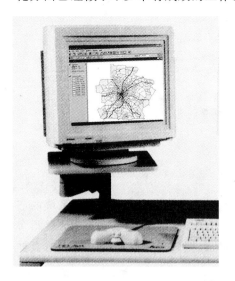
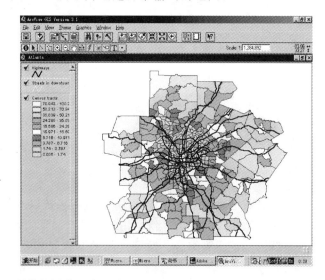

图 5 - 8　计算机屏幕显示地图

2. 矢量绘图

矢量制图通常采用矢量数据方式输入，根据坐标数据和属性数据将其符号化，然后通过制图指令驱动制图设备；也可以采用栅格数据作为输入，将制图范围划分为单元，在每一单元中通过点、线构成颜色、模式表示，其驱动设备的指令依然是点、线。矢量制图指令在矢量制图设备上可以直接实现，也可以在栅格制图设备上通过插补将点、线指令转化为需要输出的点阵单元，其质量取决于制图单元的大小。图 5 - 9 为矢量绘图机。

图 5-9 矢量绘图机

矢量形式绘图表现方式灵活、精度高、图形质量好、幅面大、消耗品成本低，其缺点是速度较慢、价格较高、软件开发复杂，对面状区域填充均匀性差。

3. 打印输出

打印输出一般是直接由栅格方式进行的，可利用以下几种打印机：

（1）行式打印机：打印速度快，成本低，但还通常需要由不同的字符组合表示象元的灰度值，精度太低，十分粗糙，且横纵比例不一，总比例也难以调整，是比较落后的方法。

（2）点阵打印机：点阵打印可用每个针打出一个象元点，点精度达 0.141mm，可打印精美的、比例准确的彩色地图，且设备便宜，成本低，速度与矢量绘图相近，但渲染图比矢量绘图均匀，便于小型 GIS 采用，目前主要问题是幅面有限，大的输出图需拼接。

（3）喷墨打印机（亦称喷墨绘图仪）：是十分高档的点阵输出设备，输出质量高、速度快，随着技术的不断完善与价格的降低，目前已经取代矢量绘图仪的地位，成为 GIS 产品主要的输出设备（图 5-10）。

图 5-10 喷墨绘图仪

（4）激光打印机：是一种既可用于打印又可用于绘图的设备，其绘图的基本特点是高品质、快速。由于目前费用较高，尚未得到广泛普及，但代表了计算机图形输出的基本发展方向。

第二节　地理信息可视化

可视化的基本含义是将科学计算中产生的大量非直观的、抽象的或者不可见的数据，借助计算机图形学和图像处理等技术，以图形图像信息的形式，直观、形象地表达出来，并进行交互处理。地图是空间信息可视化的最主要和最常用的形式。在 GIS 中，可视化则以地理信息科学、计算机科学、地图学、认知科学、信息传输学与 GIS 为基础，并通过计算机技术、数字技术、多媒体技术动态，直观、形象地表现、解释、传输地理空间信息并揭示其规律，是关于信息表达和传输的理论、方法与技术的一门学科。

目前，地理信息可视化形式主要有地图、多媒体地学信息、三维地图和虚拟现实等。地理信息可视化技术主要有以下几种。

1. 几何图形法

通过把三维图形透视变换映射成二维图形，用折线、曲线、网格线等几何图形表示数值的大小；用矢量符号法表示气压梯度；用风力玫瑰图表示风力发生频率与风向；用流线箭标图法表示洋流；用等值线法表达地形起伏等。

2. 色彩、灰度表示法

用色彩、灰度来描述不同区域的数值（图 5 - 11）。

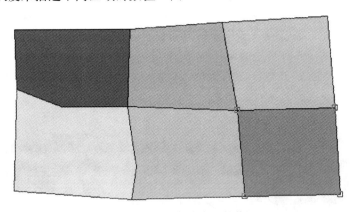

图 5 - 11　用色彩表示数值

3. 多媒体表示法

使用声音、图像、图形、动画、文本、表格、视频等各种形式逻辑地联结并集成为一个整体概念，综合、形象地表达空间信息的一种形式。多媒体形式能够真实地表示空间信息的某些特定方面，是全面地表示空间信息的重要形式。

4. 虚拟现实

虚拟现实（Virtual Reality，VR）是计算机产生的集视觉、听觉、触觉等为一体的三维虚拟环境，用户借助特定装备（如数据手套、头盔等）以自然方式与虚拟环境交互作用、相互影响，从而获得与真实世界等同的感受以及在现实世界中难以经历的体验。随着三维信息的可得和计算机图形学技术的发展，地理信息三维表示不仅追求普通屏幕上通过透视投影展示的真实感图形，而且具有强烈沉浸感的虚拟现实真立体展示日益成为主流技术之一。

VR 技术正日益成为三维空间数据可视化通用的工具。VR 系统把地理空间数据组织成一组有结构、有组织的具有三维几何空间的有序数据，使得 VR 世界成为一个有坐标、有地方、有三维空间的世界，从而与现实世界中可感知、可触摸的三维世界相对应。

VR 建立了真三维的景观描述的、可实时交互作用、能进行空间信息分析的空间信息系统。用户可以在三维环境里穿行，观察新规划的建筑物并领会其在地形景观中的变化。VR 技术通过营造拟人化的多维空间，使用户更有效、更充分的运用 GIS 来分析地理信息，开发更高层的 GIS 功能。

虚拟现实技术与多维海量空间数据库管理系统结合起来，直接对多维、多源、多尺度的海量空间数据进行虚拟显示，建立具有真三维景观描述的、可实时交互设计、能进行空间分析和查询的虚拟现实系统，是今后虚拟现实系统的一个重要发展方向。虚拟场景与真实场景的真实感融合技术——增强现实技术（Augmented Reality）也正在日益成为 GIS 与 VR 集成的重要方向。基于 GIS 信息融合技术、GPS 动态定位技术以及其他实时图像获取与处理技术，便可以有机地将眼前看到的实景与计算机中的虚景融合起来，这将使空间数据的更新方式和服务方式发生革命性的变化。

第三节　GIS 专题图绘制

专题地图是突出地表示一种或几种自然现象和社会经济现象的地图。按内容可分为三大类：自然地图、社会经济地图和其他专题地图。

自然地图表示自然界各种现象的特征、地理分布及其相互关系，如地质图、水文图等；社会经济地图表示各种社会经济现象的特征、地理分布及其相互关系，如人口图、行政区划图等；其他专题地图，指不属于上述两类的专题地图，如航海图、航空图等。

专题地图的种类很多，但大都是由地理基础和专题内容组成的。地理基础即普通地图上的一部分内容要素，如经纬网、水系、居民点、交通线、地势等。地理基础作为编绘专题内容的骨架，并表示专题内容的地理位置和说明专题内容与地理环境的关系。专题地图上表示哪些地理基础要素和详细程度如何，是根据专题内容的不同而有所不同。

专题内容，从资料来讲，一是将普通地图内容中一种或几种要素显示得比较完备和详细，而将其他要素放到次要地位或省略，如交通图等；二是包括在普通地图上没有的和地面上看不见的或不能直接测量的专题要素，如人口密度图。因此，专题地图的绘制和普通地图绘制有相似之处。

地图是 GIS 的界面，构成地图的基本内容，叫做地图要素。它包括数学要素、地理要素和整饰要素（亦称辅助要素），所以又通称地图"三要素"。

（1）数学要素，指构成地图的数学基础。例如地图投影、比例尺、控制点、坐标网、高程系、地图分幅等。这些内容是决定地图图幅范围、位置，以及控制其他内容的基础。

它保证地图的精确性，作为在图上量取点位、高程、长度、面积的可靠依据，在大范围内保证多幅图的拼接使用。数学要素，对军事和经济建设都是不可缺少的内容。

（2）地理要素，是指地图上表示的具有地理位置、分布特点的自然现象和社会现象。因此，又可分为自然要素（如水文、地貌、土质、植被）和社会经济要素（如居民地、交通线、行政境界等）。

（3）整饰要素，主要指便于读图和用图的某些内容。例如图名、图号、图例和地图资料说明，以及图内各种文字、数字注记等。

一、地图符号

地图符号是地图的语言，它是表达地图内容的基本手段。地图符号是由形状不同、大小不一和色彩有别的图形和文字组成，注记是地图符号的一个重要部分，它也有形状、尺寸和颜色之区别。就单个符号而言，它可以表示事物的空间位置、大小、质量和数量特征；就同类符号而言，可以反映各类要素的分布特点；而各类符号的总和，则可以表明各要素之间的相互关系及区域总体特征。

按照符号所代表的客观事物分布状况，可以把符号分为面状符号、点状符号和线状符号（图5-12）。

点状符号是一种表达不能依比例尺表示的小面积事物（如油库等）和点状（如控制点）所采用的符号。点状符号的形状和颜色表示事物的性质，点状符号的大小通常反映事物的等级或数量特征，但是符号的大小与形状与地图比例尺无关，它只具有定位意义，一般又称这种符号为不依比例尺符号。

线状符号是一种表达呈线状或带状延伸分布事物的符号，如河流，其长度能按比例尺表示，而宽度一般不能按比例尺表示，需要进行适当的夸大。因而，线状符号的形状和颜色表示事物的质量特征，其宽度往往反映事物的等级或数值。这类符号能表示事物的分布位置、延伸形态和长度，但不能表示其宽度，一般又称为半依比例符号。

面状符号是一种能按地图比例尺表示出事物分布范围的符号。面状符号是用轮廓线（实线、虚线或点线）表示事物的分布范围，其形状与事物的平面图形相似，轮廓线内加绘颜色或说明符号以表示它的性质和数量，并可以从图上量测其长度、宽度和面积，一般又把这种符号称为依比例符号。

运用符号表达空间对象时，要注意以下几点。

1. 符号的定位

地图上常常以符号的位置表达其实际空间位置，这就是常说的符号定位问题。符号定位的一般原则是准确，保证所示空间对象在逻辑和美观上的和谐统一。但有时由于实际空间对象的位置重叠或相距很近，当用符号表达时，容易产生拥挤现象，破坏了图形的美观性和易读性。

2. 易读性

空间对象属性通过符号的视觉变量来进行区分，视觉变量包括形状、大小、方位、色调、亮度和色度等六类。空间对象的属性可通过视觉变量的不同组合来表达，因此，符号的布局、组合和纹理直接影响到图面的易读性。一般情况下，线状符号比较容易分离，图

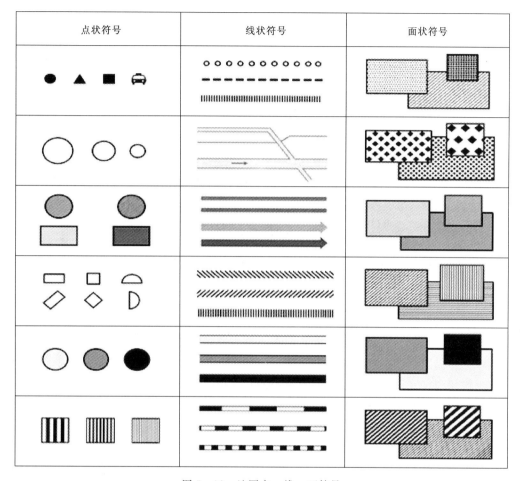

图 5-12 地图点、线、面符号

案、形状、颜色和阴影要截然不同，并且形状要清晰可辨。

　　符号的可见性还涉及符号自身的可见性。如果线状符号比较容易识别，其宽度就不必很大。不同颜色的组合也可改变符号的可辨性。经典的例子就是交通符号，形状各异的交通符号可以使行人和驾驶员不必读文字而获得交通信息。

　　3. 视觉差异性

　　图形元素和背景、相邻元素的对比是符号运用中最为重要的一点。视觉上的差异性可以提高符号的分辨能力和识别能力。符号运用过程中，要尽量使用符号视觉变量的不同组合来提高易读性，但过多的符号差异会导致图面的繁杂，也不利于符号的识别。

　　4. 绝对数据与派生数据制图中的符号配置

　　属性数据根据加工与否可分为两类，即原始数据和派生数据。原始数据是通过测量或调查而得到的数据，如人口调查中的一个县的人口数量；而派生数据一般是指经过加工的数据，如人口密度等。对原始数据和派生数据的符号配置需要考虑图形的可比性。这里以人口制图为例进行说明：人口密度是人口数与区域面积的比值，该值不依赖区域的大小。对于人口数相同而面积不同的两个区域来说，其人口密度就不同，如果用等值区域图以人口数量来进行制图，则区域面积的大小差异会严重影响图形的可比性。因此一般建议等值区域图用来进行派生数据的表达，而分级符号图用来进行原始数据的制图。

二、地图的色彩

色彩可以为地图增添特殊的魅力。制图者通常情况下会首选制作彩色地图。地图制作中色彩的运用首先必须理解色彩的三个属性，即色调（色相）、饱和度（纯度）和明度。

色相，即各类色彩的相貌称谓，色相是色彩的首要特征，是区别各种不同色彩的最准确的标准。色的不同是由光的波长的长短差别所决定的。作为色相，指的是这些不同波长的色的情况。光谱中的红、橙、黄、绿、青、蓝、紫7种分光色是具有代表性的7种色相（图5-13）。

图5-13　色彩的色相

饱和度是指色彩的鲜艳程度，也称色彩的纯度。饱和度取决于该色中含色成分和消色成分（灰色）的比例。含色成分越大，饱和度越大；消色成分越大，饱和度越小。

明度是眼睛对光源和物体表面的明暗程度的感觉，主要是由光线强弱决定的一种视觉经验。明度可以简单理解为颜色的亮度，不同的颜色具有不同的明度。

地图上色彩的运用遵循一定的经验法则，一般有以下几个原则：

（1）感情色彩：色彩与人的情感有广泛的联系，而不同民族的文化特点和背景又赋予色彩以各自的含义和象征。制图中色彩一般分为暖色和冷色两种，例如红色为暖色而青色为冷色，与色相相结合，则有干湿之分，例如浅黄色象征干燥，而蓝色象征湿润。制图中要充分考虑人的感情色彩和情绪，使得效果更人性化。

（2）习惯用色：在长期的研究实践中，制图人员总结出一系列的习惯用色，有的已约定成俗，有的已形成规范。数据表达中，要充分考虑人们在长期阅图中形成的习惯和专业背景。

（3）色彩方案：色相是适于表征定性数据的视觉变量，而色值与色度则更适合于表征定量数据。定性数据属于标称数据（Nominal Data），而定量数据则属于需用排序（Ordinal）、区间（Interval）和比率（Ratio）等尺度来量度的数据。对一幅定性地图而言，找到10种或15种易于相互区别的颜色并不难。如果一幅地图需要更多种颜色，则可将另一种定性的视觉变量——图案，或者文字，与颜色组合在一起形成更多的地图符号。

一件地图产品设计的成败，在很大程度上取决于色彩的应用。色彩应用得当，不仅能加深人们对内容的理解和认识，充分发挥产品的作用，而且由于色彩协调，富有韵律，能给人以强烈的美感。

由于影响色彩设计的因素较多，加上人们对于色彩的喜好、感觉和审美趣味的差异以及国家、地域、民族、信仰的差异，所以色彩设计是一个相当复杂的课题。

三、地图注记

地图注记是地图上文字和数字的通称，是地图语言之一。地图注记由字体、字号、字间距、位置、排列方向及色彩等因素构成。

地图上的注记可分为名称注记、说明注记和数字注记三种。

（1）名称注记：说明各种事物的专有名称，如居民点名称。

（2）说明注记：用来说明各种事物的种类、性质或特征，用于补充图形符号的不足，它常用简注表示。

（3）数字注记：用来说明某些事物的数量特征，如高程等。

地图上常用不同的字体表示不同的事物，常用的字体有宋体、等线体、仿宋体和横线体；地图上注记尺寸的大小，以照相排字机注明的规格为标准，在一幅图上，按照事物的重要程度和意义，采用不同的字级，以便使注记大小与图形符地图上注记数量较多，它们可以位于地图中的任一部分，但是注记的排列和配置是否恰当，常常会影响读图的效果。注记配置的基本原则是不应该使注记压盖图上的重要部分。注记应与其所说明的事物关系明确。对于点状地物，应以点状符号为中心，在其上下左右四个方向中的任一适当位置配置注记，注记呈水平方向排列；对于线状事物，注记沿线状符号延伸方向从左向右或从上向下排列，字的间隔均匀一致，特别长的线状地物，名称注记可重复出现；对于面状事物，注记一般置于面状符号之内，沿面状符号最大延伸方向配置，字的间隔均匀一致。

注记设计和剪贴，要求字形工整、美观、主次分明、易于区分、位置正确（图 5-14 和图 5-15）。

为了确定地物注记的位置，要进行空间关系的判断，因此 GIS 可以为地图制图提供自动标注功能，一个实现自动注记放置的系统要具有以下功能：

（1）确定地图上的要素以及相应的注记文字。

（2）对空间数据进行搜索和实现。

（3）产生试验性的注记点。

（4）选择较好的注记位置。

由于注记只是对地物的描述，因此在地图上，注记不能遮盖地物，注记之间也不能相互重叠，所以，也可以利用 GIS 进行注记是否重叠的判断。在进行注记时，由于图面荷载的原因，不可能对所有的地物进行标注，这需要进行选择，通常的选择方法是选择相对重要的地物，这也可以通过对地物属性的排序来实现。

GIS 中的标注不是一件容易的事。标注的基本要求是清晰性、可读性、协调性和习惯性，然而制图要素的重叠、位置上的冲突等都使得这些要求难以满足，一般需要进行多次、交互式的、基于思维的反复调整才能最终确定。

四、地图版面设计

地图设计是一种为达一定目标而进行的视觉设计，其目的是为了增强地图传递信息的功能。在一幅完整的地图上，图面内容包括图廓、图名、图例、比例尺、指北针、制图时间、坐标系统、主图、附图、符号、注记、颜色、背景等内容，内容丰富而繁杂，在有限

字体		式　样	
宋体	正宋	成　都	居民地名称
	宋变	湖海　长江	水系名称
		山西　淮南	图名　区域名
		江苏　杭州	
等线体	粗中细	北京 开封 青州	居民地名称 细等作说明
	等变	太行山脉	山峰名称
		珠穆朗玛峰	山峰名称
		北京市	区域名称
仿宋体		信阳县　周口镇	居民地名称
隶体		中国　建元	图名　区域名
魏碑体		浩陵旗	
美术体		台湾省图	名称

图 5-14　字体注记示例

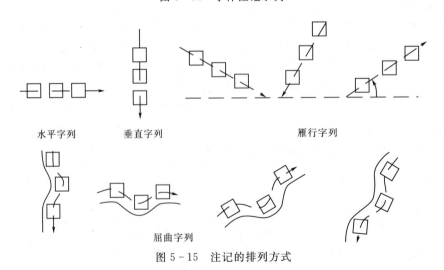

图 5-15　注记的排列方式

的制图区域上如何合理地进行制图内容的安排，并不是一件轻松的事。一般情况下，图面配置应该主题突出、图面均衡、层次清晰、易于阅读，以求美观和逻辑的协调统一而又不失人性化。

1. 图名

图名的主要功能是为读图者提供地图的区域和主题的信息。专题地图的图名要求简明图幅的主题，一般安放在图幅上方中央。字体要与图幅大小相称，以等线体或美术体为主。

图名要尽可能简练、确切。图名是展示地图主题最直观的形式，应当突出、醒目。它作为图面整体设计的组成部分，还可看成是一种图形，可以帮助取得更好的整体平衡。一般可放在图廓外的北上方，或图廓内以横排或竖排的形式放在左上、右上的位置。图廓内的图名，可以是嵌入式的，也可以直接压盖在图面上，这时应处理好与下层注记或图形符号的关系。

2. 比例尺

地图的比例尺一般被安置在图名或图例的下方，也可放置在图廓外下方中央或图廓内上方图名下处。地图上的比例尺，以直线比例尺的形式最为有效、实用。但在一些区域范围大、实际的比例尺已经很小的情况下，如一些表示世界或全国的专题地图，甚至可以将比例尺省略。因为，这时地图所要表达的主要是专题要素的宏观分布规律，各地域的实际距离等已经没有多少价值，更不需要进行什么距离方面的量算。放置了比例尺，反而有可能会得出不切实际的结论。

3. 图例

图例符号是专题内容的表现形式，图例中符号的内容、尺寸和色彩应与图内一致。图例应尽可能集中在一起。虽然经常都被置于图面中不显著的某一角，但这并不降低图例的重要性。为避免图例内容与图面内容的混淆，被图例压盖的主图应当缕空。只有当图例符号的数量很大，集中安置会影响主图的表示及整体效果时，才可将图例分成几部分，并按读图习惯，从左到右有序排列。对图例的位置、大小、图例符号的排列方式、密度、注记字体等的调节，还会对图面配置的合理与平衡起重要作用。

4 附图

附图是指主图外加绘的图件，在专题地图中，它的作用主要是补充主图的不足。专题地图中的附图，包括重点地区扩大图、内容补充图、主图位置示意图、图表等。附图放置的位置应灵活。

5. 统计图表与文字说明

统计图表与文字说明是对主题的概括与补充比较有效的形式。由于其形式（包括外形、大小、色彩）多样，能充实地图主题、活跃版面，因此有利于增强视觉平衡效果。统计图表与文字说明在图面组成中只占次要地位，数量不可过多，所占幅面不宜太大。对单幅地图更应如此。

6. 图廓

单幅地图一般都以图框作为制图的区域范围。挂图的外图廓形状比较复杂。桌面用图的图廓都比较简练，有的就以两根内细外粗的平行黑线显示内外图廓。有的在图廓上表示有经纬度分划注记，有的为检索而设置了纵横方格的刻度分划。

专题地图的总体设计，一定要视制图区域形状、图面尺寸、图例和文字说明、附图及图名等多方面内容和因素具体灵活运用，使整个图面生动，可获得更多的信息。图 5-16 展示了一些不同风格的图面设计。

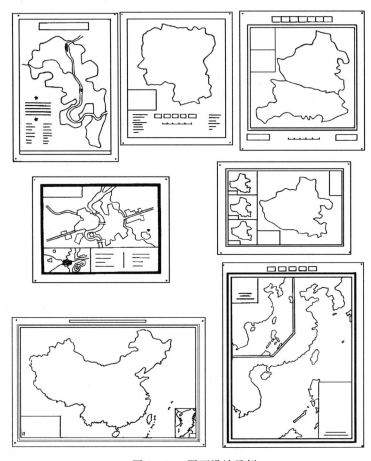

图 5-16　图面设计示例

第六章 GIS 新 技 术

GIS是多学科集成的学科，自诞生以来在社会各行各业具有广泛的应用，同时也对GIS提出更多的要求，促使GIS得以不断发展。本章简要介绍GIS的新技术，主要包括组件式GIS、嵌入式GIS、网格GIS、云GIS、WebGIS和3S集成技术。

第一节 组 件 式 GIS

一、组件式 GIS 概述

组件式软件技术已经成为当今软件技术的潮流之一，为了适应这种技术潮流，GIS软件像其他软件一样，已经或正在发生着革命性的变化，即由过去厂家提供了全部系统或者具有二次开发功能的软件，过渡到提供组件由用户自己再开发的方向上来。无疑，组件式GIS技术将给整个GIS技术体系和应用模式带来巨大影响。

GIS技术的发展，在软件模式上经历了功能模块、包式软件、核心式软件，从而发展到组件式GIS（ComGIS）和WebGIS的过程。传统GIS虽然在功能上已经比较成熟，但是由于这些系统多是基于十多年前的软件技术开发的，属于独立封闭的系统。同时，GIS软件变得日益庞大，用户难以掌握，费用昂贵，阻碍了GIS的普及和应用。组件式GIS的出现为传统GIS面临的多种问题提供了全新的解决思路。

所谓ComGIS就是指基于组件对象平台，以一组具有某种标准通信接口的、允许跨语言应用的组件形式提供的GIS，这种组件称为GIS组件。GIS组件之间以及GIS组件与其他组件之间可以通过标准的通信接口实现交互，这种交互可以跨计算机平台实现。

组件式GIS的基本思想是把GIS的各大功能模块划分为几个控件，每个控件完成不同的功能。各个GIS控件之间，以及GIS控件与其他非GIS控件之间，可以方便地通过可视化的软件开发工具集成起来，形成最终的GIS应用。控件如同一堆各式各样的积木，它们分别实现不同的功能（包括GIS和非GIS功能），根据需要把实现各种功能的"积木"搭建起来，就构成应用系统。

二、组件式 GIS 特点

把GIS的功能适当抽象，以组件形式供开发者使用，将会带来许多传统GIS工具无法比拟的优点。

1. 小巧灵活、价格地

由于传统GIS结构的封闭性，往往使得软件本身变得越来越庞大，不同系统的交互性差，系统的开发难度大。在组件模型下，各组件都集中地实现与自己最紧密相关的系统功能，用户可以根据实际需要选择所需控件，最大限度地降低了用户的经济负担。组件化的 GIS 平台集中提供空间数据管理能力，并且能以灵活的方式与数据库系统连接。在保证功能的前提下，系统表现得小巧灵活，而其价格仅是传统 GIS 开发工具的十分之一，甚至更少。这样，用户便能以较好的性能价格比获得或开发 GIS 应用系统。

2. 通用性强、无须专门的开发语言

传统 GIS 往往具有独立的二次开发语言，对用户和应用开发者而言存在学习上的负担。而且使用系统所提供的二次开发语言，开发往往受到限制，难以处理复杂问题。而组件式 GIS 建立在严格的标准之上，不需要额外的 GIS 二次开发语言，只需实现 GIS 的基本功能函数，按照 Microsoft 的 ActiveX 控件标准开发接口。这有利于减轻 GIS 软件开发者的负担，而且增强了 GIS 软件的可扩展性。GIS 应用开发者，不必掌握额外的 GIS 开发语言，只需熟悉基于 Windows 平台的通用集成开发环境，以及 GIS 各个控件的属性、方法和事件，就可以完成应用系统的开发和集成。可供选择的开发环境很多，如 Visual C++、Visual Basic、Visual FoxPro、Borland C++、Delphi、C++ Builder 以及 Power Builder 等都可直接成为 GIS 或 GMIS 的优秀开发工具，它们各自的优点都能够得到充分发挥。这与传统 GIS 专门性开发环境相比，大大提高了 GIS 的通用性。

3. 开发简捷

由于 GIS 组件可以直接嵌入 MIS 开发工具中，对于广大开发人员来讲，就可以自由选用他们熟悉的开发工具。而且，GIS 组件提供的 API 形式非常接近 MIS 工具的模式，开发人员可以像管理数据库表一样熟练地管理地图等空间数据，无须对开发人员进行特殊的培训。在 GIS 或 GMIS 的开发过程中，开发人员的素质与熟练程度是十分重要的因素。这将使大量的 MIS 开发人员能够较快地过渡到 GIS 或 GMIS 的开发工作中，从而大大加速 GIS 的发展。

4. 更加大众化

组件式技术已经成为业界标准，用户可以像使用其他 ActiveX 控件一样使用 GIS 控件，使非专业的普通用户也能够开发和集成 GIS 应用系统，推动了 GIS 大众化进程。组件式 GIS 的出现使 GIS 不仅是专家们的专业分析工具，同时也成为普通用户对地理相关数据进行管理的可视化工具。

三、组件式 GIS 的发展

组件式开发已经成为软件开发的主要潮流。组件化的 GIS 软件系统将对于 GIS 的体系结构和应用前景产生深远的影响。但是，组件式 GIS 软件目前仍然存在一些问题，主要表现在功能上和技术上两个层面。其具体表现是：

（1）尽管 COM 技术的二进制通信具有很高的效率，但是与专业的 GIS 客户端软件相比，组件式 GIS 在运行效率上仍有差距。

（2）组件式 GIS 软件与桌面 GIS 软件相比，功能较弱。组件技术的宗旨是提供一种面向对象，与操作系统，机器平台无关，可以在应用程序之间互相访问对象的机制，但是由于组件式 GIS 产品的出现晚于桌面 GIS 软件，许多拥有桌面 GIS 软件的公司和厂商出于自身利益的考虑，并没有全力发展相应的组件产品，导致了组件式 GIS 产品的功能通常仅能覆盖部分 GIS 的功能，且操作性差，支持的数据格式有限，在与其他平台进行数据互换前，必须进行必要的数据格式的转换。而且，由于 GIS 组件支持的图形格式都是基于面向对象思想的，基本上没有考虑（也很难考虑）特征之间的拓扑关系。因此，其空间分析和空间操作功能就较弱。幸运的是随着 GIS 厂商对组件式 GIS 的注重，空间分析和空间操作的问题正在得到解决。

（3）组件式 GIS 不能满足 GIS 向着分布式、处理海量数据方向发展的要求。Internet 技术的迅猛发展为地理空间数据实现空间互操作提供了必要的支持。组件式 GIS 本应该能够满足 GIS 朝着分布式以及处理海量数据这一发展方向的要求。但目前的 GIS 组件支持的空间数据量有限，仅适合与中小型的 GIS 应用，而未能适应 Internet 传输、处理、分析大量地理信息数据的需求。

四、常用 GIS 组件式产品介绍

随着计算机软件技术的发展，GIS 组件化技术从最初一些简单功能发展到了一个全新的阶段——不仅实现了各组件自由、灵活的重组，而且实现了具有可视化的界面和使用方便的标准接口。与此同时，国内外的各大 GIS 软件厂商纷纷把组件式 GIS 作为发展重点，并推出了各自的组件式 GIS 软件。

（1）ESRI 公司推出了组件式 GIS 软件有 MapObjects 、ArcObjects 和 ArcEngine 。相对于 ArcObjects 来说，MapObjects 的接口要少许多，因此它的功能较少，结构更加清晰同时也易于学习，适用于仅需要查询检索、图形显示和简单编辑功能的大多数用户。ArcObjects 则是一个重量级组件平台，拥有 1800 多个组件，是目前功能最强、组件最全、结构最复杂的平台。ArcEngine 是基于 ArcObjects 重新集成，扩展的独立软件包，它与 ArcObjects 功能基本相同，但不与 ArcGIS Desktop 绑定。

（2）MapInfo 公司推出了 MapX 。MapX 是基于 Windows 操作系统的 ActiveX 控件产品，采用与 MapInfo Professional 相同的地图化技术。MapX 的结构非常清晰和人性化，所提供的工具、属性和方法使得实现地图操作相关功能变得非常容易。

（3）Intergraph 公司的组件式 GIS 是 GeoMedia 。GeoMedia 将组件技术与 GIS 相结合，既是最终的用户产品，也是一个可以创建自定义的开发平台。

（4）超图公司的组建时产品是 SuperMap Objects 6R 系列，是基于 Realspace 的二三维一体化的组件式 GIS 开发平台，适用于快速开发专业级 C/S 结构应用系统。能够将 GIS 的功能融入业务应用系统，使业务应用系统具备空间数据采集、入库、显示、编辑、查询、分析、制图输出、三维显示等 GIS 核心功能。其特点主要有：

1）全新的三维组件，支持二三维一体化。

2）支持多种开发语言。

3）开发接口简单易用。

4）粒度适中的组件封装，开发工作灵活简便，保证了系统运行效率。

5）内置海量空间数据库引擎，实现稳定的企业级数据管理。

6）强大的二维交互编辑能力。

7）一体化的地图制图与排版打印。

第二节　嵌 入 式 GIS

一、嵌入式系统概述

嵌入式系统（Embedded System）的含义在于结合微处理器和微控制器的系统电路与其专属的软件，来达到系统操作效率的最高比。在后 PC 时代，家电、玩具、汽车、新一代手机、数码相机、先进的医疗仪器乃至于即将到来的智能型房屋、智能型办公室及其他与电有关的器材设备中，嵌入式系统这个核心技术必不可少。

一般认为嵌入式系统的定义是以应用为中心，以计算机技术为基础，软件硬件可裁剪，适应应用系统对功能、可靠性、成本、体积、功耗严格要求的专用计算机系统。嵌入式系统是先进的计算机技术、半导体技术和电子技术与各个行业的具体应用相结合的产物，是软件和硬件的综合体，这一点就决定了它必然是一个技术密集、资金密集、高度分散、不断创新的知识集成系统。一般由嵌入式微处理器、嵌入式操作系统、嵌入式应用软件及嵌入式外围设备四个部分组成，用于实现对其他设备的控制、管理和监视等功能，见图 6-1。

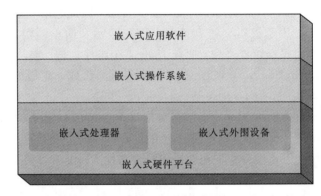

图 6-1　嵌入式系统的通用体系结构

二、嵌入式系统特点

嵌入式系统是面向用户、面向产品、面向应用的，它必须与具体应用相结合才会具有生命力，才更具有优势。因此可以这样理解上述三个面向的含义，即嵌入式系统是与应用紧密结合的，它具有很强的专用性，必须结合实际系统需求进行合理的裁剪利用。

这些年来掀起了嵌入式系统应用热潮的原因主要有几个方面：一方面是芯片技术的发展，使得单个芯片具有更强的处理能力，而且使集成多种接口已经成为可能，众多芯片生产厂商已经将注意力集中在这方面；另一方面的原因就是应用的需要，由于对产品可靠性、成本、更新换代要求的提高，使得嵌入式系统逐渐从纯硬件实现和使用通用计算机实现的应用中脱颖而出，成为近年来令人关注的焦点。

嵌入式系统与通用型计算机系统相比具有以下几个重要特征：

（1）系统内核小。由于嵌入式系统一般是应用于小型电子装置的，系统资源相对有限，所以内核较之传统的操作系统要小得多。

（2）专用性强。嵌入式系统的个性化很强，其中的软件系统和硬件的结合非常紧密，一般要针对硬件进行系统的移植，即使在同一品牌、同一系列的产品中也需要根据系统硬件的变化和增减不断进行修改。同时针对不同的任务，往往需要对系统进行较大更改，程序的编译下载要和系统相结合，这种修改和通用软件的"升级"是完全两个概念。

（3）系统精简。嵌入式系统一般没有系统软件和应用软件的明显区分，不要求其功能设计及实现上过于复杂，这样一方面利于控制系统成本，同时也利于实现系统安全。

（4）高实时性的系统软件（OS）是嵌入式软件的基本要求。而且软件要求固态存储，以提高速度。软件代码要求高质量和高可靠性。

（5）嵌入式软件开发要想走向标准化，就必须使用多任务的操作系统。嵌入式系统的应用程序可以没有操作系统直接在芯片上运行。但是为了合理地调度多任务、利用系统资源、系统函数以及和专家库函数接口，用户必须自行选配 RTOS（Real–Time Operating System）开发平台，这样才能保证程序执行的实时性、可靠性，并减少开发时间，保障软件质量。

（6）嵌入式系统开发需要开发工具和环境。由于其本身不具备自举开发能力，既使设计完成以后用户通常也是不能对其中的程序功能进行修改的，必须有一套开发工具和环境才能进行开发，这些工具和环境一般是基于通用计算机上的软硬件设备以及各种逻辑分析仪、混合信号示波器等。开发时往往有主机和目标机的概念，主机用于程序的开发，目标机作为最后的执行机，开发时需要交替结合进行。

（7）嵌入式系统与具体应用有机结合在一起，升级换代也是同步进行。因此，嵌入式系统产品一旦进入市场，具有较长的生命周期。

（8）为了提高运行速度和系统可靠性，嵌入式系统中的软件一般都固化在存储器芯片中。

三、嵌入式 GIS

嵌入式 GIS 是 GIS 与嵌入式设备相结合的产物，它不仅是传统意义上的 GIS，而是原有的 GIS 领域的分支与延伸、补充与发展。嵌入式 GIS 从一出现就与应用密切相关，从野外测绘到车载导航都是嵌入式 GIS 的应用领域。

作为一个独立的 GIS，嵌入式 GIS 可以满足用户对当前地理位置信息的需求，而且在大多数情况下，嵌入式 GIS 是很多集成系统中必不可少的用户终端部分。由于嵌入式 GIS 功能的可裁剪性和可集成性比较高，嵌入式 GIS 在与其他技术集成后，加上行业特征，就能满足多种行业的应用需要。

由于受到嵌入式 GIS 硬件设备的限制，传统 GIS 软件的某些功能在嵌入式环境下难以实现，如需要大量运算的复杂空间分析功能。嵌入式设备的优点是小巧灵活、便携性好。这也决定了它的运算速度和存储能力远远不及桌面型计算机。常用的嵌入式操作系统有：微软公司的 Windows CE、3COM 公司的 Palm OS、Symbian 公司的 EPOC 和嵌入式 Linux 操作系统等。

嵌入式 GIS 是新一代地理信息技术发展的代表方向之一，作为一个新兴边缘领域，嵌入式 GIS 的研究和发展主要依赖以下技术的发展和更新。

（1）嵌入式技术。嵌入式 GIS 要求硬件平台支持较大存储能力和较强计算能力，满足空间数据存储和复杂计算的需求。由于嵌入式的操作系统以及硬件平台多种多样，嵌入式 GIS 应能在多硬件平台、多操作系统上运行、开发。

（2）GIS 技术。GIS 是采集、存储、管理、分析和描述空间信息的计算机系统。其主要涉及对现实世界的地理建模技术、空间数据的采集技术、空间数据的管理技术、空间数据的分析和显示技术。当前，随着 GPS、全站仪、遥感技术的发展，空间数据的采集已获得飞速发展。GIS 数据模型的研究以及数据库技术的发展也使得空间数据的管理变得方便快捷。计算机图形学的发展更加强了 GIS 中图形的显示和处理能力。

（3）GPS 技术。嵌入式 GIS 如果没有 GPS 支持，移动环境下的 GIS 就没有多少使用价值。由 GPS 接收机获取的空间坐标，如果没有数字地图或电子地图的配合，用户也无从知道自己的相关位置或决定自己的去向。所以嵌入式 GIS 往往把定位位置、数字地图和相关的地理信息有机结合起来，才能向用户提供完美的移动地理信息服务。

（4）移动互联技术。移动终端的计算和存储能力是有限的，移动环境所需要的空间信息的范围是大区域的。利用移动通信技术解决有限的移动终端的计算资源和移动环境对大区域地理空间的需求之间的矛盾，在移动终端和地理数据服务器之间架一个桥梁，根据终端移动位置服务器实时传输地理信息。

第三节　网　格　GIS

网格 GIS 是 GIS 与网格技术的有机结合，是 GIS 在网格环境下的一种应用，它将具有地理分布和系统异构的各种计算机、空间数据服务器、大型检索存储系统、GIS、虚拟现实系统等资源，通过高速互联网络连接并集成起来，形成对用户透明的虚拟的空间信息资源的超级处理环境。

一、网格 GIS 的特点

网格计算实现了网格上各节点在一定规则下的数据、资源、应用、计算共享，这一点对于开发大型 GIS 项目尤为重要，并能提升或改变整个 GIS 应用系统的规划部署、运行和管理机制。

网格 GIS 的特点表现为以下几个方面：

（1）网格 GIS 的核心是解决广域环境下各种空间信息处理资源的共享和协同工作。其中，空间资源包括空间数据、空间信息、空间知识和空间服务等。共享是空间资源在网格环境下的共享，协作是空间服务之间的协作。

（2）网格 GIS 可以很好地解决异构系统之间的互操作问题。在由空间数据库、属性数据库、元数据库、GIS 软件组成的网格系统中，当用户提出某个应用请求时，网格系统自动把任务分解，然后路由（Routing）到特定的数据库提取特定数据，并把它传输到特定的 GIS 软件，处理结果以一致的用户界面方式呈现在用户面前。数据访问和数据处理是透明的，即用户不必知道处理过程中采用的是哪种 GIS 软件、地理数据来自哪个数据库等，这样可以使用户专注于领域问题的解决，真正实现把整个因特网整合成一台巨大的超级 GIS 服务器。

（3）网格 GIS 处理的数据是空间数据，这是网格 GIS 与一般网格的根本区别。空间数据的特征要求网格 GIS 尽可能整合分布式存储资源和计算资源为一个虚拟统一系统环境，并提供元数据管理工具和基于空间信息资源的数据访问服务等。网格 GIS 应具有在大量用户同时通过网格对其存储的空间信息进行访问时快速响应的能力。

二、网格 GIS 关键技术

（一）网格和网格计算

网格计算被誉为继 Internet 和 Web 之后的"第三个信息技术浪潮"，有望提供下一代分布式应用和服务，对研究和信息系统发展有着深远的影响。网格将分布在不同地理位置的计算资源通过高速的互联网组成充分共享的资源集成，从而提供一种高性能计算、管理及服务的资源能力。传统因特网实现了计算机硬件的连通，Web GIS 实现了网页的连通，网格则试图实现互联网上的所有资源的全面连通，包括计算资源、存储资源、通信资源、软件资源、信息资源、知识资源等。网格技术研究工作可以分为 3 个层次，即计算网格（Computing Grid）、数据（信息）网格（Data Grid）、知识网格（Knowledge Grid）

计算网格是网格的系统层，它为应用层（信息网格、知识网格等）提供系统基础设施，在网格技术中起着基础的作用。地理上广泛分布的空间数据，对其处理往往是计算复杂、计算量大，许多数据分析处理要求千亿次或万亿次规模的计算能力。而现有的空间数据管理体系结构、方法和技术已经不能满足人们对高性能、大容量分布存储和分布处理能力的要求。因此，在计算网格的基础上人们提出了数据网格（Data Gird）的构想，以解决上述应用所面临的问题。在数据网格计算中，资源是分布的，资源及其提供者也是分布的，这些资源包括数据、计算机、设备、网络、外设、软件、服务、代码、人员等。数据网格应用元数据管理和信息服务实现信息和资源的共享。在知识网格中，每个网格节点是一组织良好、管理完善的知识资源，在 GIS 中对已有知识的运用能够提供用户智能处理方面的功能，因此知识网格的建立是网格计算在 GIS 中应用的更高层次。

（二）中间件技术

中间件（Middleware）技术作为存在于系统软件与上层应用之间的一个特殊层次，是未来网格计算的核心。它抽象了各种传统的典型应用模式，从而使应用软件制造者可以独立于中层常规应用与低层系统功能实现，而更多地将思路集中在具体的业务逻辑实现中，并基于标准化的形式进行开发，这样就使软件构件化的推广与应用成为可能。随着一些相关工业标准的推出，中间件软件设计模式必将成为可复用软件构件的运行框架，并进一步推动构件应用进程。

1. 中间件特性

中间件一般是指运行在客户机或服务器系统上的一种独立的系统软件或服务程序，是一种新型的软件设计模式。在实际应用中，它可以实现多种功能，比如提供远程进程管理、空间信息资源分配、信息存储与访问、系统安全登录和认证、系统安全或服务质量监测等。

中间件是一类软件，而非某一种软件。在网格环境中，中间件不仅可以实现各种应用程序间的简单互连，也可以实现它们之间各种更复杂的互操作。目前，在基于分布式环境的各种应用中，中间件的引入主要是为了解决网络通信方面的功能问题。其中，中间件的位置一般处于应用层和网络层之间，它通过实现相应层次的功能并将其进行透明封装，使相应的应用层软件可以独立于低层实现机制（如计算机硬件和操作系统平台）而单独进行开发，并实现不同平台间相同层次应用的跨平台操作。在已有的实际应用中，很多大型企业级分布式应用标准平台的建立都利用了中间件技术，通过各种中间件将大型企业分散的现有子系统进行组合，从而增强这个系统集成的简单性和强健性。中间件的基本概念如图 6-2 所示。

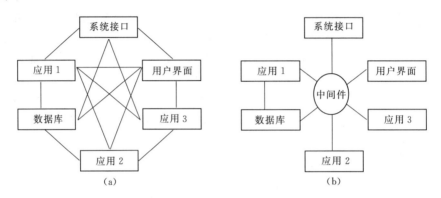

图 6-2 中间件的基本概念

（a）非中间件的软件结构；（b）基于中间件的软件结构

2. 中间件的种类

在基于分布式的网格环境中，中间件可以被分为 4 种类型，基于 RPC（Remote Procedure Calls）的中间件、面向消息的中间件、基于对象请求代理的中间件和数据库中间件。

1）基于 RPC（Remote Procedure Calls）的中间件是一种对传统程序设计语言过程调用的扩展，被调用的对象可以存在于分布式系统的任何物理平台上。

2）面向消息的中间件支持基于消息传递的进程间通信方式，这类中间件既适用于客户/服务器模型，也适用于对等网模型，一般比基于 RPC 形式的中间件具有更高的运行效率。

3）基于对象请求代理（Obecjt Request Brokers，ORB）的中间件是面向对象应用程序的首选，消息可通过 ORB 进行路由选择，ORB 同时处理集成和安全方面的问题。

4）数据库中间件可以支持对异构的传统关系数据库的透明访问。

在 GIS 领域中，统一并制定网格 GIS 中间件的各种标准并进行规范化的开发，将会彻底改变传统 GIS 系统的体系结构和应用模式，使基于网络环境下的空间数据处理和跨平台计算、多用户空间数据同步处理、异构系统间的互操作以及多级分布式系统协同工作等功能的实现成为可能，并将使 GIS 从传统的提供具体 GIS 软件转变为根据需求提供具体的 GIS 功能服务，从而在进一步推动空间信息资源共享的基础上，满足日益增长的多层次、多样化空间信息应用的需求。

3. 中间件的作用

中间件是 GIS 平台与空间数据库之间的转换层，通过中间件的作用，将不同的操作系统平台和数据库平台的差异屏蔽在中间件之后，将面向空间数据管理及应用所需的技术高度专业化地实现出来，供不同的客户端高效地共享和互操作。

由此可以看出，网格中间件的作用是：①基于软件构件化原理，在 GIS 项目开发过程中，特别是大型软件开发中，通过引进网格中间件，减轻软件系统的"重量级"，符合软件构件化原理，同时也使软件向模块化方向发展，从根本上提高软件的效率和质量；②基于软件可重用原理，从 GIS 的发展史可以看出，随着其结构与功能复杂性的不断增加，传统的整体化结构与集中式软件设计和运行方式已越来越显示出其自身固有的局限性，基于中间件技术的软件体系可以将部分中间件用于其他程序块，同时也利于程序员的开发；③基于跨平台原理，中间件具有多种模式、多种体系结构和多种软件技术，开发中间件与平台无关，方便了代码的移植和重用；④基于软件体系原理，传统的 Client/Server 体系在以往的系统设计中曾发挥很大的作用，但在给系统带来灵活性的同时，也逐渐暴露出其客户端和服务器端负担过重的缺陷，而在 Client/Middleware/Server 体系中，由于中间件的存在，可以大大减轻客户端和服务器端的负担，增强了系统的强健性。

（三）地理标志语言 GML

在网格 GIS 中，各个中间件以及中间件和 GlS 用户之间的信息交互是通过地理标志语言 GML（Geography Markup Language）来进行的。GML，是基于 XML 在地理应用领域的扩展，它可以用于存储和传输空间地理特征的属性信息和几何信息。它在网络空间 GIS 应用领域的地位如一个深层驱动机。它能将 GIS 的数据核心——地理特征采用 XML 的文本方式进行描述，并能对网络地理信息系统的各功能部件之间的空间信息的传输、通信提供强有力的技术支撑。其作用主要表现在：①GML 用于在互联网间资源的共享和交换的地理信息编码；② GML 用于地理信息词汇表达方式；③GML 用于基于 Web 的地理信息服务的通信组件。

通过 GML 将网格 GIS 用户和网格上的资源联系起来，可以说 GML 是网格 GIS 信息交互的血液。GML 在网格 GIS 中的应用是决定网格 GIS 是否成功的关键技术。

（四）Web Service

Web Service 是建立可互操作的分布式应用程序的新平台，即在进行网络间通信时，Web Service 通过向外界提供 API 来完成网络间的各种操作。Web Service 平台是一套标准，它定义了应用程序如何在 Web 上实现互操作。一个 Web Service 就是一个可以被 URL 识别的软件应用，其接口和绑定可以被 XML 描述和发现，并可以通过基于 Internet 的协议直接支持与其他基于 XML 消息的软件应用的交互。Web Service 是构造开放的分布式系统的基础模块，它们允许所有的企业和个人快速、廉价建立和部署全球性的应用。

Web Service 服务符合网格计算中应用要求的平台无关性、位置无关性、简单易用性，且为其提高安全性提供了底层保证，Web Service 技术是解决网格计算问题的最好途径。Web Service 在 W3C 中由三个工作组和一个协调组组成，这三个工作组分别是：Web Service 结构工作组、XML 协议工作组和 Web Service 描述工作组。Web Service 标准正在 W3C 内部以及其他的标准体内部被定义，他们形成了新的主要工业提议的基础，比如 Microsoft 的 NET、IBM 的 Dynamic eBusiness、Sun 的 SunOne 等。

（五）分布式计算技术

GIS 的发展经历了单机、网络处理方式的演变，目前，多层体系结构 GIS 成为领域的主导技术方向，以分布式处理为主要特征的 GIS 组件是构建多层体系 GIS 业务逻辑层的核心。在 GIS 功能组件的构建过程中，分布式计算技术提供了低层的技术支撑。

分布计算技术源于 20 世纪 70 年代，早期的研究主要集中于分布式操作系统，其后随着分布计算环境的开发和应用的发展转向分布式计算平台。进入 20 世纪 80 年代以来，随着面向对象理论的日渐成熟和面向对象技术的迅速发展，尤其是采用面向对象模型设计和开发的大型软件系统的成功应用，人们对面向对象技术逐渐由争论和观望发展到承认和应用。

由于分布式对象拥有足够的信息和处理能力，它知道如何与其他对象进行交互来完成既定的功能，所以一个完整的分布式系统由相互协作的多个分布式，对象构成，每一个对象完成一部分既定的子功能，对象之间通过发送消息来进行通信。为了完成某项功能，它可以跨越单机和网络在整个系统中迁移，而且该过程对用户和应用透明。

随着网络技术的发展，分布计算成为影响当今计算机技术发展的关键技术力量。所谓分布式计算，是指借助计算机网络将分布在不同地点的计算实体进程、对象或构件等组织在一起，进行信息处理的一种方式。分布式计算的理想目标就是要实现分散对等的协同计算，这也是网络技术发展的最理想目标。

三、网格 GIS 架构

网格 GIS 架构是指网格 GIS 的运行体系，在网格系统中，其架构体系决定了整个网格的运行稳定性与可扩展性。网格架构定义了网格内及网格结点间的各种协议及 API，用以指导网格系统及相应应用程序间的操作。

图 6-3 列出了网格 GIS 运行体系的架构，整个系统由五层组成，层与层之间有着明显的层次关系，而每一层内的各单元也可能存在一定的顺序关系。从底层向上分别是基础层、资源层、控制层、实现层及应用层组成。基础层包括网络基础结构，同时需在此层规定适合网格 GIS 体系的特定协议，资源层指当前系统可用的各种资源，包括本地资源及异地已注册可利用资源；控制层是整个系统的核心，它指导着系统正确地运行；实现层是系统的具体的实现部分，由各种中间件来协助完成，各中间件通过可扩展的特定接口与系统连接，最上层是应用层，由具体的用户应用界面组成。

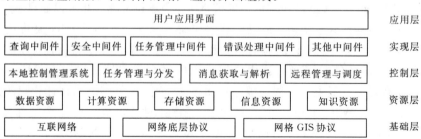

图 6-3 网格 GIS 体系架构

在整个系统的设计与实现过程中，应始终保证系统的平台无关性、位置无关性、安全性、易用性与稳健性。

第四节 云 GIS

一、云 GIS 概述

云 GIS 是基于云计算的理论、方法和技术，扩展 GIS 的基本功能，从而进一步改进传统 GIS 的结构体系，以实现海量空间数据的高性能存取与处理操作，使其更好地提供高效的计算能力和数据处理能力，解决地理信息科学领域中计算密集型和数据密集型的各种问题。其实质是将 GIS 的平台、软件和地理空间信息能够方便、高效地部署到以云计算为支撑的"云"基础设施之上，能够以弹性的、按需获取的方式提供最广泛的基于 Web 的服务。

在云 GIS 研究与应用方面，作为先驱的 ESRI 公司是全球第一家真正支持云架构 GIS 平台的厂商，通过与 Amazon EC2 合作，向世界各地的单位与个人提供 ArcGIS Server 服务，使广大用户能够在几分钟内部署关键的 GIS 服务器和空间数据，减少了 GIS 资源的部署和管理，为用户节省了大量的时间和费用。在我国以超图公司为代表的 GIS 公司也在开展类似的探索，其开发的 SuperMapi Server 是一个面向 SOA 架构的全功能 GIS 服务平台，支持虚拟化、服务集群、服务聚合等云 GIS 核心功能。SuperMapi Server 成功上市不仅标志着我国云 GIS 平台开发上的重大突破，同时也揭开了中国地理信息产业进入"云 GIS"时代的序幕。此外，还许多的其他科研机构和厂商也在空间数据存储、弹性负载均衡、云安全等涉及云 GIS 平台构建的多个方面进行了探索与尝试。由此可见，云计算所引发的 GIS 平台软件变化是很大的。然而，云 GIS 必须贯穿数据、软件、开发与应用等多个层面，用户才能真正随时获取所需的 GIS 资源，实现地理空间和非空间信息的全面整合，真正使得 GIS 无处不在。

二、云 GIS 关键技术

1. 虚拟化技术

虚拟化技术以前在计算机体系结构、操作系统、编译器和编程语言等领域得到了广泛应用，虚拟化技术实现了资源的逻辑抽象和统一，表示它从逻辑上对资源进行重新组织，从而使资源能实现共享。虚拟化技术在服务器、网络及存储管理等方面发挥了巨大的作用，大大降低了管理复杂度提高了资源利用率，提高了运营效率，从而有效地控制了成本。同时在大规模数据中心管理、基于 Internet 等解决方案交付运营方面也有着巨大的价值，不过虚拟化技术虽然可以有效地简化数据中心管理，但仍然不能消除企业为了使用 IT 系统而进行的数据中心构建、硬件采购、软件安装、系统维护等环节，与云计算的结合使得两者相得益彰。云计算借助虚拟化技术的伸缩性和灵活性，提高了资源利用率，简化了资源和服务的管理和维护，而在大规模数据中心管理和解决方案交付方面因云存储使得数据更加安全。

2. 海量空间数据云存储技术

云 GIS 平台需要解决的一个核心问题就是如何进行海量空间数据的存储与处理，可以通过与云计算相关的网格技术、计算集群以及分布式文件存储等相关技术来实现，可以通过这些技术来改进调度机制，科学的集合网络中不同类型的存储设备，使它们可以协同工作，共同完成数据的高效率存储和处理。

云 GIS 平台海量数据处理的核心是网络中的存储设备与云端管理软件的结合，是云 GIS 平台构建的一个以数据存储和管理为核心的基础系统，可以将数据的存储与管理由原来的物理存储设备转变为相应的网络存储服务。

3. GIS 资源监控

云 GIS 平台一个重要的功能就是大量资源的在线动态提供，需要保证这些资源的准确性和实时性。这就要求云 GIS 平台具有资源监控的功能，监控各资监控信息提交给云端管理平台，为平台更好地分配与调度资源提供依据。从技术实现的角度看，可以在云 GIS 平台的每个服务计算节点上部署 Agent 代理监控程序，通过该监控程序来获取各资源的具体状态信息，然后将这些信息传到相应的数据库中进行统计和分析。

4. 空间数据云存储技术

云 GIS 平台中需要进行海量空间数据的处理，如何将这些海量数据进行快速存取，就是云存储技术需要解决的核心问题。

云存储是指通过计算集群、网格技术或分布式文件存储等技术，将网络中大量不同类型的存储设备通过科学的调度机制集合起来，进行协同工作，共同对外提供数据存储和访问功能的一种云服务。云存储的核心是云端管理软件与不同的存储设备相结合，通过云端管理软件来实现向存储设备到向存储服务的转变，可以将其视为一个以数据存储和管理为核心的基础系统。

5. 云安全

传统的 GIS 平台拥有自己的服务器和存储设备，其运行过程中的安全性相对比较容易控制；而在云 GIS 平台中，各种软硬件资源及空间地理数据等存储在云环境中，就会引发很多的安全问题，所以在云环境下需要做特别的设置，主要包含两个方面：一是对云 GIS 平台自身安全的设置，需要注意病毒的防护和高服务请求的处理，以及容错的处理方法和手段，在病毒和高资源消耗等异常情况出现时，系统依然能够稳定而安全地运行；二是要保证云 GIS 平台中的各应用运行时的安全性，保证数据可以被正确存储且不被黑客非法获取。

在技术上以软件定义安全为核心，结合安全服务链技术，将安全服务化，可以根据业务的安全策略需求，自定义安全访问路径，将传统的围防式安全变为塔防式安全，以适应云计算环境下的安全边界模糊、多租户安全策略冲突等问题。

6. 负载均衡

云 GIS 环境是一个较为复杂的系统环境，需要根据 GIS 用户需要，及时在线提供不同的云端地理信息服务。在处理相关 GIS 服务请求时，其服务类型与服务运行计算节点供给都将是一个动态、随机的变化过程，如何高效地管理与协调这些计算节点的处理能力，就是云端负载技术应该考虑的问题。

在云 GIS 平台中需要实现大量 GIS 资源协同工作，云端资源涉及空间地理数据、基础计算设施、GIS 基础软件和业务应用等多个层面，因此，资源调度问题会变得越来越重要。负载均衡是实现多个云 GIS 服务计算节点协同工作和并行处理的重要手段，可以极大地提高服务计算节点的性能，科学地调度计算、存储网络资源。负载均衡通过相关管理软件实时分析计算节点的运行数据，获取集群中各计算节点的当前负载及数据流量状况，监测各节点的健康状态，在运用不同的调度算法，把来自众多用户的请求任务动态地、合理地分配到各个计算节点，确保 GIS 正常稳定地运行。

第五节　WebGIS

一、WebGIS 概述

WebGIS 是在 Internet 或 Intranet 网络环境下的一种兼容、存储、处理、分析和显示与应用地理信息的计算机系统。它是 Internet 技术、Web 技术和传统的 GIS 技术相结合的产物，其基本出发点就是利用互联网发布地理信息，让客户浏览器浏览和获取 GIS 中的数据和功能服务。

二、WebGIS 的特点

借助于网络技术，独立主机结构的 GIS 发展为分布式体系结构的 WebGIS。它通过高速互联网把分布在不同地理位置的计算机、存储设备、路由设备、输入输出设备等连接起来形成能够处理 GIS 数据、实现 GIS 功能的分布式结构，并将各种负载均衡地分散到众多设备上，使系统整体性能更佳。WebGIS 具有如下特点：

（1）更简单的操作，更低的开发管理成本。WebGIS 利用浏览器进行地理信息发布，从而使客户不必专业培训，更不需要购买昂贵的专业 GIS 平台，不用关心空间数据库的维护就可以直接通过 Web 浏览器获取所需的数据，进行各种地理信息的分析。

（2）更广泛的访问范围。全球范围内任意一个 Web 站点的 GIS 用户都能获得 WebGIS 服务器提供的服务，并且 WebGIS 实现了客户可同时访问不同服务器上的最新数据，从而真正地实现了 GIS 的大众化。

（3）高效的平衡计算负载。WebGIS 系统能充分利用网络资源，将基础性、全局性的处理交由服务器执行，而对数据量较小的简单操作则由客户端直接完成。这种计算模式能灵活高效地寻求计算负荷和网络流量负载在服务器端和客户端的合理分配方案。

（4）平台的独立性。无论客户机与服务器是何种机器，操作系统如何，或者服务器端使用何种 WebGIS 软件，由于使用了通用的 Web 浏览器，用户都可透明访问 WebGIS 数据库，在本机或某个服务器上进行分布式部件的动态组合和空间数据的协同处理与分析，实现远程异构数据的共享。

（5）良好的可扩展性。开放的、非专用的 Internet 技术标准为 WebGIS 进一步扩展提供了极大的空间，并为 WebGIS 与其他信息服务进行无缝集成提供了最好的平台，从而使 WebGIS 的功能更丰富。

三、WebGIS 的关键技术

1. 通信技术

通信技术是传递信息的技术，因而通信系统是建立网络 GIS 必不可少的信息基础设施，它的发展把 GIS 从有线领域发展到了无线领域（彭前春，2009）。这主要涉及空间数据的压缩与解压缩，对于 GIS 管理的海量数据，数据的传输与存储是它的关键之一，影像在 Internet 上以各种比例尺任意漫游对它提出了更高的要求，有许多前人提出了相关的解决方法，如小波理论。这同时也涉及数据的安全，避免数据在传输的过程中泄漏或被更改，数据对于 GIS 的重要性犹如心脏对于人类。数据的安全机制也需要建立很好的体系来完善。

2. 数据库技术

地理空间数据具有分布性及海量化等特征，因此对海量、分布的地理空间数据进行高效地存储与管理是网络 GIS 迈向成功的关键（彭前春，2009）。现在主流的商用数据库管理软件大多采用对象-关系数据库或面向对象数据库进行海量空间数据的存储与管理，这种模式能利用对象来支持复杂的数据模型和数据结构，满足现实世界建模的要求，还能支持分布式计算和大型对象存储，更好地实现数据的完整性，充分利用商业数据库管理系统在海量数据管理、并发控制、事务处理及数据安全性等方面的优势，增强 GIS 的数据管理能力，为网络 GIS 的广泛应用提供了高效的、安全的空间数据管理机制。

3. 高效的计算技术

对于海量空间数据的高效处理要求，网络 GIS 中的空间数据处理、分析存储和检索等功能都需要运算能力强、响应速度快、存储容量大、性能稳定可靠的服务器设备。而计算机集群或并行计算机可以解决单个 CPU 的处理速率的上限瓶颈问题。网络 GIS 是一个任务分布处理系统，可以充分利用网络资源采用分布协调计算来完成复杂、计算量大的地理空间计算任务。

四、WebGIS 应用

WebGIS 使 GIS 由专业人员使用的系统转变为公众信息系统，用户不一定要有专业的知识，通过通用浏览器即可执行数据分析、地图浏览、信息查询等操作，使 GIS 数据更广泛地为大众服务，实现了 GIS 产业的社会化。其应用领域主要包括：

（1）传统 GIS 应用领域。WebGIS 改善了传统 GIS 在数据共享、数据更新等方面的不足，进一步拓展了传统 GIS 的应用范围，增强了 GIS 的适用性。

（2）辅助决策应用领域。WebGIS 可以用来构建跨地区跨部门的地理信息服务网络，将政府制定城市规划政策和方案所依据的各类相关信息数据联系起来，建立起一个完善的系统，改变了过去数据分布在不同部门，分散存储无法相互利用的局面，消灭了信息孤岛现象，从而为政府部门提供综合信息分析和综合管理支持，辅助政府科学决策。

（3）大众服务领域。WebGIS 可为一般网络用户提供各种与空间信息有关的服务，如提供网络电子地图，根据用户请求，运用 WebGIS 空间分析功能，为用户提供定位、寻址、路径选择等多方面服务。

第六节 3S 集 成 技 术

全球定位系统（Global Positioning System，GPS）、遥感（Remote Sensing，RS）和地理信息系统（Geographic Information System，GIS）是目前对地观测系统中空间信息获取、存储管理、更新、分析和应用的3大支撑技术（简称"3S"），是现代社会持续发展、资源合理规划利用、城乡规划与管理、自然灾害动态监测与防治等的重要技术手段，也是地学研究走向定量化的科学方法之一。

一、GPS 简介

全球定位系统是以卫星为基础的无线电测时定位、导航系统，由分布在与赤道面夹角为55°的6个轨道上的24颗工作卫星和3颗备用卫星组成，可为航天、航空、陆地、海洋等方面的用户提供不同精度的在线或离线的空间定位数据。

20世纪70年代初期，美国国防部为满足其军事部门海陆空高精度导航、定位和定时的需求而建立了GPS。20世纪80年代以来尤其20世纪90年代以来，GPS卫星定位和导航技术与现代通信技术相结合，在空间定位技术方面引起了革命性的变革。用GPS同时测定三维坐标的方法将测绘定位技术从陆地和近海扩展到整个海洋和外层空间，从静态扩展到动态，从事后处理扩展到实时（准实时）定位和导航，从而大大拓宽了它的应用范围和在各行各业中的作用。

GPS系统包括3大部分：空间部分——GPS卫星星座，地面控制部分——地面监控系统；用户设备部分——GPS信号接收机。

1. GPS卫星及其星座

GPS由21颗工作卫星和3颗备用卫星组成，它们均匀分布在六个相互夹角为60°的轨道平面内，即每个轨道上有4颗卫星。卫星高度离地面约20200km，绕地球运行一周的时间是12恒星时，即一天绕地球两周。GPS卫星用L波段两种频率的无线电波（1575.42MHz和1227.6MHz）向用户发射导航定位信号，同时接收地面发送的导航电文以及调度命令。

2. 地面控制系统

对于导航定位而言，GPS卫星是一动态已知点，而卫星的位置是依据卫星发射的星历——描述卫星运动及其轨道的参数计算得到的。每颗GPS卫星播发的星历是由地面监控系统提供的，同时卫星设备的工作监测以及卫星轨道的控制，都由地面控制系统完成。

GPS卫星的地面控制站系统包括位于美国科罗拉多的主控站以及分布全球的三个注入站和五个监测站组成，实现对GPS卫星运行的监控。

3. GPS信号接收机

GPS信号接收机的任务是，捕获GPS卫星发射的信号，并进行处理，根据信号到达接收机的时间，确定接收机到卫星的距离。如果计算出4颗或者更多卫星到接收机的距离，再参照卫星的位置，就可以确定出接收机在三维空间中的位置。

二、遥感简介

遥感是一种远距离不直接接触物体而取得其信息的探测技术。即指从远距离高空以及外层空间的各种平台上利用可见光、红外、微波等电磁波探测仪器，通过摄影和扫描、信息感应、传输和处理，从而研究地面物体的形状、大小、位置及其环境的相互关系与变化的现代综合性技术。

作为一个术语，遥感出现于 1962 年，而遥感技术在世界范围内迅速的发展和广泛的使用，是在 1972 年美国第一颗地球资源技术卫星（LANDSAT - 1）成功发射并获取了大量的卫星图像之后。近年来，随着 GIS 技术的发展，遥感技术与之紧密结合，发展更加迅猛。

遥感技术的基础，是通过观测电磁波，从而判读和分析地表的目标以及现象，其中利用了地物的电磁波特性，即"一切物体，由于其种类及环境条件不同，因而具有反射或辐射不同波长电磁波的特性"，所以遥感也可以说是一种利用物体反射或辐射电磁波的固有特性，通过观测电磁波，识别物体以及物体存在环境条件的技术。

1. 遥感技术主要特点

（1）可获得大范围数据资料。遥感用航摄飞机飞行高度为 10km 左右，陆地卫星的卫星轨道高度达 910km 左右，从而可及时获得大范围的信息。

（2）获得信息的速度快，周期短。由于卫星围绕地球运转，从而能及时获得所经地区的各种自然现象的最新资料，以便更新原有资料，或根据新旧资料变化进行动态监测，这是人工实地丈量和航空摄影丈量没法比拟的。

（3）获得信息受条件限制少。在地球上有很多地方，自然条件极其恶劣，人类难以到达，如沙漠、沼泽、高山峻岭等。采取不受地面条件限制的遥感技术，特别是航天遥感可方便及时地获得各种宝贵资料。

（4）获得信息的手段多，信息量大。根据不同的任务，遥感技术可选用不同波段和遥感仪器来获得信息。例如可采取可见光探测物体，也可采取紫外线，红外线和微波探测物体。利用不同波段对物体不同的穿透性，还可获得地物内部信息。例如，地面深层、水的下层，冰层下的水体，沙漠下面的地物特性等，微波波段还可以全天候的工作。

2. 遥感系统的组成

遥感是一门对地观测综合性技术，它的实现既需要一整套的技术设备，又需要多种学科的参与和配合。根据遥感的定义，遥感系统主要由以下 4 大部分组成：

（1）遥感信息源。信息源是遥感需要对其进行探测的目标物。任何目标物都具有反射、吸收、透射及辐射电磁波的特性，当目标物与电磁波产生相互作用时会构成目标物的电磁波特性，这就为遥感探测提供了获得信息的根据。

（2）遥感信息获取。信息获取是指应用遥感技术设备接受、记录目标物电磁波特性的探测进程。信息获取所采取的遥感技术设备主要包括遥感平台和传感器。其中遥感平台是用来搭载传感器的运载工具，经常使用的有气球、飞机和人造卫星等；传感器是用来探测目标物电磁波特性的仪器装备，经常使用的有照相机、扫描仪和成像雷达等。

（3）信息处理。信息处理是指应用光学仪器和计算机装备对所获得的遥感信息进行校订、分析和解译处理的技术进程。信息处理的作用是通过对遥感信息的校订、分析和解译处理，掌握或清除遥感原始信息的误差，梳理、归纳出被探测目标物的影像特点，然后根据特点从遥感信息中辨认并提取所需的有用信息。

（4）信息利用。信息利用是指专业人员按不同的目的将遥感信息利用于各业务领域的使用进程。信息利用的基本方法是将遥感信息作为 GIS 的数据源，供人们对其进行查询、统计和分析利用。遥感的利用领域十分广泛，最主要的利用有军事、地质矿产勘探、自然资源调查、地图测绘、环境监测和城市建设和管理等。

三、GIS 与遥感的集成及具体技术

GIS 是用于分析和显示空间数据的系统，而遥感影像是空间数据的一种形式，类似于 GIS 中的栅格数据。因而，很容易在数据层次上实现地理信息系统与遥感的集成，但是实际上，遥感图像的处理和 GIS 中栅格数据的分析具有较大的差异，遥感图像处理的目的是为了提取各种专题信息。目前大多数 GIS 软件也没有提供完善的遥感数据处理功能，而遥感图像处理软件又不能很好地处理 GIS 数据，这需要实现集成的 GIS。

GIS 与遥感的集成的具体技术包括以下两个方面。

（一）GIS 作为图像处理工具

将 GIS 作为遥感图像的处理工具，可以在以下几个方面增强标准的图像处理功能。

1. 几何纠正和辐射纠正

在遥感图像的实际应用中，需要首先将其转换到某个地理坐标系下，即进行几何纠正。通常几何纠正的方法是利用采集地面控制点建立多项式拟合公式，它们可以从 GIS 的矢量数据库中抽取出来，然后确定每个点在图像上对应的坐标，并建立纠正公式。在纠正完成后，可以将矢量点叠加在图像上，以判断纠正的效果。为了完成上述功能，需要系统能够综合处理栅格和矢量数据。

2. 图像分类

对于遥感图像分类，与 GIS 集成最明显的好处是训练区的选择，通过矢量/栅格的综合查询，可以计算多边形区域的图像统计特征，评判分类效果，进而改善分类方法。

此外，在图像分类中，可以将矢量数据栅格化，并作为"遥感影像"参与分类，可以提高分类精度，例如，考虑到植被的垂直分带特性，在进行山区的植被分类时，可以结合 DEM，将其作为一个分类变量。

（二）遥感数据作为 GIS 的信息来源

数据是 GIS 中最为重要的成分，而遥感提供了廉价的、准确的、实时的数据，目前如何从遥感数据中自动获取地理信息依然是一个重要的研究课题，包括地物要素的提取、DEM 数据的生成和土地利用变化以及地图更新等。

四、GIS 与 GPS 的集成及具体技术

作为实时提供空间定位数据的技术，GPS 可以与 GIS 进行集成，以实现不同的具体应用目标。

1. 定位

主要在诸如旅游、探险等需要室外动态定位信息的活动中使用。如果不与 GIS 集成，利用 GPS 接收机和纸质地形图，也可以实现空间定位；但是通过将 GPS 接收机连接在安装 GIS 软件和该地区空间数据的便携式计算机上，可以方便地显示 GPS 接收机所在位置并实时显示其运动轨迹，进而可以利用 GIS 提供的空间检索功能，得到定位点周围的信息，从而实现决策支持。

2. 测量

主要应用于土地管理、城市规划等领域，利用 GPS 和 GIS 的集成，可以测量区域的面积或者路径的长度。该过程类似于利用数字化仪进行数据录入，需要跟踪多边形边界或路径，采集抽样后的顶点坐标，并将坐标数据通过 GIS 记录，然后计算相关的面积或长度数据。

在进行 GPS 测量时，要注意以下一些问题，首先，要确定 GPS 的定位精度是否满足测量的精度要求，如对宅基地的测量，精度需要达到厘米级，而要在野外测量一个较大区域的面积，米级甚至几十米级的精度就可以满足要求；其次，对不规则区域或者路径的测量，需要确定采样原则，采样点选取的不同，会影响到最后的测量结果。

3. 监控导航

用于车辆、船只的动态监控，在接收到车辆、船只发回的位置数据后，监控中心可以确定车船的运行轨迹，进而利用 GIS 空间分析工具，判断其运行是否正常，如是否偏离预定的路线，速度是否异常（静止）等，在出现异常时，监控中心可以提出相应的处理措施，其中包括向车船发布导航指令。

五、3S 集成综述

3S 技术为科学研究、政府管理、社会生产提供了新一代的观测手段、描述语言和思维工具。3S 的结合应用，取长补短，是一个自然的发展趋势，三者之间的相互作用形成了"一个大脑，两只眼睛"的框架，即 RS 和 GPS 向 GIS 提供或更新区域信息以及空间定位，GIS 进行相应的空间分析，以从 RS 和 GPS 提供的浩如烟海的数据中提取有用信息，并进行综合集成，使之成为决策的科学依据。

GIS、RS 和 GPS 三者集成利用，构成为整体的、实时的和动态的对地观测、分析和应用的运行系统，提高了 GIS 的应用效率。在实际的应用中，较为常见的是 3S 两两之间的集成，如 GIS/RS 集成，GIS/GPS 集成或者 RS/GPS 集成等，但是同时集成并使用 3S 技术的应用实例则较少。美国 Ohio 大学与公路管理部门合作研制的测绘车是一个典型的 3S 集成应用，它将 GPS 接收机结合一台立体视觉系统载于车上，在公路上行驶以取得公路以及两旁的环境数据并立即自动整理存储于 GIS 数据库中。测绘车上安装的立体视觉系统包括有两个 CCD 摄像机，在行进时，每秒曝光一次，获取并存储一对影像，并作实时自动处理。

RS、GIS、GPS 集成的方式可以在不同的技术水平上实现，最简单的办法是三种系统分开而由用户综合使用，进一步是三者有共同的界面，做到表面上无缝的集成，数据传输则在内部通过特征码相结合，最好的办法是整体的集成，成为统一的系统。

单纯从软件实现的角度来看，开发 3S 集成的系统在技术上并没有多大的障碍。目前一般工具软件的实现技术方案是：通过支持栅格数据类型及相关的处理分析操作以实现与遥感的集成，而通过增加一个动态矢量图层以与 GPS 集成。对于 3S 集成技术而言，最重要的是在应用中综合使用遥感以及全球定位系统，利用其实时、准确获取数据的能力，降低应用成本或者实现一些新的应用。

　　3S 集成技术的发展，形成了综合的、完整的对地观测系统，提高了人类认识地球的能力；相应地，它拓展了传统测绘科学的研究领域。作为地理学的一个分支学科，Geomatics 产生并对包括遥感、全球定位系统在内的现代测绘技术的综合应用进行探讨和研究。同时，它也推动了其他一些相联系的学科的发展，如地球信息科学、地理信息科学等，它们成为"数字地球"这一概念提出的理论基础。

第七章 GIS 在行业中的应用

第一节 概　　述

　　GIS 在最近几十年取得了惊人的发展，广泛应用于资源调查、环境评估、灾害预测、国土管理、城市规划、邮电通信、交通运输、军事公安、水利电力、公共设施管理、农林牧业、统计、商业金融等几乎所有领域。通过理论学习和实践训练，能够较好地掌握 GIS 技术在所从事的行业中发挥专业优势，为今后的工作打下坚实基础，更好地适应经济社会的发展需要。

一、资源管理

　　对用于农业和林业领域，解决农业和林业领域各种资源（如土地、森林、草场）分布、分级、统计、制图等问题；对于国土资源管理包括土地规划、土地调查统计、土地评价、对土地利用状况进行动态监测等；对于矿产资源管理包括矿产开采、储备、地质普查等，以及对全国范围内能源保障供给及资源配置问题的管理。

二、金融管理

　　对于金融业领域包括金融趋势分析、特殊服务需求分析、金融机构服务网点的定位、规划和竞争分析、服务区域分析等；对于商业及房地产业，GIS 技术对其客户的购买习惯、商业行为具有强大的洞察力，通过 GIS 技术可以更明确的定位其最佳服务群，使有限的市场和广告资源产生最直接的效果。

三、城市规划

　　城市规划应用包括城市规划、公共安全、应急响应、医疗管理等。对于城市规划管理包括设计城市规划辅助方案、对市政规划选址分析、市政道路规划管理、绿地比例合理化分布的管理、公共设施、运动场所、服务设施等建筑规划的管理，以及对城市交通线路规划、公共安全设施设计、突发事件应急响应提供预案，对医疗网点合理化分布等的管理。对于城市基础设施管理提供市政管线规划，主要指城市地下管道（包括自来水、污水排放、煤气等管道）、通信网络、邮政网点、道路与交通设施等管理，由于这些设施同时具有与几何和空间位置相关的特性，建立 GIS 的信息系统能够提高对这些设施的管理水平，同时能够极大地提高设计与施工、设备维护与故障排除、线路改造等方面的效率。

四、交通运输

　　城市交通管理包括：线路规划和分析、公交车辆的调度和紧急事的处理；车辆的自动定位和跟踪显示、客运车辆计划和路线规划，公交车站和设施管理、路线以及通信信号的维护管理。突发事件的迅速定位和事故分析，统计分析以及根据统计结果制定新的路径，交通规划和建模分析等。

五、环境保护

环境保护应用包括环境评估、灾害预测（洪灾预测、地震预测）生态，环境管理包括区域生态规划、环境现状评价、环境影响评价、污染物削减分配的决策支持、环境与区域可持续发展的决策支持、环保设施的管理、环境规划、环境的变化及发展趋势进行预报分析，同时通过统计分析及模拟研究为环境保护提供决策依据等。还可用 GIS 建立灾害预测信息系统对突发灾害提供解决预案。如在发生洪水、战争、核事故等重大自然或人为灾害时，合理安排人员撤离的最佳路线、并配备相应的运输和保障设施等问题。

六、商业与市场

商业与市场应用包括对商业设施的建立及地理位置分布。例如大型商场的建立如果不考虑其他商场的分布、待建区周围居民区的分布和人数，建成之后就可能无法达到预期的市场和服务面。有时甚至商场销售的品种和市场定位都必须与待建区的人口结构、年龄构成、性别构成、文化水平、消费水平等结合起来考虑。GIS 的空间分析和数据库功能可以解决这些问题。

七、测绘与制图

集中体现在：地图数据获取与成图的技术流程发生的根本的改变，地图的成图周期大大缩短，地图成图精度大幅度提高，地图的品种大大丰富。数字地图、网络地图、电子地图等一批崭新的地图形式为广大用户带来了巨大的应用便利。测绘与地图制图进入了一个崭新的时代。

第二节　GIS 在地籍测量中的应用

地籍管理的对象是作为自然资源和生产资料的土地地籍管理的核心是土地的权属问题。健全地籍管理制度不但可以及时掌握土地数量、质量的动态变化规律，还可以对土地利用及权属变更进行监测，为土地管理的各项工作提供更新的有关自然、经济、保管、法律方面的信息。中国现阶段地籍管理的基本内容有：土地登记、土地统计土地调查、土地分等定级、地籍档案管理等。随着社会经济的发展和国家对地籍资料需求的增长，土地管理的内容还将随之不断地变化和充实。

一、GIS 在土地评价中的内容与作用

在进行地籍管理工作时，为保证地籍管理工作的顺利开展，一般遵循以下原则：按国家规定的统一制度进行；保证地籍资料的连贯性和系统性；保证地籍资料的可靠性和精确性；保证地籍资料的概括性和完整性。若要对一片土地做一个好的利用规划，重要的一点是要了解土地的基本信息，GIS 在清查土地中起到了极其重要的作用，它可以帮助我们

更好更快地了解土地的信息。土地利用规划是一个系统工程起着对土地利用进行控制、协调和监督的作用使土地的社会、经济、生态效益达到最佳状态。从内容上说，土地利用规划包括土地的自然和经济属性的评价和用地需求量的预测。GIS 在土地利用规划中可以发挥巨大的作用，尤其是在土地评价方面可以进行土地资源清查、土地生产潜力分析、土地适宜性评价和土地人口承载力分析。土地资源清查是针对土地的自然属性进行清查 地理信息系统建立这种自然属性的空间和统计数据库。信息来源有土壤图、气候图、土地利用现状图和自然灾害图等。

二、GIS 应用于地籍测绘的新趋势

1. 开放型 GIS（Open GIS）

目前一种多用户、跨平台的 Open GIS 技术正在被国外的许多研究机构、政府部门和高等院校所研 究和开发利用。开放型 GIS 的研究和应用使得各政府部门及企业之间不同格式的数据能够方便地互访肩利于网络 GIS 及分布式 GIS 空间数据库的建立使 GIS 的应用领域及其功能大大拓宽。土地和地籍的管理涉及土地使用性质变化、地块轮廓变化、地籍权属关系变化等许多内容借助 GIS 技术可以高效、高质量地完成这些工作。

2. 虚拟现实技术

虚拟现实是目前 GIS 研究领域的另一重要方向。虚拟现实是对人类真实世界某一部分或某一过程的逼真模拟，给人提供视觉、听觉、触觉、力觉、嗅觉等信息令人完全置身于虚拟世界中，感受与现实统一或接近，从而让人产生一种虽幻犹真的沉浸感。

3. 高分辨率遥感与 GIS 结合

以 GIS 为核心的高分辨率遥感影像与 GIS、GPS（全球定位系统）的集成使得人们能够实时地采集数据、处理信息、更新数据以及分析数据。GIS 已发展成为具有多媒体网络、虚拟现实技术以及数据可视化的强大空间数据综合处理技术系统。高分辨率遥感影像是实时获取、动态处理空间信息对地观测、分析的先进技术系统是为 GIS 提供准确可靠的信息源和实时更新数据的重要保证。GPS 主要是为遥感实时数据定位提供空间坐标，以建立实时数据库。

三、应用实例

（一）建库背景

本项目为广东省海丰县地籍测量建库项目。项目在地形地籍图测绘地籍档案收集、整理、扫描、权属调查等前期工作完成并通过检查后全面进入城镇地籍数据库建库阶段。以地籍管理信息系统应用软件为基础，以国土资源部的《第二次全国土地调查技术规程》《城镇地籍数据库标准》和《广东省城镇地籍调查测量实施细则》及相关技术规范为建库依据。

（二）建库内容与流程

1. 建库内容

城镇地籍数据库包括应用于城镇地籍数据处理、管理、交换和分析应用的基础地理要素、土地权属要素、土地利用要素、栅格要素以及房屋等附加信息。城镇地籍要素包含基

础地理要素、地籍要素、注记要素三大类。本项目以最新地籍调查和原有土地登记相关资料为数据源，统一地籍图形数据、属性数据和档案数据的采集要求，利用 GIS、数据库管理系统和计算机网络等信息技术手段组织建立地籍信息系统，对海丰县6个地籍区建成区范围内地籍调查和地籍测量结果的图形数据、宗地属性以及各种表、卡、册等数据信息进行集中管理，并提供编辑录入、查询统计、日常变更、制图输出、登记发证以及办公流程等管理功能，以满足日常业务及管理需求，为土地登记、土地利用、土地规划以及农用地和集体土地转用征用服务。建立海丰县6个地籍区（海城镇地籍区、附城镇地籍区、城东镇地籍区、公平镇地籍区、梅垅镇地籍区、可塘镇地籍区），另9个地籍子区城镇地籍数据库，包括国有土地范围内街道、街坊、宗地的基础地理信息和权属信息。汇总建成区内的工业用地、基础设施用地、金融用地、商服用地、房地产用地、开发园区用地等土地利用状况，开展土地利用分析研究。

2. 城镇地籍数据库建库工艺流程

广东省海丰县城镇地籍数据库建库工艺流程见图7-1。

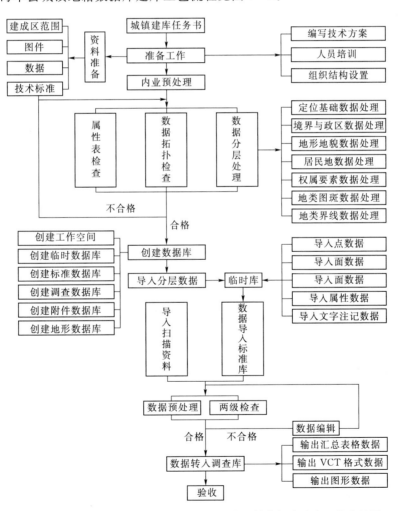

图 7-1 广东省海丰县第二次土地调查城镇地籍数据库建库工艺流程图

3. 调查区土地利用统计分析

广东省海丰县调查区土地利用统计分析见图 7-2。

地类	商务用地	工矿仓储用	住宅用地	公共管理与公共商务用地	特殊用地	交通运输用	水利及水利设施用地	其他土地	合计
面积 /hm²	71.03	339.94	795.65	250.19	16.26	241.61	95.44	960.5	2770.62

海丰县调查区土地利用一级分类分布

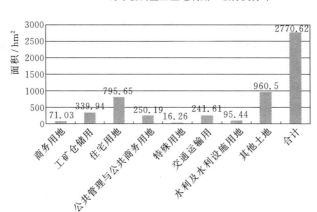

图 7-2 广东海丰县调查区土地利用统计分析示意图

第三节 GIS 基于规则的拓扑在地籍数据中的应用

地籍测量成果是国土资源管理部门进行是常地籍管理和土地登记发证的原始资料，地籍数据主要的采集方式以外业实测为主，但由于测量误差的存在，导致在后期地籍数据入库时产生许多逻辑错误，这从数据库建设的角度来说是不允许的，对地籍测量的成果数据也有较大的影响。

一、目前常见的地籍数据及存在的主要问题

目前常见的地籍数据以实测为主，主要运用全站仪、RTK 等方法获取，但由于测量误差的不可避免以及作业员的经验等原因，导致外业提供的数据存在以下主要问题，如房屋角超出了界址线，界址点不在界址线上，宗地之间存在缝隙或重叠，邻宗界址点不统一等。

二、ARCGIS 基于规则的拓扑模块

ARCGIS 是一款成熟的 GIS 基础平台，具有强大的数据处理功能和检查功能，对数据结构具有严谨的要求和管理，特别是该软件的基于规则的拓扑功能模块在地理信息数据质量检查及自动处理方面有很大的优势。以 ARCGIS 9.3 为例，拓扑规则有几十种，可

以解决点、线、面内部的逻辑错误及相互之间的逻辑错误。

三、运用 ARCGIS 的拓扑模块进行地籍数据的检查及处理

(一) 数据的导入

首先运用 ArcCatalog 建立一个 Geodatabase，然后在里面建立一个要素集，输入要素集名称，选择对应的空间参考系，输入矢量数据的分辨率。这里需要注意，矢量数据分辨率是指图内各要素中最近结点之间的 ΔX 及 ΔY，如果这个值设置过大，系统就会将图内小于这个值的结点自动处理为一个结点。

按以上步骤建立完成要素集后，在要素集名称上鼠标右键导入需要检查和处理的 SHP 文件。

(二) 基于规则的检查和处理

1. 房屋是否在宗地内检查

根据地籍调查的要求，房屋应该隶属于某个宗地，所以当房屋层的要素超出宗地范围时就视为错误，具体步骤如下：进入 ArcCatalog 模块，在刚才建立的要素集上单击右键，建立一个拓扑。

输入等级值时，最高等级为 1，级别越高越不易移动相应结点，这里将宗地的级别输入为 1，房屋的级别输入为 5，最后选择拓扑规划，甲要素必须被乙要素覆盖，见图 7-3。

接着进行拓扑验证，验证结果用 ArcMap 打开，即可看到房屋超出宗地的部分已深色表示。

2. 界址点不在界址线上检查

根据要求，在地籍数据中，界址点必须在界址线上，按上述步骤建立拓扑，规则为界址点必须被界址线覆盖，验证结果见图 7-4。

3. 宗地存在缝隙及重叠检查

按上述步骤建立拓扑，规则为要素不能重叠、不能有两缝隙，验证结果见图 7-5。

(三) 需注意的问题

在应用 ARCGIS 的拓扑检查及处理功能时，容限值是一个很重要的概念，有两点需注意，首先在建立要素集时，输入 X、Y 容限值，这个概念是指当输入的要素本层内如果两结点之间的 ΔX 及 ΔY 小于容限值时，系统直接会对

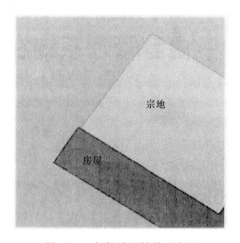

图 7-3 拓扑验证结果示意图

数据进行处理，保证处理后结点间 ΔX 及 ΔY 大于容限值。其次是在建立拓扑规则时输入的容限值，这个概念是指系统在进行拓扑验证前对参与拓扑的各层进行处理，当不同层之间的结点 ΔX 及 ΔY 小于容限值时，系统就会根据级别调整级别较低的图层数据，使之结点间 ΔX 及 ΔY 大于容限值。调整完后进行拓扑规则验证，不符合规则的就会标示出来。

图 7-4 界址线覆盖验证结果示意图   图 7-5 建立拓扑验证结果示意图

通过大量实践，运用 ARCGIS 的拓扑模块，在地籍数据库的建设中能够高效快速的检查和处理存在的逻辑错误。当然在具体实践中对容限值要根据不同的数据精度进验证，并做好数据备份，以免 ARCGIS 的自动处理功能将正确的数据处理错误。

第四节　GIS 在城市规划中的应用

一、城市规划概述

城市规划是人居环境各层面上的、以城市层次为主导工作对象的空间规划。城市规划工作的基本内容是依据城市的经济社会发展目标和环境保护的要求，根据区域等各层次的空间规划的要求，在充分研究城市的自然、经济、社会和技术发展条件的基础上，制定城市发展战略，预测城市的发展模型，选择城市用地的布局和发展方向，按照工程技术和环境的要求，综合安排城市各项工程设施，并提出近期控制引导措施说明。城市规划的内容包括城市规划和专项规划。

城市与区域规划具有高度的综合性，涉及资源、环境、人口、交通、经济、教育、文化和金融等因素，但是要把这些信息进行筛选并转换成可用的形式并不容易，规划人员需要切实可行的、实时性强的信息，而 GIS 能为规划人员提供功能强大的工具。例如规划人员利用 GIS 对交通流量、土地利用和人口数据进行分析，预测将来的道路等级；工程技术人员利用 GIS 将地质、水文和人文数据结合起来，进行路线和构造设计；GIS 软件帮助政府部门完成总体规划、分区、现有土地利用、分区一致性、空地、开发区和设施位置等分析工作，是实现区域规划科学化和满足城市发展的重要保证。

二、GIS 技术在城市规划中的应用

(一) 应用领域

1. 城市规划和管理

城市规划和管理是 GIS 的一个重要应用领域，利用 GIS 技术可进行城市规划的辅助

设计、工程选址等工作，也可进行城市管理的规划控制、辅助决策等工作。

2．土地和地籍管理

土地和地籍管理涉及土地使用性质变化、地块轮廓变化、地籍权属关系变化等许多内容，借助 GIS 技术可以有效地完成对土地和地籍状况的监控和管理。

3．生态、环境管理与模拟

应用 GIS 技术可实现区域生态规划、环境现状评价、环境影响评价、污染物处理的决策支持、环境与区域可持续发展的决策支持、环保设施的管理、环境规划等。

4．基础设施管理

城市基础设施（如道路交通、电力、电信、燃气、自来水、排污等）广泛分布于城市的各个角落，且这些设施具有明显的地理参照特征。它们的工程设计、应急抢修、日常维护都可以借助 GIS 来完成，而且可以大大提高工作效率。城市是一个区域经济和文化的中心，城市规划是对一地区未来的整体建设做发展的计划，它综合经济、政治、社会、文化、交通、卫生、安全、生态环境等因素来制定城市建设的准则。科学系统地进行规划工作是一件非常困难的工作，GIS 在这一工作中是一个有力的工具。

（二）GIS 用于规划工作的优势

采用 GIS 进行规划具有几个主要的优势：

（1）收集资料的全面性、详尽性。

（2）分析上的全面性、客观性、有效性。

（3）规划资料、分析信息、最后结果的可视化及制图的质、量优势及便利性。

（4）规划资料管理及实施上的便利和有效。

应该明确，城市系统是一个非常复杂的大系统，GIS 在城市规划上的使用只是提供了一个辅助的工具。目前为止，一个完善的、全面的用于规划的 GIS 还不多见。

（三）GIS 技术在城市规划中道路、管线编码的应用

推广空间统计单元数据的标准化工作已经引发过很多讨论，也引起过政府有关部门的重视，例如，国家技术监督局发布的《城市地理要素编码规则——城市道路、道路交叉口、街坊、市政工程管线》（GB/T 14395—2009）此外的一些工作主要集中在数据的分类、编码和交换格式上，但对空间单元作用的讨论还不很多。所谓空间单元，就是在地图上划出有层次的、互不重叠的、不规划的多边形，每一层次上每个多边形就是一个空间单元，有唯一的代码。各种统计资料和规划指标均应有事物所在空间单元的代码，这样查询、分析、汇总时，空间定位就很方便。

例如，国家统计部门采用行政单元、交通调查采用交通小区、邮政通信有邮政编码、规划设计有功能分区等，但是这些单元或多或少地存在划分过粗、边界经常变化、层次等级不明确、编码不统一、行业之间边界不一致的问题，使行业、部门、机构之间的数据在空间定位上无法相互引用，共享程度低，资料积累的历史价值不高。随着 GIS 技术的逐步推广，统计资料的空间定位不稳定、不精确、不统一的矛盾会越来越突出，因此，空间单元及其编码的标准化是普及 GIS 的基础。

不采用 GIS 时，规划师在纸质地图上按 TPU 表达规划意图，并做统计分析。采用 GIS 后，有大量现成的历史资料可供计算机分析。北京市城市规划设计研究院在 20 世纪 80 年代末研究了北京市区的地理编码和空间单元问题，目前已对市区范围内道路路段、交叉口、街坊作了统一编码和参照图，并将作为北京市的地方标准发布实施，同时，北京市的控制性详细规划也已开始使用这种统一的单元和编码。综上所述，采用 GIS 技术对标准空间统计单元划定和编码，给城市规划、道路管线定位带来了质的飞跃。同时，各种空间资料的价值有了提高，数据的社会共享有了可能，还使得规划的严密性大大提高。

（四）GIS 技术在城市总体规划中的应用

城市总体规划是我国实施土地用途管制的主要依据，是对土地资源的开发、利用和整治、保护在时间和空间上所做的总体的、战略的安排。在 GIS 技术支持下建立城市总体规划管理信息系统，将会加强土地利用总体规划的实时管理和动态实施，是城市土地管理工作面临信息时代基础的、必然的步骤。基于 GIS 的城市总体规划信息管理系统，不仅具备一般 MIS 系统的报表和统计功能，而且还具有空间分析功能，用户可以根据不同的要求来对城市信息进行分类统计，构建相应的土地利用专题，直观了解土地利用现状及分布情况；用户还可以通过系统提供的缓冲区分析和叠置分析功能，对土地利用情况进行更深层次的分析研究，从而对多种规划方案进行优选，这一切是实施城市规划管理土地用途管制的主要技术手段。城市总体规划中涉及的土地的空间特征和属性特征处于不断的变化之中，GIS 技术可以成为土地数据的管理、更新、评价的有力工具。应用 GIS 技术，可以建立覆盖整个行政区域的数字高程（DEM）模型，通过 DEM 与航空摄影资料的合成，可建立起 1∶50 000 或 1∶10000 的三维立体旋转景观模型，使得修订城市总体规划更具有现实性和科学性。

（五）利用 GIS 技术在城市规划中建立信息系统

在城市建立分区规划信息系统。城市总体规划是战略性、结构性的指导规划，它的成果图带有示意性、夸张性的成分，输入计算机后，很难对具体建设项目的定位进行控制。控制性详细规划虽然很具体，但在实践中会出现弹性小、引导作用不明显、覆盖范围不全等问题，还需要分区规划才能和总体规划衔接。

重要地段可建城市设计信息系统，在城市建设投资渠道多样化的形势下，传统的修建性详细规划往往难以适应需要，如建筑体量和形状、室外场地、地下和地面以上空间的各种交通联系等，需要另外的设计手段和管理手段来协调、制约各种建设行为。以上海浦东陆家嘴金融贸易区的中心区为例，该小区为一个建筑密集、交通复杂、正在快速成长的商务中心区，在控制性详细规划的基础上，浦东陆家嘴开发区管理局编制了城市设计。依据控制性详细规划和城市设计，再制定出规划设计条件，作为旧区改造、土地批租的法定文件，对开发商及其他政府机构进行约束、协调。现陆家嘴开发区正在尝试把 GIS 和城市设计、规划设计条件相结合，用计算机化的图形、属性、文本来辅助管理，以提高工作效率，减少差错，为投资者及其委托的建筑师提供更优良的服务，改善投资环境，尤其是防止或减轻快速开发过程中经常出现的无序性等问题。虽然用计算机辅助设计（CAD）技术也可达到相似的效果，甚至可以表达三维空间，但是以 GIS 为依托，可以使城市设计和土地开发管理信息系统相集成，这是一般的 CAD 系统难以达到的。

综上所述，GIS 技术几乎可以应用到城市规划中的每一环节中，对提高规划设计的质量、效率来说，作用是明显的。GIS 在城市规划设计中将有力地推动决策的科学性，规划的合理性和设计的高质量、高效率；GIS 在城市规划中的应用将不会仅仅局限在辅助管理上，将进一步对规划数据进行综合分析，进行深层次的数据挖掘，进而对整个城市的发展趋势做出预测和模拟，为决策者提供科学的依据，防止不良后果的发生。

第五节　GIS 空间分析技术在水利行业中的应用

　　空间分析在现代水利也就是水利信息化中起到的至关重要的作用，尤其是在防洪减灾、水资源管理、水土保持和水利水电工程建设和管理等方面。利用空间分析的空间数据管理能力、空间数据处理能力和分析能力为各类应用模型提供数据，优化模型数参数，使其防汛信息以及决策方案可视化表示，在现代水利防洪减灾方面提供决策支持系统；同时利用历史数据管理和实时数据的动态加载功能，信息的空间与属性双向查询功能，空间数据的叠加与综合处理在现代水利水资源管理和水土保持方面提供的空间决策支持系统。

　　水利行业是关系到我国国计民生的重要基础行业，我国政府对其的发展极其重视。为了实现水利信息化，在水利行业中推广空间分析技术。它把空间的逻辑思维延伸到了形象思维。在水利信息化系统建设中，空间分析是系统构建的框架，是辅助决策的工具，是成果展示的平台。最早接触空间分析技术的主要是一些科研院所和高等院校，当时的应用只注重数据的可视化，主要发挥它的查询、检索和空间显示功能。近年来，随着空间分析在水利领域的应用范围不断扩大，应用层次也逐渐深入，一些部门将它作为分析、决策、模拟甚至预测的工具，其社会经济效益也比较明显地显示了出来。水利部提出了"以信息化带动水利现代化"口号，水利部专门召开了研讨会，在会的各级领导和各级专家对在水利中推广应用空间分析技术提出了许多有建设性的意见和观点，这必将推动空间分析在水利行业的应用和发展进入更高更深的层次。

一、空间分析技术在水利行业的应用

　　我国是一个水资源相对紧缺的国家，洪涝灾害、干旱缺水和水污染等问题十分突出，即水资源短缺与洪涝灾害频繁发生并存，洪涝灾害与干旱灾害并存，资源性缺水与水质性缺水并存。这一系列的现象严重制约了国民经济和社会发展。

　　任何一项先进技术的应用和发展都必须依附于生产的需要。空间分析技术在水利行业的应用也主要围绕着上述主要问题。

　　我国幅员辽阔，自然地理地貌条件十分复杂，洪涝灾害发生频繁，使国家和个人都蒙受了很大的经济损失。随着社会经济和科学技术的飞速发展，我国的防洪工作将逐步从"以洪水为敌"的控制洪水向体现水资源特性的洪水管理转变，全面建成覆盖全国的水利信息网络，其中防洪减灾属于重点应用系统。

　　目前空间分析技术在防洪减灾方面的应用主要有以下四种类型。

1. 防汛决策支持系统或信息管理系统

在国家防汛指挥系统总体设计框架下，目前流域或省、自治区、直辖市的防汛决策支持系统或防汛信息管理系统都以 GIS 空间分析技术为平台。空间分析在这些系统中的作用主要有以下几个方面：

（1）空间数据处理、查询、检索、更新和维护。

（2）利用空间分析能力和可视化模拟显示为防汛指挥决策提供辅助支持。

（3）为各类应用模型提供实时数据。

（4）优化模型参数。

（5）预报预测和防汛信息及决策方案的可视化表达。

2. 灾情评估

在灾情评估中，GIS 空间分析技术作为基础平台，它充分利用了自己的查询和分析功能以及可视化模拟的能力，发挥了很多别的系统不具备的作用：

（1）基础背景数据（包括地理、社会、经济）的管理。

（2）空间和属性数据查询、检索、统计和显示的基础。

（3）灾情数据的提取和分析。

（4）灾情的模拟和可视化表达。

（5）对决策起辅助作用的工具。

目前洪涝灾害的监测评估业务运行系统已在水利部遥感技术应用中心投入运行。

3. 洪涝灾害风险分析与区划

洪涝灾害风险分析是分析不同强度的洪水发生概率及其可能造成的损失。它包括洪水的危险性分析、承灾体的易损性和损失评估。采用 GIS 空间分析技术，可以将上述三方面所涉及的诸多自然，地理和社会因子附上相应的权重进行空间叠加，是进行洪涝灾害风险分析与区划的有效手段。GIS 空间分析技术发挥的作用有：

（1）多源、多尺度和海量数据的管理。

（2）空间数据的叠加与综合处理。

（3）图形处理的特殊功能。

4. 城市防洪

由于城市社会经济地位和社会影响的特殊性，防洪工作尤其重要。同时由于许多城市都是依水而建，具有城市不透水面积大、产流量大等特点，防洪工作的难度比农村地区大，所以 GIS 空间分析技术在城市防洪中发挥的作用除了一般防洪减灾决策支持系统外，还利用其的时空特征分析和高分辨率数据的处理功能在城市防洪减灾中发挥了更多更大的作用，目前比较突出的有以下几个方面：

（1）城市积水、退水的预报预测。

（2）现有排水设施（排水管网、泵站等）信息的管理。

（3）排水设施的规划，设计和施工管理。

（4）暴雨时空特征分析（4DGIS）。

（5）以街道为统计单元和以街区为空间单元的社会经济数据空间展布。

（6）暴雨分布及积水街道分布的可视化显示。

（7）高分辨率、多层次、多源和更新频繁的数据的存储、维护和管理。

由于城市防汛信息管理及决策支持系统的复杂性，不少方面还在继续深入，可以肯定的是 GIS 空间分析技术在这进程中能发挥的作用。

二、空间分析技术在水资源管理方面的应用

我国水资源短缺，而且分布极不均匀。同时由于社会经济飞速发展的过程中对环境保护不力，因此在资源性缺水的同时又加上水质性缺水，水资源严重短缺又存在有水资源浪费。面对如此严峻的形势，水资源的管理工作已经被赋上了维系社会经济可持续发展的历史性重任。由此也决定了必须用现代化的手段，实现以信息化为基础的技术来对水资源进行监控管理，才能解决好资源水利中的诸多复杂问题，这也为空间分析技术提供了大显身手的机会。

水资源信息的面非常广，有水文气象、地理、地质、水质，水利工程、水处理工程、各行各业与生活需水量等。所以这些数据既有历史的，又有实时或现状的，从性质上决定了其多源、多时相、多种类和动态这几个基本特征。水资源信息管理系统发挥了从时间、空间上了解水资源的现状与变化，通过模拟可视化直观地表示水资源状况，有助于让研究人员和决策人员了解水资源的变化规律，通过信息处理和分析，提供管理的基础信息与手段，完善水资源信息的管理与更新，实现数据共享。

在水资源信息管理系统中空间分析技术发挥的作用大致有以下几个方面：

（1）历史数据管理和实时数据的动态采集和加载。

（2）信息的空间与属性双向查询和分析。

（3）时空统计。

（4）以多种方式直观地可视化表达各类信息的空间分布及模拟动态变化过程。

（5）区域水资源的空间分析。

（6）区域水资源管理模式区划，如地下水禁采与限采区划、水环境区划等。

三、GIS 在水环境和水土保持方面的应用

由于社会经济高速发展中过多的人类活动影响，我国水系的污染已经十分严重了，土壤侵蚀面积达国土面积的 20％以上，而土壤侵蚀本身也是造成水系污染的主要因素之一。为了进一步了解和监测水环境和水土保持的情况，水利部门已有包括 170 多个主要测站的全国水环境信息管理系统，有如广东那样的省级系统，有如三峡库区那样的区域性系统，也有如九州江那样的江河级系统。水环境信息管理系统是空间决策支持系统的基础或者是组成部分，而空间分析是其基础。这些以空间分析技术为支撑的信息管理系统和空间决策支持系统的功能主要有以下几个方面：

（1）自然、地理、社会经济等基础背景数据，水利工程与设施，监测站点，水质与水量的历史与实时数据，水环境评价等级，水质标准及法规和条例，决策项目和边界条件数据，水污染预测数据的采集和管理。

（2）建立数据空间数据和属性特征的拓扑关系，用来进行数据的双向查询。

（3）通过对区域或上下游水质的空间分析，找出某水质参数严重超标的污染源。

（4）各类数据的可视化表达和可视化共享。

（5）水质水量模拟与预测。

（6）污染排放管理与控制。

（7）取水口位置最优化选择和各类突发事件的处理方案及优化。

在水土保持方面，GIS 也发挥着十分重要的作用。在水土保持中的空间分析的应用是一种全过程的应用。从土壤侵蚀发生与否的判断开始、一直到土壤侵蚀过程的模拟与预测，空间分析始终在技术上起着支撑作用。所以与其他领域比较，水土保持中一些应用模型大多采用与空间分析技术紧密结合的方式，也就是直接用空间分析为决策依据，这是一个比较鲜明的特点，而且用途将越来越大。

四、空间分析技术在水利水电工程建设和管理方面的应用

水利水电工程建设与管理是水利水电工程的重中之重，它的选址、规划、设计和施工管理都必须严格慎重，考虑到各个方面的因素，例如移民安置地环境容量调查，调水工程选线及环境影响评估，防洪规划，大型水利水电工程物料储运管理和蓄滞洪区规划和建设等。此时 GIS 在空间分析和模拟方面的强大优势就显现出来了。

水利水电工程建设与管理中利用空间分析技术最多的有以下几个方面：

（1）通过进行三维可视化显示及贯穿飞行模拟，实现位置或路线的优化。

（2）空间信息的分析与处理，叠加与分析，得出可作为决策辅导的信息。

（3）通过仿真模拟淹没分析，得到各种分析数据。

五、空间分析技术在水利行业应用的发展趋势

GIS 空间分析技术在水利行业的应用和发展，不仅仅取决于 GIS 空间分析技术的发展，更取决于水利行业数字化的进程。在水利部以信息化带动水利现代化的战略方针指导下，GIS 空间分析技术在水利行业的应用将会越来越广，用途也将会越来越大，而且会迅速成为管理和决策主要支撑技术。它的发展趋势如下：

基于不断发展的物联网技术、云计算、网络和通信技术，结合卫星、航天、地面遥感各自的优势，建设功能齐全的集遥感、通信、导航定位、GIS 于一体的天空地一体化监测体系已成为现代空间信息技术发展的必然趋势。遥感、全球导航卫星系统、GIS、物联网、云计算、卫星通信等技术的紧密集成能够获取地球大气圈、水圈、岩石圈、生物圈等各个领域宏观、准确、快速、客观、精细化的现势遥感信息，实现各种专题数据库的快速更新，在分析决策模型支持下，快速完成多位、多元复合分析并将在流域综合管理、生态环境与评价、水利科学研究、大型水利水电工程建设与管理等方面，提供持续、广泛、深入的支撑条件，奠定坚实的应用基础。

GIS 空间分析技术成功应用于专门领域的关键，在于支持建立该领域特有的空间分析模型。其应当支持面向用户的空间分析模型的定义、生成和检验的环境，支持与用户交互式的基于 GIS 的分析、建模和决策。基于 RS 和 GIS 的分布式流域水文模型成为当前研究的前沿，"3S" 技术支持下的分布式或半分布式水文预报模型在中小流域尺度进行了试验性的应用研究，取得了一些成果。

第六节 GIS 在物流中的应用

物流管理和信息系统全过程控制是物流管理的核心问题。供应商必须全准确、动态地把握散布到全球各个中转仓库、经销商、零售商以及汽车、火车、飞机、轮船等各种运输环节之中的产品流动状况，并以此为根据随时发出调度指令，调整市场策略。如何将网格GIS整合到物流信息管理系统中，将成为现代物流管理的一个重要课题。

一、物流配送概述

1. 配送的概念

配送的本义是运送、输送和交货。一般而言，配送是根据一定的用户需求，在物流据点内进行分拣、配货等工作，并将配好的货物及时交给收货人的一个过程。作为一种完善的、高级的输送活动，一方面在向客户送货的过程中有确定的组织和比较明确的供货渠道，以及相关的约束制度；另一方面送货建立在备货和配货的基础之上，按照用户的要求进行组织和安排。配送不仅仅是一种强化服务的手段，更重要的在于它是一种先进的物流方式和物流体制。从物流功能或物流要素的角度来看，配送是多项目、多环节物流活动的有机结合，既有货物运输，同时也包括集货、存储、分货、拣选、配装等活动。

2. 配送的流程

按照不同产品、不同企业、不同流通环境的要求，经过较长时间的发展，国内外创造出多种形式的配送，按照组织者的不同可以分为配送中心配送、仓库配送、企业配送以及商店超市配送等。但是无论何种形式，配送的一般流程比较规范，配送中心根据客户要求进货，在配送中心进行加工处理，然后经其他配送中心或直接送给客户，但并不是所有的配送者按统一的过程进行。不同产品的配送可能有独特之处，如燃料油配送就不存在配货、分放、配装工序，水泥及木材配送又多出了一些流程加工的过程，而流通加工又可能在不同环节出现，配送流程如图7-6所示。

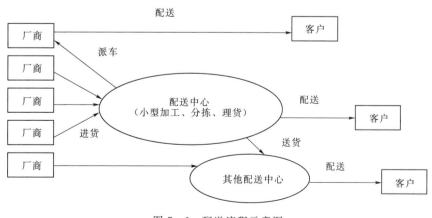

图 7-6 配送流程示意图

二、GIS 在物流管理中的具体应用

(1) 提供模型参考数据在 GIS 辅助下，结合各种选址模型，为物流配送中心、连锁企业和仓库位置选址、中心辐射区范围的确定提供参考数据。

(2) 车辆监控和实时调度 GIS 和 GPS 集成并应用于物流车辆管理，为物流监控中心及汽车驾驶人员提供各车辆的所在位置、行驶方向、速度等信息，实现车辆监控和实时调度，减少物流实体存储与运送的成本，降低物流车辆的空载率，从而提高整个物流系统的效率。

(3) 监控运输车辆的位置及工作状态。物流监控中心在数字化地图上监控运货车辆的位置和工作状态，并将最新的市场信息、路况信息及时反馈给运输车辆，实现异地配载，从而使销售商更好地为客户、管理库存，加快物资和资金的运转，降低各个环节的成本。对特种车辆进行安全监控，可为安全运输提供保障。

(4) 车辆导航利用"3S"与移动通信集成技术，物流监控和重新实时提供被监控运输车辆的当前位置信息以及目的地的相关信息，以指导运输车辆迅速到达目的地，节约成本。

(5) 选择最佳路径物流运输过程中，运输路径的选择意义重大，不仅涉及物流配送的成本效益，而且关系到物流能否及时送达等环节。GIS 按照最短的距离，或最短的时间，或最低运营成本等原则，可为物流管理提供满足不同要求的最佳路径方案。

(6) 实现仓库立体式管理三维 GIS 与条形码技术，POS（销售时点信息系统）、射频技术以及闭路电视等多种自动识别技术相结合可以应用于物流企业的仓库管理信息化，为仓库入库、存储、移动及出库等操作提供三维空间位置信息，以更直观的方式实现仓库货物的立体式管理。

三、基于 GIS（ITS）的动态运输路线的选择

1. 运输路线选择模型

大型的配送或运输系统的基本结构是一个复杂的网络。在这个网络中，许多点如中心仓库、仓库、零售商通过物理的或概念性的线段连接在一起，服务通常是大量的车辆在网络中各点运送货物来完成的。在这个服务过程中，基本的运营问题是在已知的客户地点、需求的运输量情况下解决车辆行驶路线和行程安排。图 7-7 是一个简单的运输网络，为低成本完成到客户的配送，企业事先要根据客户信息、企业运输能力和配送网络的基本交通条件选择一个最优路线进行配送，其路线选择模型见式（7-1）。

$$R_1 = f(Cl, CR, CP) \qquad (7-1)$$

式中　R_1——选择的第 l 条路线；

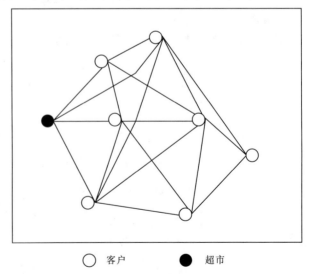

○ 客户　　● 超市

图 7-7　一个简单的运输网络示意图

CI——客户信息（包括地理位置、货物特性、时间窗口、需求的货运量等）；

　　CR——道路交通条件（如路线运行时间、距离等）；

　　CP——企业的运输能力（如车辆数、载重量、体积等）。

　　对上述模型的求解，从已发表的大量运输路线选择模型的研究成果看，基本上采用三种算法，即精确算法、启发式算法和智能算法。这些算法应用的背景是在一个相对不变的道路交通环境中，即在算法设计中，假设表示的道路交通条件（如车辆运行时间等）在一定时期内是不变的，在这种假设条件下求解模型，设计最优行驶路线。

　　2. 动态运输路线选择模型

　　实际上，路网中的交通流量每时每刻都在变化，而车辆在路网中的运行时间是随着交通流量的变化而变化的，简单的将其假设为固定不变的时间，必然导致计算出的最优结果往往在实际运行中不是最优的线路，有时甚至是很差的路线；如果将取为路线距离，更不能反映路网交通状况，而且可能导致选择的最优路线是交通最拥挤的路线。随着城市社会经济的发展，交通拥挤问题越来越严重。由于交通拥挤给企业带来的经济损失，是每个商业车辆运营企业必须面对的客观事实。因此，企业在进行运输路线选择时必须考虑道路交通环境可能对其运营产生的影响，在设计运输调度模型和算法时要考虑道路交通条件。因此，必须根据动态条件进行运输路线选择（图 7-8）。

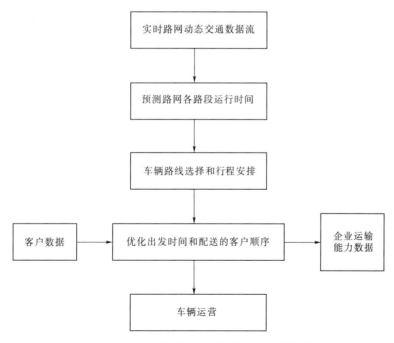

图 7-8　动态运输路线的概念性模型框架图

四、基于 ITS 系统的动态运输路线选择

1. ITS 的必要性

随着城市化的进展和汽车的普及，交通运输问题日益严重，道路车辆拥挤，交通事故

频发，交通环境不断恶化。交通问题不仅在发展中国家，就是在发达国家也是令人困扰的严重问题。解决交通问题的直接办法就是提高路网的通行能力，但无论是哪个国家的大城市，可供修建道路的空间都很有限，建设资金筹措也十分困难。同时，由于许多发展中国家大城市内的车辆时速只有十多公里，使巨额投资所建成的道路网的潜力得不到充分的利用，多修道路和市内桥梁不再是缓解巨大交通压力的好办法。"智能运输系统"实质上就是利用高新技术对传统的运输系统进行改造而形成一种信息化、智能化、社会化的新型运输系统。它使交通基础设施能发挥最大的效能，从而获得巨大的社会、经济效益。

2. ITS 在动态运输路线选择的应用

目前，世界各国对 ITS 的服务领域的划分各不相同，但基本都包括以下服务领域：交通管理与规划、电子收费、出行者信息服务、车辆安全与辅助驾驶、紧急事件和安全运营管理自动公路综合运输。若将上述相近功能的实体归纳成系统和子系统，则 ITS 中有四个子系统即中心子系统、出行者子系统（或远程接入子系统）、车辆子系统和路边子系统（路侧子系统），如图 7-9 所示。在传统运营管理系统中加入上述新技术后，随着信息处理技术和网络化技术的进步、移动通信手段的多样化、货物和车辆识别技术的进步、尤其是无线识别技术的进步，统一管理物流的配送可能性加大（图 7-10），大大提高了信息反应速度，增强了供应链的透明度和控制能力，提高了整个物流系统的效益和客户服务的水平。

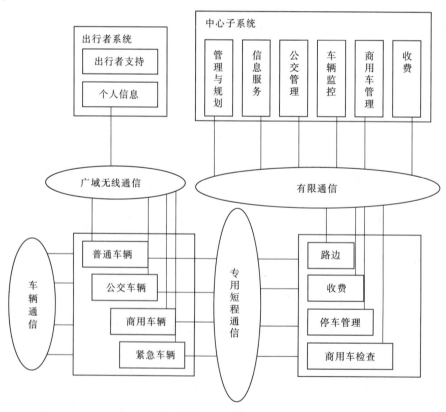

图 7-9　GIS 系统构成框架图

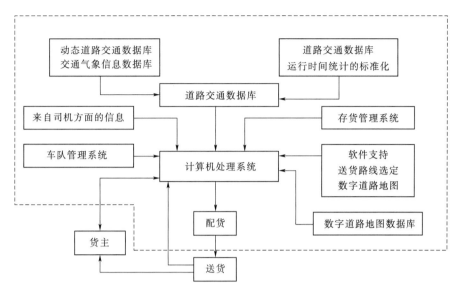

图 7-10　配车送货系统流程框架图

将 GIS 应用于物流中心选址，使之得到的物流中心的位置更加准确，根据实时动态交通条件进行路线选择，将智能运输系统（ITS）应用于动态路线选择，从而使整个物流系统效率最大化，费用最小化。总之，GIS、ITS 等技术将进一步推动物流业的向前发展。

第七节　GIS 在土地管理中的应用

一、土地管理概述

土地管理学是管理学的一个分支，它研究调整土地管理和监督、调控土地利用，使之达到预定目标的管理活动的规律性。也就是说它的研究客体是以土地关系和土地利用为核心的土地问题，这是土地管理学与其他部门管理学的区别。

土地管理学的基本任务是应用土地管理学的原理和方法，来研究和阐明一定的社会生产方式下调整土地关系，监督、控制土地利用的规律性，以达到平衡土地供需矛盾，取得尽可能大的生态效益、经济效益和社会效益的目的。

土地管理的基本内容由地籍管理、土地权属管理、土地利用管理、土地市场管理四大部分构成。

二、GIS 在土地管理中的应用

1. GIS 在地籍管理中的应用

（1）地籍管理内容。

地籍管理内容包括土地调查，土地动态监测，土地资源评价，土地登记，土地统计，地籍信息资料的管理、应用、维护、更新等内容。

（2）GIS的应用。

在地籍管理中，首先是土地调查，其包括地籍调查、土地利用现状调查和土地条件调查，任务是为土地管理提供基础资料。其次是动态监测，评价，统计等。那么，在此过程中，我们可以利用GIS软件对很多的地图进行数字化输入，建立地籍库，通过各地籍要素来进行分析和管理，并对地籍信息进行实时的更新。而这对GIS来说是比较简单，也是现在应用比较广泛。而这里的难点在于对全国的地籍信息进行统一标准的录入和管理，这需要国土部门统筹建立全国范围内标准地籍库。通过地籍库，可以更简单方便地给土地管理提供所需的基础资料。

对于地籍管理中的一些简单的分析和分级，只要建立了统一的地籍信息库，都可以通过调用信息库的信息，利用GIS软件对其进行二次开发，开发出各类专题的分析、分级管理的GIS软件。所以其关键还是建立一个统一的地籍信息库，而对于二次开发，更多的只是技术上的问题，随着GIS这几年在国内的发展，一般技术上的问题还是比较容易解决的。

2. GIS在土地权属管理中的应用

（1）土地权属管理概述。

土地权属管理包括土地所有权、使用权等的审核和依法确认，土地权属变更管理，土地权属纠纷的调处，依法查处有关侵犯土地所有权、使用权等方面的违法案件等内容。

（2）GIS的应用。

对于土地权属的管理，和上面谈到的地籍管理有很相同之处，其关键问题是要通过GIS软件建立信息库。而对于权属管理，只要在信息库中加入各类所有权、使用权等属性。在进行权属管理时，通过GIS开发的专题软件，显示各地块的权属问题。而对于权属管理中，还有一个问题就是关于权属变更，这就要通过GIS开发专题权属变更软件来进行变更，但其基础还是和信息库连接。

3. GIS在土地利用管理中的应用

（1）土地利用管理概述。

土地利用管理是通过编制和实施全国、省、地（市）、县、乡土地利用总体规划、专项规划和土地用途管制，采取地租、价、税等经济杠杆对农民地，特别是耕地、建设用地、为利用地的开发、利用、保护进行组织、监督和调控。

（2）GIS的应用。

土地利用管理的目标是保障土地可持续利用，不断提高土地的利用和生态效益、经济效益和社会效益。那么对于它的管理，也必须建立一个土地利用管理信息库。在这个信息库的基础上，通过GIS开发土地利用现状信息系统，对土地的利用进行管理，分析土地利用的效益，适当调整土地的利用形式。通过GIS对地区土地现状的整体分析，也可以确定城市的发展趋势，从而更好地利用土地。

4. GIS在土地市场管理中的应用

（1）土地市场管理内容。

土地市场管理包括对土地市场供需、土地交易、土地价格、土地市场化配置等进行管理。

（2）GIS 的应用。

GIS 在土地市场管理中，主要是在宏观管理方面发挥作用，即在土地市场供需管理和城市土地市场价格管理两方面。在市场供需方面，通过 GIS 开发市场平衡模型的信息库，来获取供需信息，从而实时调整供需结构。而在地价方面，建立地价信息库，获得实时地价信息，并对地价进行监测。

三、基于 GIS 土地信息系统的开发和应用

从本质上来讲，建立土地管理信息就是用 GIS 技术来获取、分析、处理、管理和利用土地信息，就是要依靠计算机技术和现代化科学理论及数学模型的应用，如地理信息系统、遥感学、计算机科学（包括互联网技术⋯⋯）等对土地信息进行管理。其中，土地管理的许多业务工作，如，动态监测、建设用地管理、土地监察、地价评估都必须建立在地籍、土地详查系统的基础之上，或者说与其有着千丝万缕的联系。因此，土地信息系统的核心问题是建立地籍管理信息系统和土地详查系统，这是土地管理各项业务工作的基础，必须先行。

土地管理的特色是对土地空间特性的管理。土地空间特性，包括土地的地理位置、相邻关系，图层的划分及与土地相关的各种空间属性和人文属性。土地的这种空间特性，为 GIS 的应用提供广阔的天地。GIS 最初的应用领域，就是建立与土地管理、土地规划相关（包括地籍管理、土地数据库等有关系统的管理和规划等）的土地信息系统（LIS）。因此，GIS 是进行土地管理、建立土地信息系统的最佳平台。

GIS 在土地管理信息系统中的应用，其核心是要建立一个具有统一标准的土地信息库，主要包括了地籍信息、土地类型信息、土地利用信息、土地权属信息和地价信息等几方面。而对于数据库的建立，一般可采用关系数据库管理空间数据。

系统的开发将采用关系数据库 SQL SEVER 管理空间数据和属性数据，利用 SQL 语言对空间与非空间数据进行操作，同时可以利用关系数据库的海量数据管理、记录锁定、事务处理（Transaction）、并发控制、数据仓库等功能，使空间数据与非空间数据一体化集成，实现了真正的 Client/Server 结构。

土地管理信息系统是 MIS 与 GIS 结合的系统，在开发过程中将充分应用比较成熟的 Client/Server 结构，采用三层模型（Three Tiers）即数据服务层、应用逻辑层、表达层等层次进行开发，并尽最大可能应用 Internet/Intranet 技术，如应用微软的 ActiveX Document 调用 GIS 组件，通过 Internet 发布空间和非空间信息，为将来过渡到 Internet/Intranet 应用模式奠定基础。

土地管理信息系统不仅是 MIS 与 GIS 系统的集成，还必须融入工作流管理的机制。为了更好地实现系统的图文一体化集成，采用关系数据库管理空间与非空间数据是基础，而采用组件 GIS 技术是成功的关键。通过 GIS 组件将 GIS 集成到 MIS 与工作流应用中，实现真正的图文一体化集成。

土地管理信息系统分析与设计将采用面向对象的系统分析与设计（OOA&D）方法。系统开发过程中将应用计算机辅助软件工程（CASE）技术进行系统分析、软件设计和开发，确保系统软件和数据库的规范化、可移植性、可靠性，提高系统开发的效率。

为了解决土地管理的工作流程和信息流的计算机管理问题，采用工作流（Workflow）技术实现系统内部工作流程的管理，通过工作流管理系统将办公自动化系统与 GIS 应用系统融为一体。工作流技术的应用将参照工作流管理联盟的有关工作流规范。

在日常规划管理中，原始档案和各种受理材料是工作人员经常查询的资料，为了工作人员在办公中能方便地查阅受理材料和原始档案，需要建立受理材料和原始档案的电子文档。受理材料可以用扫描或数字照相的方式输入。扫描电子文档可以通过打印的方式生成 PDF 文件，既可存储文本又可存储图像和矢量图形，并具有较强的压缩功能，另外，可以加入数字签名，确保文档的安全性。在日常办公过程中，受理材料将采用扫描的方式存储于 PDF 文件中，审批过程中各种打印的审批结果通过 Adobe PDF Writer 生成 PDF 文件，最后采用 Acrobat 将整个审批项目所涉及的受理材料和审批结果合成一个 PDF 文件，构成审批项目的电子文档。

随着国土大面积调查工作的全面展开和城镇地籍管理工作得以日趋细化，各种野外调查数据，不同比例尺图件资料急剧增加。特别是城市建设的空前发展以及土地有偿使用法规的实施，使得地籍变更日益频繁、地籍信息量也越来越大，对城镇地籍管理提出了更高的要求。面对如此数量巨大、来源多样、变更频繁的信息，传统的管理方法已经越来越不能满足现代化土地管理的需要。此外，国民经济的迅猛发展，迫切要求各级国土部门为国家提供准确的数量、质量和土地利用现状等信息。因此，应用现有 GIS 技术，建立科学的土地管理体系，为合理利用土地资源，进行土地规划、整治、开发利用、税收等提供有关基础资料和科学依据，基于 GIS 开发的土地管理信息系统的建立将在土地管理方面有更加广泛的作用。

第八节　城市停车场三维 GIS 平台应用

三维地理信息的快速发展催生了大量的行业应用，为有效地掌握和管理现有停车场资源，合理利用空余的城市资源补充城区停车场资源的不足，开展城市停车场三维地理信息平台建设具有重要意义。对此，基于停车场空间普查成果的建模技术应运而生。

一、城市停车场现状概述

随着我国城市化进程的加快，城市人口不断增加，用地规模不断扩大，随着近年汽车保有量的快速增长，停车难问题成为制约城市发展的一个重要瓶颈。

为有效地掌握和管理现有停车场资源，实现新场地的科学选址、审批，以合理利用空余的城市资源补充城区停车场资源的不足，开展城市停车场三维地理信息平台建设，辅助市政规划管理开展停车场统筹规划管理工作，实现三维地理信息技术在规划管理中更好、更深入地应用具有广阔的前景。

二、平台建设

某城市勘测院完成了对该市主城区进行地下空间信息进行了普查，其中地下车库信息普查成果数据为城市停车场三维地理信息平台的建设提供了数据支撑。

城市停车场三维地理信息平台的建设目标是：依托城市三维模型数据库、三维仿真技术及三维数字城市平台，收集整理地下空间市政普查数据，构建城区三维停车场系统，满足市政规划管理部门对停车场信息日益增长的需求，辅助市政规划管理部门进行城区停车场建设的规划部署，为市政规划管理提供更直观、更科学的技术支撑手段。

1. 建设思路

（1）建立三维停车场数据库，统一管理停车场三维模型、泊位数等相关信息，为停车场的可视化管理和统计分析提供数据基础。

（2）依托三维数字城市平台，开展三维停车场应用系统建设，为面向市政管理部门提供一站式服务。

（3）基于系统强大的空间分析功能，实现辅助停车场规划选址。综合轨道交通、城市道路、主城商圈等相关空间数据进行空间查询、统计、分析，辅助新建停车场的选址布局，实现停车场的合理规划。

（4）基于系统三维仿真特性，实现对停车场设计方案的辅助审批，包括出入口分析（数量、与周边道路的关系、视野）、通道分析（宽度、坡度）、车位分析（间距、面积）等。

2. 总体设计

城市停车场三维地理信息平台以三维场景数据为基础，以统一的应用系统为中心，以分布式的设计系统部署为支撑。系统体系结构可以表示如图 7-11 所示。

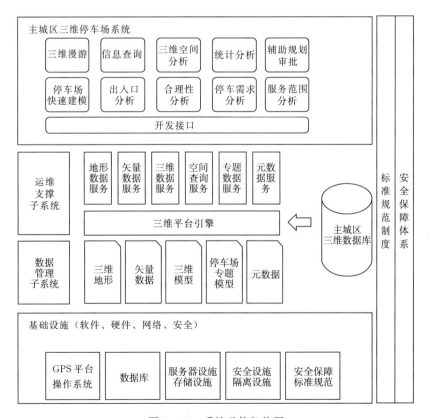

图 7-11 系统总体架构图

三维数据支撑体系为整合系统提供数据支持，并在系统应用过程中实现三维数据快速更新，为后续应用或优化提供具有很高现势性的数据支持。

数据应用规范体系是三维城市应用系统的基础，贯穿在三维停车场系统的应用开发过程等环节提供规范支持。

三维城市基础应用平台是应用系统的中心，统一部署，分布调用。相关应用单位或部门从平台统一获取数据资源，并在此基础上进行辅助规划工作。应用的成果，将以三维模型的形式整合到平台中，作为其他设计内容的参照。

城市停车场三维地理信息平台是规划应用成果与主城区现状三维停车场数据库的中心，也是发布中心。该平台不仅支持现在停车场作为方案展示、方案对比和方案评审，也可以提供信息查询、条件查询、周边查询、空间分析等三维空间数据分析功能。

3. 平台数据更新

停车场空间数据更新方面，依赖市场机制，通过三维现状模型覆盖定期更新、建设工程规划竣工核实补充更新、测绘成果数据共享等方式，实现主城区停车场空间数据的长效更新，见图 7-12。

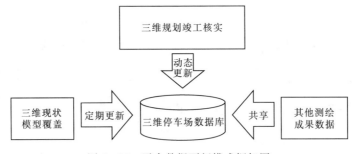

图 7-12 平台数据更新模式框架图

4. 平台功能模块设计

（1）通用三维 GIS 模块：基于某城市数字城市平台，调用自主研发的三维底层平台提供的三维 GIS 基础服务实现相关应用，实现三维数据的网络发布与浏览。同时，还包括三维场景基本操作、图层控制、空间查询、物体操作等功能。

（2）停车场信息树模块：平台信息树主要分为两级节点，车库项目和车库所在的行政区域。提供多种模式包括出入口信息的展现，顶视模式和侧视模式根据车库项目的标识定位到车库实际位置，如果是地下车库项目，则同时隐藏掉该项目特定范围内的地上及车库部分模型，方便展示车库内部细节结构。该模块还可以根据车库项目的标识从数据库中查找该车库项目对应的出入口信息，并为每一个出入口设置醒目的方向标志及对应的实际现场照片。

（3）车库信息查询模块：将三维停车场空间数据与各类属性数据相结合，方便专业技术人员和管理人员对信息数据进行管理和利用，包括属性查询、条件查询、空间查询和周边查询。

（4）车库信息统计模块：能够快速统计指定区域内建成的公共、专用停车场的数量、车位、区域分布、距离分布等统计信息，并以表格、柱状图等方式展示，为规划决策提供数据支持。街道统计，按行政街道分区，查询区域内的所有地上、地下车库，并统计车库、车位数量，生成相应的报表表格和柱状图。区域统计，按场景中自定义区域或者通过导入 GIS 图层，对相关信息进行统计。距离统计，查询某 POI 的周边的车库，并按距离进行分段统计。

（5）规划决策辅助模块：主要包括出入口视域分析和辅助规划审批，基于停车场三维模型和设计信息，从空间上分析出入口数量、限宽、限高、坡度、视野及其与周边道路关系等空间布局特性，评估出入口设置的合理性，并实现对停车场设计方案的辅助审批等应用。

三、关键技术研究

在总体设计的技术特征的基础上，结合三维数字城市技术的思想，对三维停车场数字平台建设的特点进行简单介绍。该技术的特点是利用已有地下空间普查数据，结合航测内外业以及市政重点规划竣工资料，充分利用三维技术进行平台数据与框架的建设。三维停车场数字平台建设的关键技术主要包括以下几个方面。

1. 平台数据加工流程

三维车库模型数据库是平台建设的核心内容，其数据加工流程如图 7-13 所示。

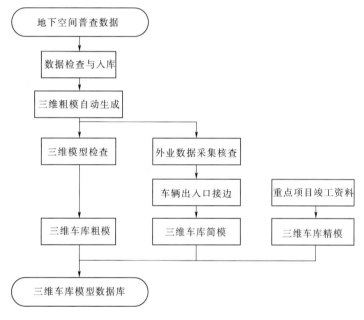

图 7-13　平台数据加工流程

图 2-13 中，平台三维车库模型数据库以城市地下空间普查数据为基础，利用数据处理工具自动生成三维车库粗模，并结合航测技术对车库数据进行数据分析和采集，同时利用重点项目竣工资料生成三维车库精细模型。将粗模、简模和精模三个层级的三维车库模型进行整合入库最终形成三维车库模型数据库。

2. 自动构建三维停车场粗模

平台包含对地下空间普查数据处理工具。将地下空间普查成果 EPS 数据转换成为 ArcGIS SHP 数据，并解析 Excel 车库属性数据，并导入到三维停车场属性数据库中。根据地下空间普查数据，及相应的普查规则，基于三维地理信息平台二次开发生成三维体块模型，并对三维体块模型进行分块组织，停车场粗模分为停车场顶部、侧部、底部三部分，方便后续数据组织管理。

　　充分利用地下空间普查成果，研究地下停车场自动建模方法，实现快速建模。对于普查原始数据中如果没有提供足够空间及属性数据的情况，需要进行进一步的数据收集与处理。

　　3. 车道与车位分布信息处理

　　停车场车道与车位分布的原始信息在建设工程的设计阶段均进行了充分的设计，须综合考虑规划、交通、施工、标准法规等影响因素。目前有少数设计单位在工程项目施工时会采用 BIM（Building Information Model）技术来辅助建设工程停车场的建设，在项目竣工完成之后则会有一个建筑模型数据库，这些数据库中则会包含车道和车位分布的属性和几何信息，后期三维应用只需将这些信息进行整合，充分利用已有信息进行应用的深度挖掘。还有大多数设计单位在工程项目施工时并没用采用 BIM 技术，这就要求必须对施工图中的车道与车位信息进行提取，包括在 CAD 中进行二次开发提取关系信息，并进行数据组织与入库，方便后续应用的调用。车道与车位分布信息数据处理流程如图 7 - 14 所示。

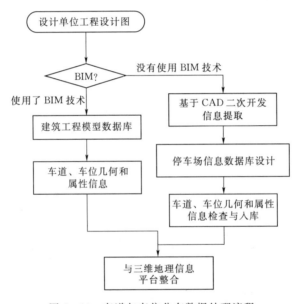

图 7 - 14　车道与车位分布数据处理流程

　　车道与车位数据分为几何模型和属性信息库，几何模型信息在三维场景中以车道和车位为单位组织作为单个三维对象，每个模型名称均为该模型在三维场景中的唯一标识符，三维地理信息平台通过该标识符完成对车道车位信息的调用，图 7 - 15 展示了某商场地下停车场车位车道模型数据。

四、应用成果

　　1. 三维停车场展现

　　平台将直观的展示地下三维车库模型与地上建筑物模型的关系，通过该功能可以方便的查看地下车库层数、车位分布、车道等信息，如图 7 - 16 所示。

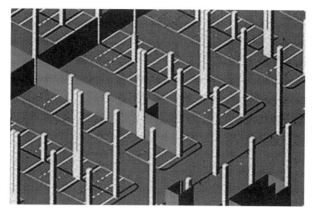

图 7 - 15　车道与车位分布模型

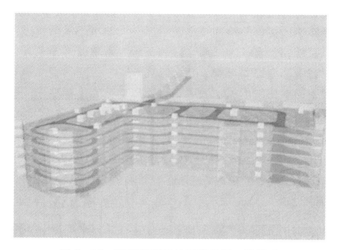

图 7 - 16　某酒店项目地下停车场三维模型

图 7 - 17 表示某地下停车场出入口，包括出入口限高、限宽、坡度等信息的获取，平台中每一个出入口均配置相应的实景图片。该功能还可以应用于各种应用需求，如视频摄像头布控方案选定。

图 7 - 17　某地下停车场出入口分析

2. 平台分析统计

根据 POI 兴趣点，查询周边地上地下停车场在三维场景中的分布，并实现快速定位及相关车库信息查询。

根据所查询的 POI 兴趣点查询周边车位数距离统计图，方便对城区地下停车场数量分布进行定量统计分析，如图 7-18 所示。

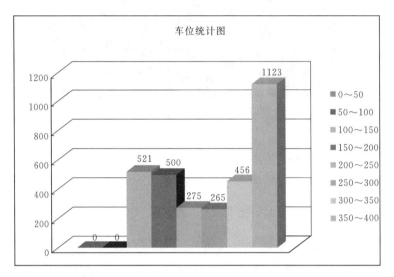

图 7-18　距离统计

根据停车场出入口的道路分布情况对出入口进行视域动态模拟分析，分析出入口分布与路网关系的合理性。图 7-19 所示为某酒店出入口处车辆行驶过程中的视域分析。

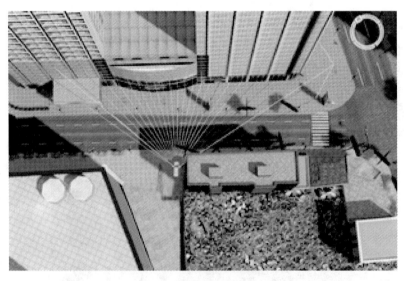

图 7-19　视域分析

小区停车场管理系统在物业管理领域得到了很好的应用，但将城区所有停车场引入三维 GIS 中，服务于城市规划管理还没有形成很好的应用体系。本节从城市停车场三维地理信息平台数据和软件系统两个方面进行介绍，首先研究了基于多源数据创建停车场粗模、精模的技术方案，然后重点介绍了停车场三维地理信息平台相关的框架与应用，提高了城市规划管理的水平和效率。今后还可以充分利用地下空间普查数据中其他成果（地下通道），进一步深化应用。

第九节　GIS 地图在视频监控系统的行业化应用

GIS 可以将数据以图形和动画形式直观显示在电子地图上并实现多个系统的集成联动。地理信息技术的飞速发展给全球信息化带来了巨大的冲击，同国际上迅猛发展的 GIS 相比，我国 GIS 技术，特别是专业化、智能化平台软件的研制方面有些滞后，虽然 GIS 系统的起步比较晚，但也在很多部门和领域得到了应用。比如，将 GIS 用于全球环境变化动态监测，在资源调查中，GIS 提供多条件下的资源统计和数据快速再现，为资源的合理利用、开发和科学管理提供依据，也可应用于不同层次和不同领域的资源调查与管理，例如农业资源、林业资源、渔业资源，利用 GIS 对森林火灾、洪水灾情、环境污染等进行监视。

此外，GIS 在金融业、保险（放心保）业、公共事业、社会治安、运输导航、考古、医疗救护等领域也得到了广泛的应用。近些年，视频监控系统中也开始逐步增加了 GIS 系统的应用，利用电子地图可以对视频监控前端进行统一可视化视频图像调用、设备状态监控以及球机控制、车辆监控等功能。通过 GIS 的空间拓扑分析功能，能进行辅助分析和决策，充分满足公安业务工作的实际需求，直观全面整合各相关应用系统，极大提升社会治安监控系统的智能化和实用化程度，更好满足城市治安保障的需要。

一、GIS 地图应用于常规监控系统

随着网络带宽、计算机处理能力和存储容量的迅速提高，以及各种实用视频信息处理技术的出现，视频监控进入了全数字化的网络时代。以往的监控指挥中心，一般采用屏幕墙和客户端将前端视频通过切换显示的方式呈现给用户，只能通过在图像上叠加文字和在软件树形列表中判断视频点位置，监控设备的具体地理位置信息不明确。随着监控系统日益庞大和设备数量逐渐增多，监控中心的值班人员的压力也逐渐增大：无法在海量监控点中快速查找，日常巡检查看费时费力；事发周边监控点无法及时定位，应急联动不够及时；重大事件特大案件发生时面临很大的压力。

通过 GIS 系统，可以把前端监控设备的具体位置在地图上标注，在地图界面上直接观看视频，用户想寻找一个监控设备时，无需在整个设备列表中查找，直接在地图上点击或搜索关心的监控点位，即可看到自己关心的视频，节省了大量时间，同时也更加精准更加直观。在报警发生时，通过 GIS 地图，用户能够第一时间确定发生事件的位置，对应急联动和指挥调度起到了更有效的支持。

二、平安城市系统的 GIS 应用

平安城市、智慧城市是目前安防行业的主要应用领域，是基于视频监控系统、报警系

统、指挥调度系统、GIS 地图系统的综合集成管理，实现覆盖市区县的整体应急联动。依托 GIS 电子地理信息系统，通过视频图像信息与空间地理信息的融合，实现视频图像信息、视频前端属性、视频区域信息、警力分布信息、应急联动信息，以及各类基础数据信息的同步显示。整合城市各种应急资源，以视频管理系统、地理信息系统、数据分析系统、信息展现系统为手段，实现对事件数据的收集、分析和辅助决策，对各类资源的组织、协调和管理控制等指挥调度功能，使其成为城市应急联动系统和智慧政务的信息基础的支撑。

对于公安应用来说，报警人现在通常使用自己的手机和公用电话进行报警，但是手机和公用电话的自动定位结果接入到视频监控系统的过程比较复杂，110 报警中心的值班人员只能根据报警人的描述在地图上手动搜索；而对于指挥调度来说，执勤干警或者警车的位置无法即时掌控，导致指挥中心很难迅速根据距离案件发生地点远近的情况对执勤人员进行调度，容易造成时间的浪费和处置的不及时。

针对以上问题，可以通过部署音视频监控系统进行针对性的改进。比如在事件多发地段，安装语音求助安全岛对讲终端，在终端上有报警按钮、音箱以及摄像机，这样报警人可以在对讲报警终端上按下报警按钮，就可以跟 110 报警中心进行呼叫通话，并且可以通过旁边的摄像头把现场的情况第一时间传给报警中心，由于报警对讲终端是固定的，可以在 GIS 地图上标注出经纬度，如果有人报警，第一时间在地图上能够显示出报警发生地点，并且可以最快速度的了解现场情况，这样能就很好解决报案时的时间耽搁。而针对如何出警处置的问题，执勤民警通过佩戴单兵取证设备，执勤车辆安装车载云台和车载硬盘录像机，利用 GPS 技术和移动通信网络，建设警用车辆 GPS 系统，与 GIS、接处警、有线通信、无线通信等子系统实现有机集成，把执勤民警和执勤车辆的位置实时在 GIS 地图系统中显示，这样当案件发生时，报警中心第一时间知道了案件发生地点，也能直观了解到案件发生地点周边执勤民警或者执勤车辆所在的位置，通过车载设备和单兵设备的对讲功能，可以快速派警到现场处理，最大限度的缩短了事件发生处理的时间。

三、智能交通系统的 GIS 应用

随着城市经济的不断发展，人口和机动车辆数量迅猛增长，道路交通的压力越来越大，路口事故时有发生，严重威胁人民群众的生命财产的安全，一个重要原因就是机动车驾驶人在交警视线之外违法驾驶的情况非常普遍。单纯依靠人为管理，浪费人力资源，效果也不明显。道路交通违法自动记录处罚管理系统（也称"电子警察"系统）利用高科技手段，对在道路上发生的各种违法行为进行自动取证，结合处罚管理手段，提高交通管理水平。

原先交警使用的视频监控，只能通过查询图片或者车牌，然后逐个卡口排查，对于一个交通路口，从图片中查找到一辆车，工作量非常大，更何况不知道违法分子的逃逸路线，与一个卡口相邻的所有卡口都需要查询一次，给案件侦破等造成了非常大的影响。将 GIS 地图与智能交通系统相结合，就能够解决以上问题：输入肇事车辆车牌号及相应查询条件，如时间、地点、车辆特征等信息，对平台内所有的高清卡口、电子警察的相关记录信息进行条件筛选，同时在 GIS 地图上，系统会自动将这些行驶记录首尾相连，将嫌疑

车辆的运行轨迹显示出来，并实时更新状态，便于公安机关实施围追堵截，大大提高办案效率！

当嫌疑车辆经过高清卡口时，车辆信息上传到平台，GIS 地图中相应的卡口位置可提示报警，通过点击报警点的弹出链接，可查看违法记录和违法抓拍图片。

GIS 地图上还可以显示设备状态信息，如前端点位的抓拍设备、车辆检测设备、治安监控设备、流量监控设备、信号控制设备等与交通相关的设备都可以进行实时标注，便于值班干警及时了解状况和派工解决，提高了响应速度。

随着与实际业务的深度融合，基于 GIS 地图的公安实战系统可以提供更为丰富的功能。

（1）GPS 应用：PGIS 基础（图层控制、地图漫游、地图查询、地图定位、动态标注）、位置定位（位置收藏、门牌号、道路、地名）、车辆实时显示、车辆点名、轨迹回放、速度时间曲线。

（2）报警应用：超速、久坐不动、偏移路线、长时间不在线、异常入网。

（3）指挥调度应用：实时警力、警力查询、车辆历史轨迹、车辆排班、巡控区域、应急救援。

（4）勤务管理应用：勤务计划、警务执勤、勤务管理。

四、森林防火系统的 GIS 应用

随着森林保护和林业建设的发展，林地面积和蓄积量逐年增加，防火任务日益艰巨。火灾是林业重要灾害之一，具有突发性、随机性，短时间内可造成巨大损失。因此，一旦发生火情，必须以极快速度采取扑救措施。国内国外都在预防、减少和控制森林火灾方面做了大量的工作，为了贯彻"预防为主，积极扑救"的方针，真正做到早发现、早解决，需要采用先进技术，用高科技手段来加强森防工作，在最短的时间内做出决策和调度，从而为森林灭火赢得宝贵时间，最大限度地减少损失。

传统的视频监视方式依靠值班员 24 小时轮流观测，昼夜监控和判断各个监视点传来的现场视频图像。为有效解决传统视频监视方式下，值班员长时间监控易疲劳和工作效率等问题，可以将视频监控系统与 GIS 地图结合，实现高效精准管理。森林防火监控预警管理系统应运而生，它和森林防火应急指挥管理系统并行工作，是体现在日常工作的预控性管理手段，可实现预先发现、及早解决和有效预控，从而加强森林防火监控管理。将"平时"的森林防火监控预警管理与"战时"的森林防火应急指挥管理有效地结合起来，通过 GIS 地图综合显示，可有效提高森林防火工作的总体管理水平。

一旦烟火自动识别模块判断出图像上有疑似火点，立即自动发出报警，通知监测人员，同时在 GIS 地图上进行火情自动跟踪和交互确认，如果确认火情，发出正式的林火报警信息。GIS 地图可按图层方式显示，同时打开多张地图，对同一数据可多次调入地图，以不同的图示符号快速显示。利用图层列表可控制地图窗口的显示内容、状态、顺序及表现形式。

该系统支持从防火监控区域内的各个气象监测点，动态采集处理和存储温度、湿度、气压、风向、风速等气象数据，并实时在 GIS 地图上显示。

五、其他行业监控系统的 GIS 应用

针对银行的盗窃、抢劫、诈骗犯罪活动日趋上升，部署视频监控系统可以实现对全市离行式和在行式 ATM 机及营业网点监控设备远程监管。通过 GIS 地图把各网点 ATM 机或网点的探头在地图上直观标注。出现警情时，可第一时间联动 GIS 地图定位，通过银行专用 IP 对讲系统对现场做双向语音通话确认，与视频监控画面复核联动。银行运钞车监控系统通过 GIS 地图可以实时显示行驶轨迹和车内外状况，确保安全。

近年来出现的学校伤害事件和校园附近的交通事故日益增多，保护学生安全已经成为刻不容缓的事情，中小学可采用视频监控系统对围墙和出入口监控，通过专网将每所学校的监控视频汇总到上级管理部门，结合 GIS 地图远程巡视并对异常事件实时定位联动，实现辖区以及全市的校园联网监控，保证给学生安全的学习环境。此外，校园巡考系统不仅要关注各考场内部的情况，试卷押运车从考试中心运到考场的过程也需要通过 GIS 地图实现全程监控。

加油站点多面广，物品易燃易爆，社会治安复杂，全面建设人防、物防、技防相结合的防控体系势在必行。为实现面向全市乃至全省的加油站联网监控，可以将 GIS 地图与加油站视频监控系统结合，从而实现对监控设备和消防设备进行日常巡检，实施有效管理。

六、GIS 地图应用于监控系统的瓶颈

目前，GIS 系统与视频监控系统做集成联动时，由于监控系统的点位规模逐渐增大，使数据量飞速增长，报警信息逐渐增多，GIS 系统压力也随之增大，而政府不同部门对地图信息的共享需求也对使一致性和流畅度提出了更高要求。服务器方面需要高配硬件，大系统甚至需要服务器集群；网络方面需要千兆以上网络；数据方面，要依托大型数据库，才能实现大量点位的分层显示，报警信息分级别、分时间段、分用户递送。

视频监控产品在平安城市、智能交通、金融、石油石化等行业的大规模应用，使得用户对安防系统的效能管理、系统运维、操作易用性提出了更高的要求，应用 GIS 系统所建立的空间数据模型，使智能化视频监控的作用得到了更大的发挥，也为安防设备的优化利用提供了有力的保障，用户使用建立在 GIS 基础上的视频监控系统，更加直观快捷。未来，GIS 地图会深化到视频监控系统的应用中，并朝着智能化、实战化、平台化发展。

第十节 目前我国 GIS 发展现状和对策

GIS 系统正朝着专业或大型化、社会化方向不断发展着。"大型化"体现在系统和数据规模两个方面；"社会化"则要求 GIS 要面向整个社会，满足社会各界对有关地理信息的需求，简言之就是"开放数据"、"简化操作"，"面向服务"，通过网络实现从数据乃至系统之间的完全共享和互动。

一、空间信息的获取、处理与交换

地理空间数据是 GIS 的血液，构建和维护空间数据库是一项复杂、工作量巨大的工程，它包括：数据的获取、校验和规范化、结构化处理、数据维护等过程。GIS 处理的数据对象是空间对象，有很强的时空特性，获取数据的手段及数据的形式也复杂多样。获取数据的基本方式有：野外全站仪平板测量、GPS 测量、室内地图扫描数字化、数字摄影测量、从遥感影像进行目标测量和数据转换等。这些获取技术已基本成熟。同时，空间数据也具有很强的时效性，不同的空间数据必须进行周期不等的数据更新维护，空间数据库中数据的准确、及时、完整是实现 GIS 应用系统价值的前提基础。空间数据维护往往涉及跨部门、跨行业的多种数据格式和多种数据类型的大量数据，提供有效的空间数据编辑更新手段是当前亟待解决的一个重要课题。

基于上述信息获取技术，在过去的 20 年间，国家有关部委和行业部门已经积累了大量原始数字化数据和相应资料，建立了 1100 多个大、中型数据库以及大量的各类数字化地理基础图、专题图、城市地籍图等。国家测绘地理信息局已经完成了全国 1∶100 万、1∶25 万基础地理空间数据库以及全国七大江河数字地形模型的建设，并启动了全国 1∶5 万，部分省份 1∶1 万基础地理空间数据库的建设。这些基础数据有力促进了 GIS 技术的广泛应用，进而产生了大量的 GIS 数据。但由于 GIS 软件大多采用不同的空间数据模型，以及它们在地理实体上的认识差异，使得所积累的数据难以转换和共享（即使能够数据转换，也会产生信息的丢失），从而形成一个个新的数据孤岛。制订数据交换的格式标准已成为大家的共识。一些国家和组织已经在进行这方面的工作，并定义了一些数据交换标准，如 SDTS，OpenGIS 联盟制订的 GML，另外一些公认的数据格式如 DXF，Shapefile 和 MIF 文件格式等正逐渐成为数据交换的事实标准。我国也在"九五"期间制定了地球空间数据转换标准。但是由于人们对空间信息认识和研究成果的制约，还没有一个统一的地理数据模型，因此建立实用的数据交换格式和信息标准将是一个长期、复杂过程。

二、空间数据的管理

空间数据的管理涉及两个方面的内容：空间数据模型和空间数据库。

空间数据模型刻画了现实世界中空间实体及其相互间的联系，它为空间数据的组织和空间数据库的设计提供了基本的方法。因此，空间数据模型的研究对设计空间数据库和发展新一代 GIS 系统起着举足轻重的作用。在 GIS 中与空间信息有关的信息模型有三个，即基于对象（要素）（Feature）的模型、场（Field）模型以及网络（Network）模型。GIS 基础软件平台的研制和应用系统的设计开发一直沿用这三种空间数据模型，但这些模型在空间实体间的相互关系及其时空变化的描述与表达、数据组织、空间分析等方面均有较大的局限性，难以满足新一代 GIS 基础软件平台和应用系统发展的要求。主要表现为：

（1）仅能表达空间点、线、面目标间极为有限的简单拓扑关系，且这些拓扑关系的生成与维护耗时费力。

（2）难以有效地表达现实三维空间实体及其相互关系。

（3）适于记录和表达某一时刻空间实体性状及相互间关系静态分布，难以有效地描述和表达空间实体及其相互间关系的时空变化。

(4) 没有考虑异地、异构、异质空间数据的互操作和分布式"对象"处理等问题。

针对上述不足，时空数据模型、三维数据模型、分布式空间数据管理、GIS 设计的 CASE 工具等研究已成为当前国际上 GIS 空间数据模型研究的学术前沿。

三、相关技术

GIS 与其他几种信息系统密切相关，但由于其处理和分析地理数据的能力使其与它们相区别。尽管没有什么硬性的和快速的规则来给这些信息系统分类，但下面的讨论可以帮助区分 GIS 和桌面制图、计算机辅助设计 CAD、遥感、DBMS 以及 GPS 技术。

1. 桌面制图

桌面制图系统用地图来组织数据和用户交互。这种系统的主要目的是产生地图：地图就是数据库。大多数桌面制图系统只有极其有限的数据管理、空间分析以及个性化能力。桌面制图系统在桌面计算机上进行操作，例如 PC 机，Macintosh 以及小型 UNIX 工作站。

2. CAD

计算机辅助设计（CAD）系统促进了产生建筑物和基本建设的设计和规划。这种设计需要装配固有特征的组件来产生整个结构。这些系统需要一些规则来指明如何装配这些部件，并具有非常有限的分析能力。CAD 系统已经扩展可以支持地图设计，但管理和分析大型的地理数据库的工具很有限。

3. 遥感和 GPS

遥感是一门使用传感器对地球进行测量的科学和技术，例如，飞机上的照相机，全球定位系统（GPS）接收器，或其他设备。这些传感器以图像的格式收集数据，并为利用、分析和可视化这些图像提供专门的功能。由于它缺乏强大的地理数据管理和分析作用，所以不能叫作真正的 GIS。

4. 数据库管理系统（DBMS）

数据库管理系统专门研究如何存储和管理所有类型的数据，其中包括地理数据。DBMS 使存储和查找数据最优化，许多 GIS 为此而依靠它。相对于 GIS 而言，它们没有分析和可视化的工具。

四、GIS 的应用前景

目前 GIS 的研究和应用都处在一个高速发展的阶段。在国外 GIS 技术已被各级府部门和企业界广泛认知和采用。尤其是在北美、欧洲、日本和澳大利亚等国家和地区，GIS 市场已经基本形成。GIS 数据公司和软件公司比较多，他们在 GIS 系统建立和空间数据的使用方面已有了一套比较规范和成熟作法。在我国 GIS 技术也正被越来越多的府部门和大型企业所采用。虽然起步较晚，但是有后发优势，可以少走弯路，以比较高的起点开展 GIS 的理论研究和开发应用工作。

未来若干年空间数据采集和 GIS 技术将会有新的更大的发展，从而给城市空间数据生产和 GIS 应用增添新的生命力。以信息高速公路和计算机宽带高速网为代表的国家信息基础设施（NII）的建设、高分辨率卫星影像技术的实用化、数字摄影测量和空间定位技术的发展以及超大容量、高速数据存储设备的发展将给城市空间数据生产和 GIS 应用带来巨大积极效用。新的数据获取与更新技术的发展、新数据形式的应用、数据共享策及其实施、国家多尺度空间数据基础设施的建设以及数字地球和数字城市的建设都将大大改善我国城市空间数据的状况。

GIS 技术的一些最新发展（如 WebGIS、OpenGIS、ComGIS、3D GIS、TGIS 等）将在城市得到实际应用，从而提高 GIS 系统应用的水平。城市 GIS 将进一步由技术推动转向应用牵引。面向应用将是 GIS 的生命，GIS 与其他技术的集成将成为主流，应用系统的质量将稳步提高，用户的意识和将更有利于 GIS 的发展，应用将向深层次和大众化两极发展。

21 世纪我国的城市将会有更大的发展，城市的发展将给城市 GIS 技术带来新的机遇。城市 GIS 虽然面临挑战，但未来无限光明。由于 GIS 本身的特点，过去建立起来的城市 GIS 系统的实际效益在未来几年将会逐步显示出来，人们的认识会进一步提高，城市 GIS 的生命力将愈加旺盛，并将会发挥应有的、符合其特点的作用，GIS 也将真正走向产业化和市场化。

第八章 从数字城市到智慧城市

第一节 数字城市概述

"数字城市"系统是一个人地（地理环境）关系系统，它体现人与人、地与地、人与地相互作用和相互关系，系统由政府、企业、市民、地理环境等，既相对独立又密切相关的子系统构成。政府管理、企业的商业活动、市民的生产生活无不体现出城市的这种人地关系。国际城市发展研究院认为城市的信息化实质上是城市人地关系系统的数字化，它体现"人"的主导地位，通过城市信息化更好地把握城市系统的运动状态和规律，对城市人地关系进行调控，实现系统优化，使城市成为有利于人类生存与可持续发展的空间。城市信息化过程表现为地球表面测绘与统计的信息化（数字调查与地图），政府管理与决策的信息化（数字政府），企业管理、决策与服务的信息化（数字企业），市民生活的信息化（数字城市生活），以上四个信息化进程即数字城市。

一、数字城市建设的背景

"数字城市"是从"数字地球"这一概念演化而来的，它是城市信息化的战略目标和城市现代化的重要标志。建设"数字城市"，既是城市发展不可逆转的趋势，更是加快城市现代化建设，增强城市综合竞争力的内在要求和必然选择。构建"数字城市"，将会改变人们传统的生产和生活方式，丰富人们的物质文化生活。

1. "数字地球"概念的由来

1998 年 1 月 31 日，美国副总统戈尔在美国加利福尼亚科学中心发表了题为《数字地球：21 世纪认识地球的方式（The Digital Earth：Understanding Our Planet in the 21st Century)》的讲演，提出了"数字地球"概念。戈尔指出：我们需要一个"数字地球"，一个可以嵌入海量地理数据的、多分辨率的、真实地球的三维表示。他还认为，"数字地球"所需要的技术涉及以下几个方面：以建模与数字模拟为特征的计算科学、海量储存技术、高分辨率的卫星图像技术、每秒传送一百万兆比特数据的宽带网络、互操作规范、元数据标准以及卫星图像的自动解译、多源数据的融合和智能代理等。戈尔认为"数字地球"潜在的应用会远远超出我们的想象力，他认为如果看现今主要由工业界和其他一些公共领导机构驱的 GIS 和遥感数据的应用，就可以从中对"数字地球"的种种可能应用有一个概貌，如指导仿真外交、打击犯罪、保护生态多样性、预报气候变化和提高农业生产率等方面。1998 年 3 月 13 日，戈尔还在美国麻省理工学院的一次演讲中建议，发射一颗能在电视和因特网上实时反映台风、森林火灾、云图以及其他地球现象的卫星。这项卫星计划被认为是响应戈尔提出的"数字地球"设想的一个具体措施。同年 9 月又做了"为了健康，建设更美好更舒适的生活小区"（Healthier, More Livable Communities）的报告，进一步推动了"数字化生存"和"智能化住宅与小区"的发展，并很快席卷了全球，为数字城市的发展打下了基础。

2. 关于"数字地球"的百家见解

戈尔在 1998 年 1 月 31 日的讲演中认为"数字地球"是一个可以嵌入海量数据的、多分辨率的、真实地球的三维表示。在 1998 年 6 月 23—24 日，陈述彭认为，"数字地球"提出了一个号召，到底这个"数字地球"是什么，可以根据个人的理解去琢磨它。李德仁认为，戈尔比较详尽地阐述了"数字地球"的概念，"数字地球"的概念与空间数据基础设施和空间数据框架基本相同，虽然戈尔提及的"数字地球"也以 1M 大正分辨率的卫星影像为基础，但是"数字地球"是一个以信息高速公路为基础，以空间数据基础设施为依托的更加广泛的概念。童庆禧认为，"数字地球"是一个全球性的信息综合体系，就是把这些东西都综合起来，形成一个用数字来表达的地球的信息，所以叫信息地球，这种信息用数字来表达，所以叫做"数字地球"。"数字地球"这个词，非常经济地、概括地、科学地表达了大家十分想说的这样一个领域、一个方向："数字地球"就是把地球搬进实验室和计算机。周成虎认为，"数字地球"包括两个地球概念：一个是我们真实的、即物质的地球；另一个是以政治、军事、经济、文化为主体的抽象地球。"数字地球"有两大技术，即空间技术和数字技术。李琦认为，"数字地球"应该是一个从数字化、数据构模、系统仿真、决策支持一直到虚拟现实，囊括所有这些方方面面的一个领域；"数字地球"是一个开放的、复杂的巨系统。她还提出了"数字地球与绿色发展战略"，分四个专题：① "数字地球"模型与动力学系统研究；② "数字地球"模型模拟；③ "数字地球"的神经系统模型和进化机能模拟；④ "数字地球"的科学工程。杨崇俊认为"数字地球"是对真实地球及相关现象的统一性的数字化重现与认识；"数字地球"的特点是空间性、数字性和整体性；"数字地球"的组成，至少有一个空间数据、文本数据、操作平台、应用模型；如果从学科方面来看，它应该有理论体系、技术体系、应用体系、工程体系。

综上所述，数字地球的基本概念，可以归纳为以下三个方面：

（1）数字地球指数字化的三维显示的虚拟地球，或指信息化的地球，包括数字化、网络化、智能化与可视化的地球技术系统。

（2）实施数字地球计划，需要有政府、企业和学术界共同协力参加。实施数字地球计划是社会的行为，需全社会来关心和支持。

（3）数字地球是一次新的技术革命，将改变人类的生产和生活方式，进一步促进科学技术的发展和推动社会经济的进步。

3. 数字地球的定义

数字地球是指数字化的地球，更确切地说是指信息化的地球。信息化是指以计算机为核心的数字化、网络化、智能化和可视化的全部过程。数字地球是指以地球作为对象的、以地理坐标为依据，具有多分辨力、海量的和多种数据融合的，并可用多媒体和虚拟技术进行多维和动态表达的，具有空间化、数字化、网络化、智能化和可视化特征的、能为解决复杂生产实践和知识创新、技术开发与理论研究提供实验条件和试验基地、由遥感技术、遥测技术、数据库与地理信息技术、高速计算机网络技术和虚拟技术为核心的技术系统。形象一点地说，数字地球是指整个地球经数字化之后由计算机网络来管理的技术系统。它代表了当前科技的发展战略目标和方向，是 21 世纪的重大技术工程，是遥感、遥测、数据库与 GIS、全球定位系统、互联网（Internet），万维网（Web）、仿真与虚拟技术等现代科技的高度综合集成和升华，是当今科技发展的制高点。数字地球的核心思想有两点：一是用数字化手段统一处理地球及问题；二是最大限度地利用信息资源。

4. 数字地球出现的历史必然性

（1）政治经济背景。冷战结束后，世界的重心由苏美在政治和军事上的全面对峙变为政治多极、市场经济在世界范围内逐步占有主导地位以及经济的全球化。

（2）人类社会的经济形态。由农业经济、工业经济逐步向知识经济过渡，知识经济最大的特点是：不依赖于自然资源，而是以人为本，依托于信息资源。

（3）认知思想背景。人类认识事物的过程，是从数字、文字、文章、文化和从部落、公社、国家这样发展的。信息技术和信息社会又重复这个过程，即数字、文字、图像、图形，从二维到三维；网络应用是从独建独用，到共建共享；人类认识地球的角度和范围从局部、地区、国家，再到一个全球性的"数字地球"的概念。

（4）从学科背景看。地球科学的发展从定性的认识，半定量的描述和分析，到多学科共同协作，各种技术的综合运用来对地球科学的重大事件进行定量和综合研究，数字地球代表这种发展趋势。

（5）从技术背景看。数字地球最直接相关的八个方面（空间对地观测技术、计算机技术、网络技术、通信技术、遥感、GIS、全球定位系统、地学数字技术）发展很快，也逐步与全球化连在一起。

（6）从社会需求看。科技发展、工农业应用、商业经济、军事技术和人民生活等方面对地理信息有了空前巨大的需求。

（7）国家级、地区级和全球性的空间数据基础设施（NSDI，RSDI，GSDI），是数字地球的一个核心，从 20 世纪 90 年代初开始已一步一步地向前发展，并已经在世界范围内积累了海量的建立数字地球所需的原始数字化数据和相应的资料，这包括无以数计多种比例尺的各类数字化地理基础图、专题图、城市地籍图，所以数字地球反映的核心思想是一种历史的必然。

5. 数字地球对百姓的影响

数字地球直接影响到我们的生活。通过虚拟现实技术，我们在家就可以试穿网上时装店里中意的各式时装，试穿效果可以立刻呈现在眼前；如果想买下它，只需轻击一下鼠标或键盘，就有人迅速把订购的衣服送到家来；网上蓬蓬勃勃地开展了很多交互娱乐项目，它给了我们更多的主动性和参与性。"足不出户，可知天下事"，坐在家中，国事、天下事了如指掌，也可以发表自己的观点和意见；数字地球给我们提供的丰富信息，尤其是地理信息，让我们可以方便、轻松地实现我们的旅游愿望，只要想得到的地方，都可以游历到，对它的自然地理状况、人文社会现象等了如指掌；世界各地的图书馆、博物馆、美术馆、艺术画廊和音乐茶座，可以在其中尽情玩赏。方便的信息交流、远程医疗等与我们生活息息相关的事也都变得极其容易了；数字地球直接影响到我们的工作，数字时代的工作将不受时间、地点和空间的限制，是全新的办公模式、管理方式和办公思维；数字地球直接影响到我们的学习，学生通过网络和老师直接交互学习，学生获得了更大的个性发展机会，拥有更多的信息资源，学习的方式也变得多种多样。教学方式有根本性的变化，远程教育使得每个学生都能请到最好的老师。教师的职责将是培养学生的思维、分析、学习能力和传授在数字地球时代获取知识的方法。

21世纪是信息化、网络化、数字化、智能化蓬勃发展、以信息和信息技术为支撑的知识经济的新世纪。运用计算机仿真和虚拟现实技术，将整个城市进行虚拟再现，仿佛置身于真实之中，在身临其境地欣赏城市美丽风光的同时，充分感受到"数字城市"的魅力！

二、数字城市内涵

1. 传统城市概念

数字城市研究，首先是城市，而后才是城市的数字化。什么是城市呢？钱学森指出：城市是以人为主体，以空间利用和自然环境利用为特点，以集聚经济效益、社会效益为目的，集约人口、经济、科学、技术和文化的空间地域大系统。词典解释：城市是人口集中、工商业发达、居民以非农业人口为主的地区，通常是周围地区政治、经济、文化的中心。城市的两个基本特征：①地区的政治、经济、文化的中心；②工商业发达，以非农业人口为主的人口集中区。

2. 信息化时代城市的特征

①不仅是政治、经济、文化的中心，物资、能源、资金、人才和市场的高度集中点，而且是信息的生产和辐射中心（各种信息的产生、交流、扩散和传播的高度聚集点和辐射源）；②经济、文化和社会不同程度受到全球化的影响，地区性的色彩在淡化；③发达地区的城市，以制造业为代表的工业逐渐被知识产业和第三产业所替代，传统的工业不再成为主导产业。城市应该是什么样的？有种种不同看法，这其实是城市理论问题，主要有城市规划理论、城市建筑理论、人居环境科学理论、人类生态系统理论、生态城市理论、城市功能理论、城市主义理论、城市信息化理论、城乡一体化理论、城市结构理论等。但城市要"以人为本"和"宜人为本"是大家的共识。现代城市应是现代化的城市、生态城市、花园城市、森林城市、山水城市、信息化的城市。

3. 城市化

城市化是指人类生产和生活方式由乡村向城市型转化的历史过程，表现了乡村人口向城市人口转化，以及城市不断发展和完善的过程。人类社会、经济和科学技术的进步，促进了城市化进程。快速城市化的结果使得城市中的人流、物质流、能量流、信息流在内循环中高速运行和高度摩擦，正面影响表现在经济财富迅速增值，高科技力量和人类智慧、知识的高度集中，以及物质的高消费和生活的高水准；负面效应是城市臃肿和膨胀、环境污染、严重缺水、热岛效应增强、自然灾害损失上升、传染病易于蔓延、健康水平下降等。建筑稠密，住宅紧张，交通阻塞，环境混乱，资源短缺，噪声严重，心情烦躁当代城市的一系列"城市病"，需要系统性的"大手术"，人们从"数字城市"中看到了希望。

三、数字城市定义

"数字城市"的概念来源于"数字地球"，它是"数字地球"的理念在城市的引用、延伸和拓展。由于数字城市是一个新兴的、正在不断发展的概念，也由于在理解层面和切入角度上的差异，目前仍很难对"数字城市"作公认的、确切的定义。但随着对"数字城市"理论与技术的研究及应用探索的不断深入，人们对它的认识将会逐渐趋向统一，并形成对它的标准定义。中国科学院可持续发展战略首席科学家牛文元（2001）认为，数字城市是从工业时代向信息化时代转换的基本标志之一，是指在城市"自然、社会、经济"系统的范畴中，能够有效获取、分类存储、自动处理和智能识别海量数据的、具有高分辨率和高度智能化的、既能虚拟现实又可直接参与城市管理和服务的一项综合工程。李德仁院士（2009）认为，数字城市是一个将城市和城市外空间连在一起的虚拟空间，它将城市地理信息和其他城市信息相结合并存储在计算机网络上，供远程用户访问。虚拟空间涵盖这座城市的地理、资源、环境、人文、经济、社会和居民日常生活等各方面信息；通过手机、电视或者网络，市民可以快速获取到各种信息，为工作、学习、娱乐等提供更为直接的服务途径。

从哲学角度讲，数字城市是物质城市（现实城市）在数字网络空间的再现和反映，包含三个方面：①数字城市再现物质城市，全面模拟仿真物质城市的功能，真实地再现物质城市的自然和社会景观，为人们的管理决策和日常生活提供支持；②数字城市又超越物质城市，数字城市具有网络化、智能化、虚拟化等特点，可帮助人们实现许多在现实城市中难以实现的设想，从而改善现实城市的机能，如城市景观设计、城市规划、城市灾害预防；③数字城市可动态地再现物质城市，如可模拟城市的演变、土地利用的变化等，可使人们在超越现实的时空环境中实现对现实城市的认识与管理。

从技术的角度讲，"数字城市"是指整个城市经数字化处理后由计算机、数据库和通信网络来管理的复杂的、巨大的空间信息系统。这个信息系统是以宽带城域网为基础，以城市基础地理空间数据为依托，以全球定位系统、遥感、GIS以及虚拟现实、数据融合和动态互操作等现代高科技为技术支撑，以城市中自然和人文的事物与现象为应用对数字城市源于数字地球的战略构想，构成具有多源、多尺度海量数据的融合，能用多媒体和虚拟现实技术进行多维表达的数字化虚拟城市。其核心技术是3S、空间决策系统、虚拟现实和宽带网络技术；主体是数据、软件、硬件、模型和服务；本质是计算机信息系统。从广义上讲，"数字城市"是指信息化的城市，它与城市国民经济和社会信息化的概念是一致的。所谓"数字城市"或城市的信息化是指在城市的生产、生活等活动中，利用数字技术、信息技术和网络技术，将城市的人口、资源、环境、经济、社会等要素数字化、网络化、智能化和可视化的全部虚拟表现，服务于城市规划、建设、管理及政府、企业、公众，协调人与环境的关系，实现城市行为的高效运转。"数字城市"或城市信息化的本质是要将数字技术、信息技术和网络技术渗透到城市生产、生活的各个方面，通过运用这些技术手段，把城市的各类信息资源整合起来，再根据对这些信息处理、分析和预测的结果来管理城市，以促进城市的人流、物流、资金流和信息流的通畅和高效运转。数字城市不是一个孤立的科技项目或技术目标，是以信息高速公路和城市空间数据基础设施为寄托的整体性、导向性的战略思想，是对城市发展方向的一种描述，是城市科学与信息科学有机的高度综合，因而它是一个系统工程。具体是将海量的、多分辨率的、三维的、动态数据按地理坐标进行集成，将3S［地理信息系统（GIS）、遥感（RS）、全球定位系统（GPS）］技术、数字技术、信息技术、网络技术、仿真与虚拟技术全方位渗透到城市生活中，以 GIS 为支撑，对城市系统的基础设施、功能机制进行自动采集、动态监测管理和辅助决策服务、能在计算机网络上供远程用户访问的新的城市空间。从根本上变革城市的生活、工作和交流方式。

四、"数字城市"的发展

(一) 国外"数字城市"的发展现状

国外许多发达国家和城市实际上已经为"数字城市"做了大量基础性的工作，并积极开展了建设"数字城市"的尝试。其中最重要的基础性工作主要集中在国家空间数据基础设施建设方面，比较有代表性的是美国。美国在 1994 年颁布了总统令，实施国家空间数据基础设施（NSDI）计划，而后又提出了建立国家空间数据框架的实施计划。该计划实施到现在已完成了全国 1∶2 万全要素地形数据库、全国 1∶10 万部分要素地形数据库和全国 1∶25 万土地利用数据库。接下来正在建设全国 1∶2.4 万地形数据库、全国 1∶2 万四维数据库，即 DEM（数字高程模型）、DOM（数字正射影像图）、DRG（数字栅格地图）和 DLG（数字线划地图）。自 1998 年戈尔提出"数字地球"的概念之后，美国为了实施"数字地球"又在执行一项称为 SRTM 的计划。该计划是利用装载在美国"奋进号"航天飞机上的干涉成像雷达系统，直接获取地球表面的三维地形数据。这些基础性的工作对建设"数字地球"及"数字城市"可起到十分重要的数据支撑作用。在美国的影响下，英国、加拿大、欧盟、日本、韩国以及澳大利亚和新西兰等也纷纷拟定有关的实施计划，并在过去的若干年里已都基本建立了各自的国家空间数据的基本框架。除了国家空间数据基础设施建设之外，与"数字城市"密切相关的另一项基础性工作就是国家信息基础设施建设。国家信息基础设施即信息高速公路，它的作用是为海量信息的传递提供快速的传输通道。美国于 1993 年提出建立国家信息基础设施（NII），即全美国的信息高速公路，计划用 20 年的时间建立由通信网络、计算机、数据库以及日用电子产品组成的完备的网络系统，使所有的美国人能够在任何时间和地点享用信息。1994 年美国又提出了建立全球信息基础设施的倡议，这一倡议得到了美、英、德、法、意、加、日等国的积极响应。在该倡议的推动下，以美国为首的西方发达国家均在努力建设本国以及区域性和全球性的信息基础设施，并已经取得了实质性的成果。1996 年美国政府再次提出了建立下一代互联网（NGI）的计划，与此同时美国民间也发起了建设互联网（NGI）的计划。这两项计划都旨在构筑一种新型的网络系统，建立起更加高速的骨干网，把数据、声音、图像乃至视频集成在一个网络上，并支持还尚未想到的其他应用。关于建设"数字城市"的尝试，国外许多城市都在紧锣密鼓地进行筹划，有相当一部分城市已经开始启动实施示范性的工程。一些发达国家的著名城市也纷纷开始"数字社区"和"数字城市"的综合建设实验。欧盟正在大力推进"信息社会"计划，并确定了欧洲"信息社会"的十大应用领域，以此作为其"信息社会"的发展方向。日本已建成一批"智能化住宅小区"和"数字社区"的示范工程，日本电信与京都大学等还合作致力于开发网上虚拟京都。新加坡提出了"智能岛"和"IT2000"的概念，其内容涉及城市生产、生活的方方面面。建设"数字城市"的最新尝试正取得令人鼓舞的成果，由美国互联网搜索引擎公司 Google 推出的 Google EARTH 软件，能使人们免费在互联网上浏览全世界任何角落的三维遥感影像，对有些重要的地区和城市还可清晰地看到街道、房屋和树木等，这一重要成果已展现出"数字地球"与"数字城市"的雏形。

（二）国内"数字城市"的发展现状

我国政府高度重视"数字地球"和"数字城市"的建设。纵观我国数字城市建设的发展历程，大致可以分为三个阶段：起步阶段、试点阶段和推广阶段。

1. 起步阶段

2001年9月，由住房和城乡建设部、科学技术部、中国科学院和广州市人民政府在广州联合召开了"中国国际数字城市建设技术研讨会暨21世纪数字城市论坛"。会上来自政府、企业、高校和科研单位的政府官员、专家学者及工程技术人员，就"数字城市"的理论、技术、发展战略及应用实践进行了广泛地交流和深入地探讨。这些活动对于我国建设"数字地球"和"数字城市"起到了强大的推动作用。

2. 试点阶段

2004—2007年为数字城市建设的试点工作阶段。2004年10月，北京市东城区率先推出"网格化"城市管理模式，依靠信息化技术进行数字化城市管理；2005年7月，建设部将深圳市、杭州市、扬州市和北京市朝阳区等10个城市（城区）作为全国实施数字化城市管理的首批试点单位；2006年3月，启动了郑州、台州和诸暨等第二批17个城市的试点工作；2007年4月，建设部公布第三批数字化城市管理的24个试点区域。至2007年，从北京市东城区到全国51个试点城市，数字化城市管理由一个不为人知的新事物，逐渐演变成中央和地方广泛进行试点、各地纷纷效仿的一项重大工程。

3. 推广阶段

2008年以后数字城市建设进入全面推广阶段。住房和城乡建设部根据全国建设工作会议的工作部署和全国数字化城市管理工作会议要求，明确要求加快推进数字化城市管理试点工作，要求各地建设和城市管理主管部门从提高城市管理水平、强化社会管理和公共服务职能、推动城市社会经济发展、促进社会主义和谐社会建设的高度，充分认识推广数字化城市管理新模式的重要性和必要性，切实抓好数字化城市管理推广工作。

我国空间数据基础设施的空间数据框架建设，已为建设"数字城市"创造了必要的基础数据条件。我国在大力建设空间数据基础设施的同时，也在抓紧建设国家信息基础设施（CNII），即中国的信息高速公路。其核心内容包括信息源、信息传输网络和信息应用系统等，计划投入1500亿～2000亿美元，到2020年建成。目前我国已建成：可供公众上网浏览信息的中国公用计算机互联网（CHINANET），可在网上提供电子信箱、可视图文、电子数据交换、数据库检索和传真存储转发等多种增值服务的中国公用分组交换数据网（CHINAPAC），可为用户提供各种速率的高质量数字专用电路租赁业务的中国公用数字数据网（CHINADDN）和为高等院校与研究机构教学与科研服务的中国教育科研网（CERNET）。另外，我国还在建设含有金关、金卡、金税等"八金"工程应用的金桥网。以上网络构成了我国现有的信息基础设施，这些设施为建设我国的"数字城市"提供了重要的数据通信平台。

五、建设"数字城市"的重要意义

"数字城市"作为知识经济、信息社会发展的必然趋势，它代表的是一种世界潮流和城市发展的方向，是融入全球化浪潮的首要和必要条件。深入开展"数字城市"的研究，积极推进"数字城市"的建设，其无论是对作用于当前，还是对着眼于未来，都具有十分重要的意义。

（一）建设"数字城市"有利于实施科教兴市的战略

"数字城市"是科教兴市的重要内容，是科教兴市的开路先锋。通过建设"数字城市"，可以加速新技术在经济社会各领域的扩散，充分发挥信息化影响面广、渗透性强的效应，极大地促进知识创新、技术创新，从而为经济社会的发展，提供有力的技术支撑。

（二）建设"数字城市"有利于加快城市现代化进程

"数字城市"是城市信息化的集中体现，是城市现代化的重要标志。通过建设"数字城市"，能形成以信息加工与服务为主体的信息产业，同时用信息化改造传统产业，推动产业结构优化升级，促进经济增长方式转变，以信息化带动工业化，实现跨越式发展。

（三）建设"数字城市"有利于增强城市的综合竞争力

"数字城市"是完善城市功能，增强城市综合竞争力的重要环节。通过建设"数字城市"，能使城市超越资源的约束，突破时空的限制，改变城市的集聚和扩散过程以及空间分布结构，促进人流、物流、资金流的高效运转，从而大大增强城市的综合竞争力。

（四）建设"数字城市"有利于提高城市规划、建设和管理的水平

"数字城市"是加强城市规划、建设和管理的重要途径。通过建设"数字城市"，可为城市规划、建设和管理提供全新的技术手段及工作方式，从而大力地提高城市规划、建设和管理的效率与质量，提高政府决策的科学性、前瞻性和民主化程度。

1. 关于城市规划

传统的图件制作一般通过大量的人工方法调查得出，误差大、效率低，使城市规划的数据质量得不到有效提高与控制。图纸、资料管理的手段落后，资料丢失、损坏的现象较为严重，而且没有列成完整的档案，查询、检索困难；数据资料不准确、不全面等，给城市规划、建设与管理带来了一定的障碍。传统城市规划的方法也主要靠经验，在科学性方面有一定的不足。手工为主的城市规划、建设与管理方式难以适应经济迅速发展的需要，造成的结果是：规划、建设与管理工作量大，规划、建设与管理人员超负荷运行，人员编排紧张；不能快速准确地处理各类规划、建设与管理案件，也不能对规划、建设与管理实施效果进行快速反馈；手工作业方式容易疏忽和失误，如在规划管理工作中常常出现因用地红线不准确而引起的"红线重叠""一女两嫁"或"无人地带"等现象。数字城市创建后，可通过动态的城市影像信息，用 GIS 进行高效得数字加工分析处理，提取三维城市的定位信息、拓扑信息、分类信息与属性信息，在经过整合修饰，便可快速、高精度地得出基础图件。在此基础上用 GIS 进行高效分析、处理、模拟与方案的优化，可根据人们的视觉习惯创建城市，可研究城市园林与建筑物的关系与生态环境的影响，有利于城市规划方案的科学形成、方案影响因素分析和输出等过程。城市管理人员在有准确三维坐标、时间、属性的五维虚拟城市环境中进行规划、决策与管理，其感觉如同在飞机上俯城市或

漫步街头一样。显然数码城市对城市规划方案的制定，对城市的发展目标、规模、性质等定位提供科学依据，使城市规划管理与设计更加具有前瞻性、科学性和及时性。

2. 关于城市管理

通过城市系统数据的查询、检索和统计，可方便用户获取各类精确信息，有效地进行城市信息的空间分析，支持城市管理工作的深化，快速、高精度地更新城市定位信息，保证城市管理工作中信息的现势性。为重大项目或工程的选址及优化、工程建设管理提供准确的综合信息服务，可为建筑业和房地产经营企业生产、经营和管理提供与专业结合的信息管理服务，改善住宅与社区的环境质量，进行更有效的服务保障。在辅助政府决策方面，可以提高管理手段的现代化水平，减少经济决策失误或调控措施不当而引起的损失，可使工作流程规范化、标准化和软件化，提高工作效率与透明度，促进建设行业的廉政建设，可及时地为政府的科学决策提供有关城市规划、建设与管理方面的各种信息，使政府的管理和为社会服务从定性走向定量化。

（五）建设"数字城市"有利于促进城市经济与社会的可持续发展

"数字城市"是实现城市经济与社会可持续发展的重要支撑。通过建设"数字城市"，能使人们方便地对城市的许多问题进行综合分析与预测，具有优化配置城市资源，改善交通系统，调整疏导人口，改善环境质量，模拟人类调控的结果与影响，监测人类调控的反馈，实施有效地监督等革命性的手段。科学地协调经济发展与生态环境的关系，统筹地解决城市发展的一系列问题。使人与自然和谐共生，协调发展，做到经济的可持续发展、生态的可持续发展、社会的可持续发展。

（六）建设"数字城市"有利于提高人民群众的生活质量

"数字城市"是贯彻"以人为本"的理念，提高人民群众生活质量的重要载体。通过建设"数字城市"，能为人们创造一个方便、舒适并高效、安全的生产、学习和生活环境，使人们充分享受由信息化带来的各种好处，极大地丰富人民群众的物质文化生活。由上可知，"数字城市"具有使城市地理、资源、生态环境、人口、经济、社会等复杂系统数字化、网络化、虚拟仿真、优化决策支持和实现可视化表现等强大功能。它有利于提高政府决策的科学性、规范化和民主化水平，使城市规划具有更高的效率，更为丰富的表现手法，更多的信息量，更高的分析能力和准确性，更具前瞻性、科学性和及时性，并提高城市建设的时效性、城市管理的有效性、城市资源优化配置水平、城市综合实力以及城市生活质量，促进城市的可持续发展。尤其是 GIS 的空间信息综合能力与直观表现能力，在处理城市复杂系统问题时，能帮助人们更好地建立全局观念与模拟直观感。"数字城市"的研究和建设对未来城市的形态与发展会起到重要的引领作用。"数字城市"不仅体现了数字技术的发展和应用，更涉及信息时代背景下的很多发展和管理理念，进而影响到整个城市组织体系的改革。

第二节　数字城市的支撑技术

从技术角度看，数字城市是以信息技术为核心的现代技术的高度综合。包括遥感、遥测、遥控、网络、分布式数据库与管理，科学计算，分布式计算与信息共享、数据挖掘与数据管理，多媒体或超媒体，仿真和虚拟现实技术等高度综合。数据是数字城市建设的基础，支撑技术都是基于数据进行操作的，因此其支撑技术体系可由基础层（数据获取、传输、存储、处理技术）、应用层（数据应用技术）、保障体系（数据安全技术、标准与规范）三部分构成。

一、数据获取技术

数据获取技术关系到数字城市建设的效率。主要是针对空间数据而言，涉及的技术主要有遥感、遥测、对各种空间数据的智能化获取技术等。

1. 高分辨率卫星遥感技术

卫星遥感是数字城市获取空间数据的主要手段。遥感（RS）技术是从人造卫星、飞机或其他飞行器上收集地物目标的电磁辐射信息，判认地球环境和资源的技术。它是 20 世纪 60 年代在航空摄影和判读的基础上随航天技术和电子计算机技术的发展而逐渐形成的综合性感测技术。遥感作为一门对地观测综合性技术，它的实现既需要一整套的技术装备，更需要多学科的参与和配合，因此遥感也是一个集成的技术系统。根据遥感的定义，遥感系统主要是由信息源、信息获取、信息处理和信息应用四大部分组成。

（1）信息源是遥感需要对其进行探测的目标物。任何目标物都具有反射、吸收和辐射电磁波的特性，当目标物与电磁波发生相互作用时会形成目标物的电磁波特性，这就为遥感探测提供了获取信息的依据。

（2）信息获取是指运用遥感技术装备接受并记录目标物电磁波特性的探测过程。信息获取所采用的遥感技术装备主要有遥感平台和传感器，其中遥感平台是用来搭载传感器的运载工具，传感器是用来探测目标物电磁波特性的仪器设。

（3）信息处理是指运用光学仪器和计算机对所获取的遥感影像进行校正、解译等处理的技术过程。遥感影像必须经过校正、解译等数据处理，才能成为可供人们使用的遥感信息。

（4）信息应用是指技术人员按不同的目的将遥感信息应用于各专业领域的过程。遥感可广泛应用于军事、地矿勘探、资源调查、地图测绘、环境监测以及城市规划、建设和管理等领域。

遥感探测的基本原理可以简述为：根据遥感探测仪器所接受到的目标物电磁波信息，将其与该物体的反射光谱相比较，通过比较来对地物进行识别和分类。遥感最适用于对地物的定性分析和对地物变化规律的研究，它作为一门对地观测综合性技术，有着其他技术手段与之无法比拟的特点。其特点归结起来主要有：①探测范围广、采集数据快；②能动态反映地面事物的变化；③获取的数据具有综合性。遥感技术的这些特点使之成为"数字城市"基础数据采集与更新的重要手段，对高速发展变化中的城市尤为重要。目前，遥感技术又有了新进展，主要是在卫星遥感方面，高空间分辨率、高光谱分辨率和高时间分辨率的卫星遥感已经或正在出现，这一技术进步将使遥感在"数字城市"的建设中发挥更大的作用。

2. 卫星定位技术

全球定位系统（GPS）是由美国国防部提出并实施的第二代卫星导航系统。该系统从

1973年开始研制，历经20余年的开发，于1994年全部建成。全球定位系统在研制初期主要用于军事目的，它是用来为美国军方提供高精度的导航与定位服务。自1993年起，美国政府出于商业需要，宣布将该系统向全球民用用户免费开放，并逐步开始向民用用户提供一般精度的导航与定位服务，从而使得这项高新技术在全世界得以推广应用。全球定位系统除了军事用途外，还可广泛用于航天、航空、航海、车辆导航与监控、智能交通、医疗救护、工程测量、大地测量、地质勘探以及气象预报等诸多领域。全球定位系统主要由导航卫星、地面监控系统和接收机系统三大部分组成。其中导航卫星有24颗，21颗为工作卫星，3颗为备用卫星，卫星分布在互成60°的6个等间隔的轨道面上，每个轨道面有4颗卫星，轨道倾角55°，卫星的轨道为近圆形，离地面的平均高度为20200km，运行周期为12h。这样的布局使得在地球上的任何地方、任何时刻至少可以同时接收到4颗GPS导航卫星的信号，从而实现定量导航与定位。地面监控系统的任务是监测卫星，计算其星历，并编辑成电子数据后输送入卫星。拥有1个主控站、3个注入站和5个均匀分布于全球的监测站。GPS接收机，其功能是接收卫星是用户用于定位、导航的关键设备，主要由GPS接收机和卫星天线组成。用户通过接收GPS信号，并从中解调出卫星星历及卫星时钟与大气的校正参量等，然后经过对这些数据的处理得出用户的地面位置，从而达到定位与导航的目的。全球定位系统是采用距离交会法的原理来进行导航与定位。它以导航卫星为已知的基准点，通过测量地面GPS接收机至空间导航卫星之间的距离，然后解算出用户所在地的位置坐标。全球定位系统具有全球性、全天候、精度高和应用广和快速省时高效等特点，具有定位、导航、监测、天气预报、应急通信等功能，是迄今为止性能最好的导航与定位系统。"数字城市"与城市空间地理位置密切相关，全球定位系统能为城市空间地理信息的定位与测量提供先进手段，它是"数字城市"建设中空间定位与测量的关键技术。

3．遥测技术

主要用于噪声检测、大气污染遥测、电视检测等。

(1)噪声检测。利用遥测设备检测交通工具运行过程中产生的噪声、工厂生产、施工产生的噪声、闹市的噪声等。

(2)大气污染遥测技术。利用激光探测大气成分技术测得数据。

(3)电视检测技术。在交叉路口、高速公路、重要部门进行日夜电视检测，确保实时获得可靠的数据和信息。

4．卫星遥感数据的智能化获取技术

智能化获取技术是为数字城市的数据获取和更新提供高效、稳定、可靠、精确的技术保障，主要包括智能化接收技术与智能化图像处理技术，智能化接收技术，包括卫星轨道数据的自动提取，接收轨道的自动计算和自动选择，接收设备所有控制参数的自动调整，多星、多任务时的所有操作过程自动调度，异常情况或事故发生时能自行处理等内容。智能化图像处理技术，包括自动完成图像导航、预处理、几何校正、精确匹配、光谱校正及分类自动归档等操作过程的全部自动化等。

5．城市活动空间数据的智能化获取技术

城市活动空间数据指为数字城市日常活动中可能涉及的所有具备空间属性的数据，如交通通信信息、市政设施信息、地籍信息、城市环境与市容信息等。其智能化获取技术要求具有快速、准确、安全的特征。由于数据来源的复杂性与多样性，获取技术多样，主要有 GIS、基于位置的服务技术等。

二、数据传输技术

数据传输技术指网络技术。计算机网络指将空间位置不同、具有独立功能的多个计算机系统，用通信技术（含通信设备和线路）连接起来，并以网络协议、网络操作系统等网络软件实现资源共享的技术系统。在计算机中插上网卡，接上网线就与光缆连接，通过网络协议，各类信息组成一个个数据包在光缆上传输，通过一个又一个结点，在网络中传输。

（一）宽带网技术

宽带网技术包括宽带光纤网、宽带卫星通信网。

1. 宽带光纤网

光纤是一种石英玻璃的纤维，光在玻璃表面具有全反射性能，远距离传输损失很小，因此光纤是目前主要的传输介质。应用波分复用技术网络，可不用铺设新的光缆，就能增加网络带宽，该技术在同一条光缆上，同时发送不同的光信号，按照不同的光的波长进行信号传输。现在一条光缆上可同时受理 3.2 万个电话，采用波分复用技术后，可以增加到 130 万个电话。现在光缆只利用了固有能力的 1％。光纤还具有很强的抗干扰能力、保密性好、成本低，因此光纤传输技术是发展重点。

2. 宽带卫星通信网

宽带卫星通信网将得到快速发展，其优点有：①覆盖范围广，一个卫星波束覆盖范围可达几千公里；②带宽利用率高，卫星系统可配置成按需提供带宽，而且可以动态分配接入容量，可满足广播、多点传送和媒体通信技术；③成本低廉，卫星技术的大量使用，将进一步降低每月的接入费用。

（二）移动互联技术

（1）WAP 即无线应用协议，是开放的全球性的无线通信与互联网相结合的应用平台，使无线终端用户如移动电话、笔记本电脑用户可方便地快捷地访问，享受信息资源和信息服务。WAP 的工作与 Web 的工作接近，完全支持互联网接入。

（2）GPRS 即通用分组无线业务技术，可大大提高数据传输的速率。

（3）蓝牙技术，是短程无线传输技术，旨在取代信息服务之间的有线连接，实现电子设备之间的无线互联，方便地进行无线通信。

（4）第三代移动通信，是传输速率高达 2Mbit/s 的宽带超媒体业务，支持高质量的语音、分组数据、多媒体业务和多用户速率的无线通信。将手机变为集语言、图像、图形、数据传输等诸多应用于一体的信息终端。

三、数据存储技术

数字城市获取的数据是海量的，有遥感的非遥感的如遥测与其他方法获取的数据，据统计美国航天局每天就产生 1000G 字节的数据，信息量还在不断增长，显然数据存储技术是关键技术之一。

（一）卫星遥感数据的智能化存取技术

为解决遥感海量数据的快速存取与检验需要的技术，包括 4 个方面：① 包括不同区域、不同时间、不同空间分辨率、不同光谱分辨率的遥感数据的存储模型、数据库及其管理模型等，包括数据按地理坐标进行组织与管理，以及各种数据的集成与融合等；② 建立四维数据的存取模型，4 维即空间加时间（时相），将静态数据库研究转为动态数据库及其管理技术的研究；③ 基于高速互联网的多机分布处理系统，实现用户的海量数据联机处理，存储介质与拓扑关系规划是关键性技术；④ 高分辨率的 4 维数据的快速高精度的表达技术。在 4 维数据库实现对其连续动态的表达是智能化技术的重要方面。

（二）多媒体海量数据压缩与复原技术

"数字城市"涉及的数据巨大而浩瀚，它不仅有空间数据，而且有非空间数据，这些数据来源广泛、种类繁多、形式各异、结构复杂并且数量十分庞大，其数据量至少要以 Tb 级来计算，因此，人们把如此大量的数据比喻作海量数据。对海量数据进行快速、高效地存取、运算和传输的技术，它是实现"数字城市"的重要基础，也是支撑"数字城市"的关键技术之一。直接针对海量数据处理的技术解决方案有两种：一种是硬件的解决方案，它是采用高性能的并行计算机，通过多个 CPU 的并行计算来提高数据处理的速度；另一种是软件的解决方案，通过对数据的高效压缩与解压来提高数据处理的效能。这要求有高压缩比、高压缩效率、高复原质量，以达到编码、解码时间满足数字城市应用的需求以及数据压缩的无损性。主要有分形编码与解码技术、基于小波变换的编码压缩技术。目前，针对海量数据处理的技术解决方案也有两种：一种是数据组织的解决方案，它是采用分布式存储管理，通过将集中式数据存取化为分散式数据存取来提高数据存取的效率；另一种是通信网络的解决方案，它是采用超高速光纤网，通过大幅度增加通信信道的带宽来提高数据传输的速率。

（三）空间数据仓库

1. 数据仓库的概念

数据仓库是 20 世纪 90 年代发展起来的数据存储、管理和处理的技术。是数据库的集合，是网络数据库的管理系统及其应用系统。主要研究有空间数据结构、多源数据的集成、多源数据的管理、空间数据挖掘等。

2. 数据仓库的特征数据仓库的功能特征

（1）面向主题。主题是在较高层次上归类数据，具有是知识性与综合性，每一个主题都对应着一个分析领域，如土地部门数据仓库的主题可以是土地利用变化趋势。传统的数据库是面向应用的，只能回答较专业的、片面的问题。如土地部门数据库可进行地籍管理和适宜性评价，但不能进行预测与决策，这就要数据仓库技术。

（2）集成性。以各种面向应用的数据库为基础，通过元数据刻画的抽取和聚集规则将其集成起来，从中得到各种有用的数据。

（3）数据变换。数据仓库的数据来源于不同的数据库，由于数据的冗余和标准和格式的差异，不能把这些数据库原封不动地搬入数据仓库，需要对数据进行抽取、清理和变换。如语义映射、集运算、坐标的统一、比例尺的变换、数据结构与格式的转换等。

（4）时间序列的历史数据。自然界的实体是随时间变化的，因此描述其他的数据是随着时间的变化的，数据是具有时间标志的。数据仓库的每一个数据具有时间概念。

（5）空间序列的方位数据。实体有自己的存在空间（位置与形态），彼此间存在着空间关系，因此是具有空间标志。一般数据仓库没有空间数据，空间数据仓库具有空间数据、能做空间分析与模拟预测空间变化。

3. 数据仓库的组成

数据仓库主要由数据源、数据仓库数据库、元数据、数据仓库管理和操作工具五大部分组成。

（1）数据源是数据仓库的数据来源，它由通过网络链接的外部分布式数据库构成，并由它向数据仓库提供原始数据。

（2）数据仓库数据库是数据仓库的基本组成部分，它是数据仓库的内部数据库，用来存放对多个异构的数据源经过结构上重组的数据处理结果。

（3）元数据是数据仓库的重要组成部分，它是关于数据仓库的数据，用于描述数据仓库中原始数据的内容、质量、特征及转换规则等。

（4）数据仓库管理是数据仓库的核心组成部分，负责数据仓库的用户与安全管理、数据存储与更新管理以及数据归档、备份和恢复等维护管理。

（5）操作工具是实现数据仓库其数据集成与分析功能的系列应用软件，它一般包括数据抽取工具、查询检索工具、报表工具、统计分析工具、数据挖掘工具及其他应用工具。

4. 数据仓库的任务

数据仓库的主要任务是：将分布在不同地点、不同单位的数据库中的内容不同、类型不同、结构不同、格式不同的原始数据，首先进行标准化、过滤与匹配、净化、标明时间和确认数据质量的处理；然后根据任务的需要，再对这些数据进行集成与分割、概括与聚集、预测与推导、翻译与格式化、转换与再影像的处理；最后进行数据仓库的建模、数据的概括、数据的聚集、数据的调整与确认、建立结构化查询和创建词汇表。数据仓库对于"数字城市"的建设具有十分重要的支撑作用，因为它是"数字城市"整合信息资源的重要载体，也是"数字城市"实现信息共享的基础平台。

（四）空间数据交换中心

空间数据交换中心是网上的虚拟数据仓库。它不是一个存储数据集的中心仓库，而是连接分布式数据库的网络管理中心。其主要工作是在互联网上搜索地学空间数据。

四、数据处理技术

"我们已被信息所淹没，但是却正在忍受缺乏知识的煎熬"。如何有效地利用、挖掘城市资源，将数据转换成知识，是数字城市建设中数据处理技术所要解决的主要问题。数据处理技术包括数据预处理、数据处理、数据再处理三个过程。

（一）3S 及其集成技术

全球定位系统（GPS）、遥感（RS）和地理信息系统（GIS）是建立数字城市的三大支撑 技术。这三大技术工具各具特色，在实际工作中单独使用时各自存在缺陷，GPS 可在瞬间产生目标定位坐标却不能给出点的地理属性，遥感技术可快速获取区域面状信息但又受光谱波段限制，而且还有众多地物特性不可遥感，GIS具有较好的查询检索、空间分析计算和综合处理能力，但数据录入和获取始终是个瓶颈问题。数字城市需要综合运用这三大技术的特长，方可形成和提供所需的对地观测、信息处理和分析模拟的能力。因此，3S一体化技术将是建立数字城市的核心技术之一。

（二）超媒体与分布式计算技术

（1）WebGIS：即在网络上实现地理信息系统的功能。在互联网上任一个用户使用浏览器浏览 WebGIS 站点中的空间数据，制作专题地图，进行空间分析和查询。

（2）分布式计算技术：解决分布异构环境下的互操作问题，面向对象技术，实现应用软件的组件式开发等。

（三）空间数据挖掘技术

1. 数据挖掘问题的提出

数据库技术是计算机信息处理中最重要、应用最广泛的技术之一，已经深入到各个领域，有人统计全球信息以每 20 个月翻一番的速度增长，但现今的数据库大多数仍停留在对数据的查询检索阶段，数据库中隐藏的丰富的知识远远没有得到发掘和利用。"人们被数据淹没，但却饥饿于知识"。如何迅速准确地获取其中有用的信息和知识，以预测模式和发展趋势、产生形象化的表示等，成了人们关注的问题。另外，在信息爆炸的时代，信息过量几乎成为人人需要面对的问题，如何才能不被信息的汪洋大海所淹没，从中发现有用的东西，提高信息的利用率呢？数据挖掘技术应运而生，数据挖掘这个提法最早出现在 1989 年 8 月的一次国际人工智能学术会议上，认为它是人工智能、知识工程、数据库技术、数理统计、可视化技术、并行计算技术相互结合的产物。数据库界已经开始反思，数据库应用仅仅是查询检索吗？数据库中隐藏的丰富的知识远远没有得到充分的挖掘和利用，数据库是否应该作为知识的来源？当然回答是肯定的。

2. 数据挖掘技术的基本概念

数据挖掘综合了数据库技术、人工智能、专家系统、统计分析、模糊逻辑、模式识别、机器学习、人工神经网络、可视化等有关新技术与新理论，是多个学科交叉融合的产物，其目的是知识的提取。被认为是"从数据库中发现隐含的、先前不知道的、现在有用的信息，或者提取用户感兴趣的空间模式和特征、空间、非空间数据之间的普遍关系以及其他隐含在数据库中的数据特征。"具体来说数据挖掘是从数据集中识别出有效的、新颖的、潜在有用的，以及最终可理解的模式的非平凡过程。数据挖掘是发现新知识和规律。数据挖掘又称数据库中的知识发现。数据挖掘目的是把大量的原始数据转换成有价值的东西，用于描述过去的状况和预测未来的趋势。美国权威专家认为："从数据中辨别有效的、新颖的、潜在有用的、最终可理解的模式的过程，包括数据选择（定义对象及其属性）、数据预处理、数据变换（指通过数学变换和降维技术进行特征提取）、数据发掘、模式评价等步骤。"

（1）统计分析方法。利用概率论与数理统计的原理对关系中各属性进行统计分析，从而找出它们之间的关系与规律。常用的统计方法有判别分析、因子分析、相关分析、主成分分析等，统计分析难以处理字符型数据。

（2）归纳学习方法。归纳是从个别到一般，从部分到整体的推理过程。归纳学习是重要的数据挖掘与知识发现，它旨在对数据进行概括与综合，挖掘出以往不知道的规则和规律，归纳出高层次的模式或特征。即从大量的经验数据中归纳抽取一般的规则和模式。但归纳时，多数情况不可能考察全部有关的事例，因而不能保证归纳结果的完全正确性。因而归纳推理不具备保真性，是一种偶然性推理，或说是一种主观的不充分置信的推理。

（3）演绎推理是从一般到个别的推理。根据一般规则和已知事实提出结论，只要规则正确，前提为真，结论一定为真。演绎推理具有保真性，是一种必然性推理。

（4）聚类与分类分析方法。聚类分析是统计学的一个分支，他在数据库中能直接发现一些有意义的聚类结构，根据事物的特征对其进行聚类或分类，即所谓物以类聚，以其从中发现规律和典型模式。除传统的基于多元统计分析的聚类方法外，近年来模糊聚类和神经网络聚类方法有了长足的发展。

（5）分类分析。就是通过分析数据库中的数据，为每个类别做出准确地描述或建立分析模型或挖掘出分类规则，然后用这个分类规则对其他数据库中的记录进行分类。如线性回归模型、决策树模型、神经网络模型等分类分析模型已在应用。

（6）遗传算法。仿效生物的进化与遗传，根据生存竞争、优胜劣汰的原则，借助复制、交换、突变等操作，使所要解决的问题从初始解一步步地逼近最优解，这是一种优化技术。

（7）决策树方法：根据信息论原理对数据库中存在的大量数据进行信息量分析，在计算数据特征的互信息的基础上提取出反映类别的重要特征。

（8）模糊数学方法。用隶属函数确定的隶属度描述不确定的属性数据，重在处理不精确的概率。是继经典数学、统计数学之后，在数学上的新发展。模糊性是客观存在的，当数据量越大而且复杂性越大时，对他进行精确描述的能力越低，就是说模糊性越强。在数据挖掘领域中主要是进行模糊综合判别、模糊聚类分析等。模糊方法对于同时含有模糊性与随机性的不确定性空间数据挖掘，只能丢弃随机性，这是不合适的。

（9）云理论。李德仁、李德毅（工程院院士）兄弟二人提出，是一个分析不确定性信息的新理论，由云模型、虚拟云、云运算、云变换和不确定性推理等主要内容构成。可以处理 GIS 中融随机性与模糊型为一体的属性不确定性。运用云理论进行空间数据挖掘，可进行概念和知识的表达，定量和定性的转化，概念的综合与分析，从数据中生成概念和概念层次结构，不确定性推理和预测等。

（10）粗集方法。1982 年波兰学者提出的一种智能决策分析工具，它是一种描述不完整性和不确定性的数学工具，能有效地分析不精确、不一致、不完整等各种不完备的信息，还可以对数据进行分析和推理，从中发现隐含的知识，揭示潜在的规律。粗集的数学基础是近似域，模糊集中在模糊性，基础是模糊隶属度，云理论兼容模糊性和随机性，基础为云变换，粗集重在不完备性，基础为上、下近似集。在自变量与因变量集之间，模糊数据是一一对应关系，云理论是一对多关系，粗集是一对一个区域。基于粗集于模糊数学理论，可以挖掘出和发现影像分类和分析、地价评估和空间表达、城乡接合部用地分析和规划的知识。

（11）神经网络方法。城市系统也向生态系统与人类社会系统一样，有自组织功能。如同人的神经系统一样遍布全身，传递内部与外部的信息，汇总到神经中枢，经过分析与决策后，再通过神经系统，传达到全身各个部位做出适当的反应。神经网络方法的原理是模拟人脑的神经元结构，由多个非常简单的处理单元（神经元）按某种方式相互联结而形成。基于神经网络的数据挖掘工具对于非线性数据具有快速建模能力，其挖掘的基本过程是先将数据聚类，然后分类计算权值，神经网络的知识体现在网络连接的权值上。神经网络具有对非线性数据快速拟合的能力，可用于分类、聚类、特征挖掘等多种数据挖掘任务，在信号处理、模式识别、人工智能、决策优化与分析建模方面有广泛的应用。

（12）空间分析方法。空间分析是 GIS 的关键技术，利用 GIS 的各种空间分析功能从而产生新的信息和知识。如拓扑分析、缓冲分析、距离分析、叠置分析、网络分析、地形分析、趋势面分析、预测分析等。

（13）可视化技术方法。这是一种辅助方法，它采用比较直观的图形图表方式将挖掘出来的模式表现出来。可视化技术是用户看到数据处理的全过程，监控并控制数据分析过程。人类对于图形的模式识别能力是非常强大的，很容易从各种图形表示中发现规律或异常，充分发挥人的智慧，有人认为目前这是行之有效的方法，比目前的任何模式识别和一场检测的计算机技术都强。

（14）探测性的数据分析。采用动态统计图形和动态链接窗口技术将数据及其统计特征显示出来，从而发现数据中非直观的数据特征及异常数据。他不预设数据具有某种分布或具有某种规律，而是一步一步地、试探性地分析数据，逐步地认识和理解数据，可发现隐含在数据中的某些特征和规律。

（15）图形图像分析和模式识别方法。可直接将图形图像分析和模式识别方法用于挖掘数据和发现知识，或作为其他挖掘方法的预处理手段。用于图像分析和模式识别方法除主要有决策树方法、神经元方法等常用方法外，还有数学形态学方法、图论方法等。

（四）元数据

美国联邦地理数据委员会认为：元数据是关于数据内容、质量、条件以及其他特征的数据，是描述数据的数据。通过元数据可以组织、管理、查找与发现挖掘信息资源。这是数据生产者与使用者的共识。元数据其实不是一个新概念，从本质上讲，图书馆的卡片、出版图书的版权说明、磁盘的标签等是原数据，对纸质地图来说，图名、图例、比例尺、图廓、地图内容说明、编制出版单位和日期等都是原数据。通过它可较容易地确定该书或地图是否能够满足应用的需要。在构成"数字城市"的各类信息系统中，储存有大量的、各种类型的数据，如何对这些数据进行有效的管理、共享和更新维护是信息系统建设中的突出问题，元数据正是为了解决此类问题而应运而生的。元数据最根本的作用是数据检索，它通过对数据内容、质量、状况及其他有关特征的描述，来帮助人们查询、获取、使用、管理和更新维护各类信息系统中的海量数据。元数据描述的基本对象是数据集，它可以扩展为数据集系列和数据集内的要素与属性。元数据对数据集的描述一般可以分为元数据子集、实体和元素三个层次，其中元数据元素是元数据最基本的信息单元，元数据实体是同类元数据元素的集合，元数据子集是相互关联的元数据实体或元素的集合。每个元数据子集、实体和元素均具有必选、一定条件下必选和可选三种性质，并且还具有名称、标识码、定义、性质、条件、最大出现次数、数据类型和值域八个特征。元数据的描述内容一般可以分为两级：一级元数据和二级元数据。一级元数据的描述内容为编目信息，其包含唯一标识一个数据集所需的最少元数据实体和元素。二级元数据的描述内容为八个子集，即标识信息、质量信息、数据志信息、空间数据表示信息、参照系统信息、要素分类信息、发行信息和元数据参考信息，另外还有三个可重复的实体，即引用文献信息、负责单位信息和地址信息，其包含建立完整的数据集文档所需的全部元数据实体和元素。元数据的存储形式主要有文本文件、超文本文件和关系型数据库三种。当已建立的元数据在不能满足应用需要时，可以对其作适当地扩展。建立元数据的主要任务是制定元数据标准、开发元数据的操作工具和建设元数据库。制定元数据标准其内容应包括以下部分：主题内容与适用范围、参考标准、术语、元数据层次结构、元数据分级、元数据内容和元数据扩展原则与方法。开发元数据的操作工具是编写一系列软件，这些软件须具备元数据的输入、编辑、查询、检索和显示等功能。建设元数据库要依据元数据标准来收集、整理元数据，并利用元数据的操作工具将数据录入建库。元数据对数据的生产者、管理者和使用者都十分有用，它是沟通上述三者之间的桥梁，在实现"数字城市"的信息共享中占有重要地位。

五、数据应用技术

（一）多种数据的融合技术

数据融合这一概念是 20 世纪 70 年代提出来的，当时它并未引起人们的足够重视。随着社会的全面进步与发展，军事、经济与社会诸领域均面临许多复杂的情况，需要新的技术途径对反映这些情况的多种数据进行综合地消化、解释和评估，因此人们越来越认识到数据融合的重要性。数据融合最早用于军事领域，它被定义为是对多传感器的数据进行探测、互联、估计及组合的多层次多方面的处理过程，用以帮助指挥员准确地识别敌方目标、判断战争态势和潜在威胁等。在世界上几次现代局部战争中，特别是在海湾战争中，数据融合技术发挥了强大的威力，从而引起了全世界的普遍关注。数据融合是一门对多种数据进行分析、综合的数据处理技术，它通过协同利用多种数据来获得对同一事物更客观、更本质的认识，是整合信息资源、实现信息共享的重要技术手段。由于信息技术的高速发展和广泛应用，人们在整合、利用各种信息资源的过程中迫切需要解决数据融合的问题。目前，数据融合的研究主要体现在多传感器数据及 GIS 空间数据的融合上。对于建设"数字城市"来说，GIS 空间数据的融合显得更为迫切和重要。从 GIS 的应用开发角度看，数据融合是指将来源于分布式空间数据库中类型不同、结构不同、环境不同的原始数据，经过提取、分析、转换和综合形成新的数据的处理过程。这里的数据融合与前面所提到的数据集有着本质的区别：集成是指多种数据的聚集，聚集后的数据没有发生质的变化仍保留着原来的数据特征；而融合则是指多种数据的合成，合成后的数据发生了质的变化，它改变了原来的数据特征，并产生一种与原数据特征不同的新型数据。GIS 的空间数据是多种数据的重要体现，其按数据结构可分为栅格数据和矢量数据，按表现形式可分为数字高程模型（DEM）、数字正射影像图（DOM）、数字栅格地图（ORG）和数字线划地图（OLC）。GIS空间数据融合的主要内容有栅格数据之间的融合、栅格数据与矢量数据之间的融合和矢量数据之间的融合。栅格数据之间的融合是指遥感影像之间的复合，这一技术已经成熟，应用也较普遍。栅格数据与矢量数据之间的融合是指遥感影像图与数字线划图的叠加，这种融合相对简单，常用的GIS软件都能实现。矢量数据之间的融合是指数字线划图之间的融合，这种融合对多种矢量数据的融合来说比较复杂。因为它不仅要融合其中的图形数据和属性数据，而且要融合图形数据各元素之间的拓扑关系，此外还要融合图形数据与属性数据之间的链接关系，这是全世界都在进行攻关的难题。多种数据的融合包括多种分辨率、多维、不同类型数据的融合。这是一个复杂的过程，将融合得到的数据进行可视化的三维显示时复杂性尤为突出。如数字高程模型与经处理的遥感影像进行融合产生的三维立体景观影像问题就很复杂。远程融合系统指在不同地点的个人共享一个相同的虚拟环境，不存在时间和空间的距离感。系统中的每个用户都可以同时共用操纵数据、利用数据并共同参与仿真。

（二）分布式虚拟现实技术

1. 概念

科学技术的发展改变着人类的思维方式、学习方式、工作方式、生活方式与娱乐方式。为了适应未来信息社会的需要，人们不仅要求能通过打印输出或显示屏幕的窗口，在外部去观察信息处理的结果，而且还希望能通过人的视觉、听觉、触觉，以及形体、手势或口令，参与到信息处理的环境中去，获得身临其境的体验。这种信息处理方式已不再是建立在单维的数字化的信息空间上，而是在建立在一个多维化的信息空间，建立在一个定性与定量相结合，感性认识和理性认识相结合的综合集成环境，而虚拟现实技术将是支撑这个多维信息空间的关键技术。（虚拟现实产生的基础）归根结底就是要把计算机从善于处理数字化的单维信息改变为善于处理人所能感受到的、在思维过程中所接触到的除了数字化信息之外的其他各种表现形式的多维信息。虚拟现实是从英文 Virtual Reality 一词翻译过来的。国内也有人译为"灵境"或"幻真"。虚拟现实是一项融合了计算机图形学、人机接口技术、传感技术、心理学、人类工程学及人工智能的综合技术。不同的学者对虚拟现实技术的有不同的论述：虚拟现实通常是指用头盔显示器和传感手套等一系列新型交互设备构造出一种包括与之有关的自然模拟、逼真体验的技术与方法的计算机软硬件环境，人们通过这些设备以自然的技能（如头的转动、身体的运动）向计算机输入各种命令，并得到计算机对用户的视觉、听觉、触觉等多种感官的反馈。所以在一般出版物上，虚拟现实与头盔显示器、传感手套联系在一起。虚拟现实技术不仅仅是带着头盔显示器和传感手套的技术，应包括与之有关的自然模拟、逼真体验的技术与方法。是要创建一个好似客观环境又超越客观时空、能沉浸其中又能驾驭其上的和谐人机环境，是一个有多维信息所构成的可操纵的空间。它的最重要的目标是真实的体验和方便的自然人机交互。虚拟现实是一种人与通过计算机生成的虚拟环境可自然交互的人机界面，是指利用计算机和一系列传感辅助设备来实现的使人能有置身于真正现实世界中的感觉的环境，是一个看似真实的模拟环境。虚拟现实的具体含义是：①虚拟现实是基于计算机图形学的多视点、实时动态的三维环境，这个环境可以是现实世界的真实再现，也可是超越现实的虚构世界；

②操作者可以通过人的视觉、听觉和触觉等多种感官，直接以人的自然技能和思维方式与该环境交互；③操作过程中，人是沉浸在虚拟环境中的主体，而不是窗口外部的观察者。由上可见，虚拟现实为人们提供了一种全新的人机交互方式。虚拟现实技术汇集了计算机图形学、多媒体技术、人工智能、人机接口技术、传感器技术、高度并行的实时计算机技术和人的行为学研究等多项关键技术，是这些技术高层次的集成和渗透，是多媒体技术发展得更高境界，为人们探索现实世界中由于种种原因不便于直接观察事物的运动变化规律，提供了极大的便利。虚拟现实技术是一种逼真地模拟人在自然环境中视觉、听觉、运动等行为的人机界面技术。

2. 虚拟现实系统的基本特征

第一个特征是沉浸，让参与者有身临其境的真实感觉；第二个特征是交互，通过使用虚拟交互接口设备实现人类自然技能对虚拟环境对象的交互考察与操作；第三个特征是构想（想象），强调三维图形的立体现实。这三个基本特征反映了人在虚拟现实系统中的主导作用。首先，要使参与者有真实的体验，这种体验就是沉浸或投入，即全身心地进入。就是产生虚拟世界的幻觉。理想的状态时使用户难以分辨真假的程度。系统必须提供多感知的能力，提供人类所具有的一切感知能力，包括视觉、听觉、触觉，甚至是味觉和嗅觉。其次是提供方便的丰富的基于自然技能的人机交互手段。使用户能对虚拟环境进行实时的操纵，并能从虚拟环境中得到反馈的信息。实时性是非常重要的，如果交互时存在较大的延迟，与人的心理体验不一致，就谈不上自然技能的交互，也很难获得沉浸感。为达到这个目的，高速计算与处理必不可少。最后，因为虚拟现实是对对某一特定领域、解决某些问题的应用。为了解决这些问题，不仅需要了解应用的需求，了解技术，还要有丰富的想象力，作为虚拟世界的创造者，想象力已经成为虚拟现实系统设计中关键的问题之一。

3. 虚拟现实的实现技术

虚拟现实是在计算机图形学、图像处理与模式识别、智能接口技术、人工智能技术、多传感技术、语言处理与音响技术、网络技术、和高性能计算机系统等信息技术的基础上发展起来的，是这些技术更高层次的集成和渗透。大的方面可分为两部分：基础建模与显示交互。　虚拟环境的建立是虚拟现实技术的核心内容，应用动态环境建模技术能获取实际环境的三维数据，利用获取的三维数据建立相应的虚拟环境模型。目前可采用虚拟环境建模工具或 VRML 等专用虚拟环境建模语言来完成建模。当然可以用 OpenGL 建立模型库或开发专门的建模工具。也可借助 CAD、3DSMAX 普通三维建模工具，先建立起三维模型，再编程或借助于相应工具的方法，将模型导入到虚拟环境中。

（三）空间智能体技术

智能体是自主地感知环境并作用于环境，从而为实现设定的目标集或任务。是实现智能化数据获取，信息融合以及知识发现功能的基本单元。具有自控制性、自主性、自适应性、自发展性的特点。

（四）数字神经网络技术

数字神经网络技术是由微软公司提出的，主要是指利用互联网和集成的软件创造新的协作方式，加快信息流通和保证准确性，以确保能做出快速、正确的决策。城市系统也向生态系统与人类社会系统一样，有自组织功能。如同人的神经系统一样遍布全身，传递内部与外部的信息，汇总到神经中枢，经过分析与决策后，再通过神经系统，传达到全身各个部位做出适当的反应。神经网络方法的原理是模拟人脑的神经元结构，由多个非常简单的处理单元（神经元）按某种方式相互联结而形成。基于神经网络的数据挖掘工具对于非线性数据具有快速建模能力，其挖掘的基本过程是先将数据聚类，然后分类计算权值，神经网络的知识体现在网络连接的权值上。神经网络具有对非线性数据快速拟合的能力，可用于分类、聚类、特征挖掘等多种数据挖掘任务，在信号处理、模式识别、人工智能、决策优化与分析建模方面有广泛的应用。

（五）互操作与超链接

互操作指异构环境下两个或两个以上的实体，尽管它们实现的语言、基于的模型和执行的环境不同，但它们都可以相互通讯和协调运行，以完成某一特定的任务。是信息共享和系统集成的基础，这些实体包括应用程序、处理对象和系统运行环境等。互操作是一个比较复杂的问题，它既需要基础理论的研究与核心技术的开发，又需要各个组织机构之间的协调与配合。互操作对软件业来说意味着界面的开放，它要求软件的生产者开放其数据的内部结构，以便系统的建设者能够开发用于互操作的接口。互操作对用户来说意味着在各系统之间可自由地交换数据，并能协调地进行数据处理。互操作的技术问题可以从网络链接、数据模型和应用程序三个方面来说明。网络链接涉及到传输介质、交换设备和通讯协议，它的互操作须解决各通讯协议之间的接口问题。数据模型既有同构数据又有异构数据，它的互操作须解决异构数据之间的转换问题。各系统的应用程序是多种多样的，它的互操作须解决在网络环境下各应用程序协调进行数据处理的问题。互操作在"数字城市"的建设中占有显著地位，它是"数字城市"实现信息共享和系统集成的重要技术途径。

超链接起源于万维网，它是万维网的精华和魅力所在。因特网的普及得益于万维网的超链接技术，它将世界各地的网站通过 IP 地址超链接起来，建立了分布在不同地点各网站之间的联系，把本来处于孤立状态的大量信息点组成一个有机的整体，使人们在任何时间、任何地点都能共享网站上的信息资源。超链接的概念是定义一个定位点，它指明了一个网页的确定位置，便于超链接跳转时的定位。超链接就像一个信息向导，它带领访问者在万维网里浏览用户所需要的信息。万维网能够超链接的是超文本信息。未来的"数字城市"将拥有庞大的信息资源，它也需要超链接技术将这些资源联系起来。从硬件技术和网络协议上来说，超文本链接的问题已经解决，但是"数字城市"涉及的信息种类繁多，结构复杂、环境各异，特别是地理空间信息，它的超链接远没有超文本链接那么简单，还需技术人员对现有的超链接技术作进一步地开发，以便用户能利用新的超链接功能在"数字城市"的信息海洋中尽情遨游。如此看来，超链接是人们对"数字城市"进行信息浏览的重要技术支撑。

（六）三维城市模型

1. 地理信息应用模型内涵与功能

通常把现实世界中的某些事物及其联系叫现实原型，则模型是对现实原型的一种抽象或模拟。抽象或模拟不是简单的复制，而是强调原型的本质，即抓主要矛盾，摒弃次要矛盾，正所谓取其精华，去其糟粕，因此模型即反映本质又具有抽象化与简单化的特点。从这个意义上讲，自然科学中的概念公式、定律、定理等，社会科学中的学说、原理，甚至汉字等都是一种模型。目前模型的定义大致有几种：①模型是对实际系统的描述、选型、模仿或抽象；②模型是以实物、图形或符号来代表一个真实系统或一项工程及其组成部分之间的相互关系，以便使问题和目标具体而明确，并求得最优解答；③模型是指对某一系统的简单描述，或其部分属性的模仿；④模型是一种过程或行为的定量或定性的代表，它能显示对所考虑的目标具有决定性意义；⑤模型是对客观事物的特征及其变化规律的一种表示或抽象，而且往往是指对事物中那些所要研究的特定属性的定量抽象；⑥模型是对现实现象或过程或其中某一部分的任何一种概念性描述都是一种模型；⑦模型是研究情况的有关性质的模拟物。如图、标本、沙盘等。

地理信息模型应具备的功能：①简化地理系统的结构，描述和认识地理系统的构造，把所关心的问题抽取出来；②汇集数据，综合系统的大量的具体数据，发现内在规律，如回归模型、相关分析模型；③模拟系统过程，预测系统未来变化，如系统预测模型、系统动态学模型等；④解释事物变化结果的必然性；⑤验证假说和理论，形成新的理论，如空间相互作用模型。

2. 地理信息应用模型分类

根据分类标志的不同有不同的分类：

（1）根据考虑时间因素与否分类：可将模型分为静态模型与动态模型。在模型中不加入时间因素是静态模型如运输模型、投入产出模型；在模型中加入时间因素是动态模型如经济计划模型、时间序列模型等。

（2）根据考虑随机项因素与否分类：可将模型分为确定性模型与随机模型。确定性因素不考虑随机项，不考虑随机因素的影响，认为影响因素是确定的；由于随机因素的存在，不考虑随机因素的影响对地理系统来说是不可能的，因此随机模型应用极其广泛。

（3）根据模型的用途分类：可将模型分为理论模型、预测模型、模拟模型、最优化决策模型等。理论模型用来进行理论推导，阐明各种地学理论；预测模型主要用来预测未来状态与发展方向；模拟模型用于模拟在同环境条件下系统的运动轨迹，以分析其动态特征并进行多方案比较，也带有预测性质；最优化决策模型用于优化决策，一般由目标函数和约束条件组成，通过计算机按照一定的最优化算法搜索迭代求出使系统目标最优的最优解，提供各种决策方案。

（4）根据模型表达的关系分类：①基于物理和化学原理的理论模型，如地表径流模型、海洋和大气环流模型等；②广泛用于地学领域的基于原理与经验的混合模型；③基于变量之间的统计关系或启发式关系的经验模型。

（5）以构成模型元素的存在形式分为物理模型与抽象模型。

1）物理模型（仿真模型、形象模型）：是保留现实对象系统的外形特征，根据其结构，对其尺寸放大或缩小，用实物构造成的模型。如沙盘、手机模型等。

2）抽象模型：指用文字、图表、符号等对现实事物及其联系进行一定的抽象描述，以达到从整体上认识和把握对象的目的等。如信息系统中的数据模型、人口系统中的预测模型等。

（6）根据定性与定量对研究对象认识的深刻程度分为概念模型、结构模型、数学模型。

1）概念模型：概念模型是最抽象的模型，一般采用定性分析，根据要研究的系统和目标，将研究问题抽象成一些概念，以描述对象系统的主要特征，多用语言或方框图表达，是一切深化模型的基础。如将公交系统抽象为人、车、路子系统。

2）结构模型：从宏观层次上反映组成系统的元素与元素间的相互关系。多用图表来反映复杂结构。如层次、关系模型。

3）数学模型：用数字、字母、其他符号来描述现实系统原型。通常表现为定律、定理、公式、算法与图表等。数学模型的定义有：用数学语言模拟现实的模型；是关于部分现实世界和为某种特殊目的而做出的一种抽象、简化的数学表示；用数字、字母、其他符号构成的描述问题的等式或不等式，或用图表、图像、框图、结构图、数理逻辑等来描述系统特征及其内部与外部联系的模型；是对系统构成元素及元素间相互关系的一种定量描述。数学模型用于解释特定现象的现实状态，或预测对象的未来状态、变化或提供处理对象的最优决策或控制等。

3.地理信息应用模型的建立

把模型理解为一定对象的状态、结构及其属性的简化表示。模型的构造必须经过抽象分析的过程，即经过对现实原型摒弃次要过程的过程。不同的模型的创建不尽相同，但总的可分为以下几步：①分析问题确定模型类型，对要研究的问题，也可以说是现实原型要分析其对象及其结构的本质属性，确定模型类型；②分析问题的主要因素和主要关系，确定模型变量，确定模型的基本类型后，准确选取模型的变量，包括变量的类型、变量的个数；③进行正确抽象，即研究问题模型化，指使用恰当的数学概念、数学符号和数学表达式，形式化地表达所研究的问题；④对模型求解，将问题模型化后，就需要对模型求解，确定模型中的各种参数；⑤对模型进行检验。

4.地学分析模型

（1）地理信息统计分析模型。因地理要素具有随机性，因此需要用处理随机现象的数学方法概率论与数理统计。用概率论与数理统计的方法构建的分析模型就是统计分析模型。常用的有：

1）相关分析，相关分析就是要建立相关关系，揭示要素之间的密切程度，讨论相关误差。但狭义的相关分析是对相关系数计算与检验。两要素、多要素的相关关系；正相关、负相关；直线相关与曲线相关等。

2）回归分析，回归分析就是要建立回归分析模型。简单的也可用图像法做回归线。一元线性回归模型的建立是用基于最小二乘法来实现。多元线性回归方程仍是用基于最小二乘法来实现，需要构建正规方程组，通过矩阵进行计算得到。非线性回归模型的建立，一般都是通过某种途径将其转化为线性关系，在运用建立线性回归方程的方法进行。

3）聚类分析，研究对多要素事物的分类问题的数量方法。基本原理是根据样本自身的属性或特征的相似性、亲疏程度，按某种相似性或差异性指标，用数学方法定量地确定样本之间的亲疏关系，并按这种亲属关系程度对样本进行聚类。常用的方法有系统聚类法、动态聚类法、模糊聚类法。

4）主成分分析，变量太多，会增加分析问题的难度与复杂性，在实际问题中，多个变量间具有一定的相关关系，如果对变量之间进行相关关系研究，将关系密切的变量种选择一个即可，这样变量就少了。主成分分析就是解决这种问题的一种方法。主成分分析是把原来多个变量划分为少数几个综合指标的一种统计方法，是一种降维处理技术。

（2）空间分析与系统结构模型。地理信息科学涉及大量的空间分析与系统结构问题：①空间相互作用分析模型，空间接近度分析，空间叠加分析，空间趋势面分析；②网络分析模型，最短路近分析，选址问题分析；③系统动力学模型，是美国麻省理工学院福瑞斯特教授首创的一种运用结构、功能、历史相结合的系统仿真方法；④细胞自动机模型；⑤投入产出模型。

（3）规划与决策模型。规划与决策是城市与环境研究的重要问题。①最优规划模型，任何规划问题都有两个基本问题，规划目标和约束条件。规划目标是规划方案优劣的准则，解决该类问题的方法就是最优规划问题，线性规划问题，多目标规划问题；②最优区位模型，单点选址模型，多点选址模型；③预测模型；④战略决策模型。

5. 三维城市模型的建立

三维城市模型是数字城市空间数据基础设施建设的重要内容，目前，建立三维城市模型主要有以下几种方法（朱庆等，2004）。

（1）基于二维 GIS 建立三维城市模型，城市二维 GIS 包含有丰富的数据源，如房屋、道路、水系、高程、绿化、公共设施等。建立三维模型就要充分利用这些位置、高度和属性信息，通过一定的技术处理建立三维模型。但是，现有的二维 GIS 中除了二维数据以外，并不具有直接完整的三维信息和纹理信息，还需要实地采集纹理，对于特殊建筑物的三维模型还需要重新构建。由于目前大多数城市都建立了各种各样的二维 GIS 系统，因此，利用二维 GIS 数据建立三维城市模型，是一种经济快捷的有效途径。

（2）基于影像建立三维城市模型，随着近年来高分辨率遥感技术和计算机图形图像处理技术的发展，数字摄影测量被普遍认为是当前最适于用来获取大范围高精度三维城市模型的主要手段。基于摄影测量的建筑物三维重建的两个重要环节同时也是限制其提高自动化的瓶颈是：确定建筑物初始位置和确定建筑物类型，其他诸如确定朝向、精确定位、人机交互策略等都有赖于这两个问题的首先解决。从影像自动识别和提出建筑物不仅是摄影测量与遥感领域的难题，也是计算机视觉与图像理解研究的重点之一。

（3）基于激光扫描的三维城市建模，激光扫描测量通过激光扫描器和距离传感器来获取被测目标的表面形态，通过一系列技术处理，从而进行各种量算和建立三维模型。激光扫描系统作为一种主动的非接触测量手段，在生成真实世界物体的计算机三维模型方面得到了越来越广泛的应用，在地面上集成车载激光扫描系统用于三维城市模型建设已成为激光扫描技术发展的一个方向。

（4）CAD 建模方法，CAD 技术产生于 20 世纪 50 年代后期，应用比较广泛，在图形处理与三维建模方面具有独特的优势，已成为三维城市建模的一个重要数据源。使用 CAD、3DS、3DMAX 等设计软件，能够逼真表示规划设计成果的精细结构和材质特征，不仅能表示物体外观，而且能充分展示物体复杂的内部形态。但是，由于 CAD 建模大多涉及手工操作，工作量大，成本高。

第三节　智 慧 城 市 概 述

一、智慧城市概述

数字地球以空间位置为关联点整合相关资源（以地理信息系统和虚拟现实技术集成各类数据资源），实现了"秀才不出门，能知天下事"。物联网将与水、电、气、路一样，成为地球上的一类新的基础设施。世界将继续"缩小""扁平化"和"智慧"，我们正在迈入智慧时代。数字地球把遥感技术、GIS 和网络技术与可持续发展等社会需要联系在一起，为全球信息化提供了一个基础框架。而我们将数字地球与物联网结合起来，就可以实现智慧的地球。当今世界，数字地球正向智慧地球转型，智慧城市应运而生。

智慧城市是在数字地球的基础上，通过物联网将现实世界与虚拟数字世界进行有效的融合，建立一个可视的、可量测、可感知、可控制的智能化城市管理与运营机制，以感知现实世界中人和物的各种状态和变化，并由云计算中心完成其海量和复杂的计算与控制，为城市管理和社会公众提供各种智能化的服务。智慧城市是智慧地球的重要组成部分。数字城市是把城市的地理信息和其他城市有关的信息结合并存储在计算机网络上，让城市和城市外空间连接在一起的虚拟空间。智慧城市则通过传感网络，实现虚拟空间和现实空间的衔接。

智慧城市是新一代信息技术支撑、知识社会下一代创新环境下的城市形态。智慧城市基于物联网、云计算等新一代信息技术以及维基、社交网络、FabLab、LivingLab、综合集成法等工具和方法的应用，营造有利于创新涌现的生态。利用信息和通信技术令城市生活（ICT）更加智能，高效利用资源，导致成本和能源的节约，改进服务交付和生活质量，减少对环境的影响，支持创新和低碳经济。实现智慧技术高度集成、智慧产业高端发展、智慧服务高效便民、以人为本持续创新，完成从数字城市向智能城市，再向智慧城市的跃升。

智慧城市是数字城市与物联网相结合的产物，包含智慧传感网、智慧控制网和智慧安全网。智慧城市与智慧电网、智慧油田、智慧企业等，都是构成智慧地球的重要组成部分。智慧城市的理念是把传感器装备到城市生活中的各种物体中形成物联网，并通过超级计算机和云计算实现物联网的整合，从而实现数字城市与城市系统整合。通过智慧城市，可以实现城市的智慧管理及服务。

李德仁在名为《从数字城市到智慧城市》主题报告中提出：智慧城市＝数字城市＋物联网＋云计算。智慧城市是在数字城市建立的基础上。

通过物联网将现实世界与数字世界进行有效融合，感知现实世界中人和物的各种状态和变化，由云计算中心处理其中海量和复杂的数据并进行控制，为城市管理和公众提供各种智能化的服务。李德仁指出，智慧城市应具备以下五个特征：第一，需要依托数字城市建立起来的地理坐标和各种自然、人文等信息的联系，并在此基础上增加实时传感、控制以及分析处理的功能；第二，智慧城市包含物联网和云计算，利用电子标签、传感器、二维码等随时随地获取物体的信息并通过各种电信网络与互联网的融合，将物体的信息实时准确地传递出去，最后利用云计算对海量的数据和信息进行分析与处理，对物体实施智能化的控制；第三，智慧城市面向应用和服务，采集数据并交由云计算进行实时分析和处理，获得详尽而准确的数据和决策信息，并将其实时推送给需要这些信息的用户；第四，智慧城市与物理城市融为一体，通过传感器和控制器，将与电子世界的纽带直接融入到现实城市的基础设施中，自动控制相应的城市基础设施，自动监控城市的空气质量、交通状况等；第五，智慧城市能实现自主组网和维护，网络应具备维护动态路由的功能，保证整个网络不会因为某些节点出现故障而导致瘫痪。李德仁强调，通过这些特性，智慧城市在国土规划、城市管理、医疗、交通、旅游、安防等方面有着广泛的应用，将彻底改变人们的衣、食、住、行。

二、从数字城市到智慧城市

数字城市是数字地球的重要组成部分，是传统城市的数字化形态。数字城市是应用计算机、互联网、3S、多媒体等技术将城市地理信息和城市其他信息相结合，数字化并存储于计算机网络上所形成的城市虚拟空间。数字城市建设通过空间数据基础设施的标准化、各类城市信息的数字化整合多方资源，从技术和体制两方面为实现数据共享和互操作提供了基础，实现了城市3S技术的一体化集成和各行业、各领域信息化的深入应用。数字城市的发展积累了大量的基础和运行数据，也面临诸多挑战，包括城市级海量信息的采集、分析、存储、利用等处理问题，多系统融合中的各种复杂问题，以及技术发展带来的城市发展异化问题。

新一代信息技术的发展使得城市形态在数字化基础上进一步实现智能化成为现实。依托物联网可实现智能化感知、识别、定位、跟踪和监管；借助云计算及智能分析技术可实现海量信息的处理和决策支持。中国智慧城市建设的动机源自中国城镇化、工业化、信息化建设，智慧城市建设的目标是让整个社会更加低碳，更加环保，真正实现可持续发展，使人们生活更加美好。

对比数字城市和智慧城市，可以发现以下六方面的差异：

（1）当数字城市通过城市地理空间信息与城市各方面信息的数字化，在虚拟空间再现传统城市，智慧城市则注重在此基础上进一步利用传感技术、智能技术实现对城市运行状态的自动、实时、全面透彻的感知。

（2）当数字城市通过城市各行业的信息化，提高各行业管理效率和服务质量，智慧城市则更强调从行业分割、相对封闭的信息化架构迈向作为复杂巨系统的开放、整合、协同的城市信息化架构，发挥城市信息化的整体效能。

（3）当数字城市基于互联网形成初步的业务协同，智慧城市则更注重通过泛在网络、移动技术实现无所不在的互联和随时随地随身的智能融合服务。

（4）当数字城市关注数据资源的生产、积累和应用，智慧城市更关注用户视角的服务设计和提供。

（5）当数字城市更多注重利用信息技术实现城市各领域的信息化以提升社会生产效

率，智慧城市则更强调人的主体地位，更强调开放创新空间的塑造及其间的市民参与、用户体验，及以人为本实现可持续创新。

（6）当数字城市致力于通过信息化手段实现城市运行与发展各方面功能，提高城市运行效率，服务城市管理和发展，智慧城市则更强调通过政府、市场、社会各方力量的参与和协同实现城市公共价值塑造和独特价值创造。

第四节　智慧城市支撑技术与应用

智慧城市的支撑技术包括数字城市相关技术、物联网技术和云计算技术。数字城市是构建城市数据，将现实中的城市通过网络进行展现，通过航空、卫星、移动测量等方式将数据集成在一起，形成空间立体化，把城市栩栩如生地"搬"到网络上。

数字城市相关技术包括：①天空地一体化的空间信息快速获取技术；②海量空间数据调度与管理技术；③空间信息可视化技术；④空间信息分析技术；⑤网络服务技术。在实时获取相关数据的基础上，海量空间数据不仅包括矢量数据，还包括三维数据，国内已经有300多个城市进行数字城市建设，包括基础数据、政务平台和公众平台，可以从地上看到地下，方便城市管理，提供智能服务。物联网能够全面感知，通过RFID（Radio Frequency Identification）技术（又称无线射频识别，是一种通信技术，可通过无线电讯号识别特定目标并读写相关数据，而无需识别系统与特定目标之间建立机械或光学接触）、传感器、二维码等实现可靠的传递和智能的控制和处理，实现人与人、人与机器、机器与机器的互联互通。

我们把每一个地球上的人和物传感到网上去，通过基层将它们联起来，通过网络层将它们传输到全世界，就可以实行运用。智慧城市将所有地球上的东西都整合在一起，我们不出门可以知天下事以及做智慧决策。

云计算是基于互联网大众参与的计算模式，其计算能力、存储能力、交互能力是动态的、可伸缩的、可虚拟化的，通过传播重组，把上亿个传感器发出的信号合成视频进行处理，将计算变成社会化、集约化、专业化的服务带给大家。形象地说，云计算为智慧城市提供了一个可以思考的"大脑"。

智慧城市主要由数字城市和物联网、云计算三大类支撑技术组成。

一、物联网技术

1. 物联网定义

物联网即通过射频识别（RFID）、红外感应器、全球定位系统、激光扫描器、气体感应器等信息传感设备，按约定的协议，把任何物品与互联网连接起来，进行信息交换和通讯，以实现智能化识别、定位、跟踪、监控和管理的一种网络。简而言之，物联网就是"物物相连的互联网"。物联网是人与物、物与物之间相互通信的网络，是智慧城市的感知技术。在两化融合领域，物联网技术已在产品信息化、生产制造、经营管理、节能减排、安全生产等领域等到了应用。在电子政务领域，物联网技术在公安、国土、环保、交通、海关、海关、质检、安监、林业等政府主管部门得到初步应用。

2. 物联网的技术架构

物联网主要由感知层、网络层、应用层组成。

（1）感知层由各种传感器构成。包括温湿度传感器、二维码标签、RFID 标签和读写器、摄像头、红外线、GPS 等感知终端。感知层是物联网识别物体、采集信息的来源。

（2）网络层由各种网络。包括互联网、广电网、网络管理系统和云计算平台等组成，是整个物联网的中枢，负责传递和处理感知层获取的信息。

（3）应用层是物联网和用户的接口。它与行业需求结合，实现物联网的智能应用。

3. 物联网的关键技术

在物联网应用中有三项关键技术。

（1）传感器技术。这也是计算机应用中的关键技术。大家都知道，到目前为止，绝大部分计算机处理的都是数字信号。自从有计算机以来就需要传感器把模拟信号转换成数字信号计算机才能处理。

（2）RFID 标签也是一种传感器技术。RFID 技术是融合了无线射频技术和嵌入式技术为一体的综合技术，RFID 在自动识别、物品物流管理有着广阔的应用前景。

（3）嵌入式系统技术是综合了计算机软硬件、传感器技术、集成电路技术、电子应用技术为一体的复杂技术。经过几十年的演变，以嵌入式系统为特征的智能终端产品随处可见；小到人们身边的 MP3，大到航天航空的卫星系统。嵌入式系统正在改变着人们的生活，推动着工业生产以及国防工业的发展。如果把物联网用人体做一个简单比喻，传感器相当于人的眼睛、鼻子、皮肤等感官，网络就是神经系统用来传递信息，嵌入式系统则是人的大脑，在接收到信息后要进行分类处理。这个例子形象的描述了传感器、嵌入式系统在物联网中的位置与作用。

（4）M2M（Machine to Machine）。是将数据从一台终端传送到另一台终端，是机器对机器之间的对话。

4. 物联网技术在智慧城市中的应用

目前，物联网技术已在产品信息化、生产制造环节、经营管理环节、节能减排、安全生产等领域得到应用。并在公安、国土、环保、交通、海关、海关、质检、安监、林业等政府主管部门得到初步应用，取得了良好的效果。

（1）产品信息化。在汽车、家电、工程机械船舶等行业通过应用物联网技术，提高了产品的智能化水平。

（2）在生产制造领域的应用。应用于生产线过程的检测、实时参数采集、生产设备与产品监控管理等。

（3）在经营管理领域的应用。应用于物流管理、生产管理等。

（4）在节能减排应用。主要在钢铁、有色金属、电力、化工、纺织、造纸等高能耗、高污染行业应用。

（5）在安全生产领域的应用。主要在煤炭、钢铁、有色等行业保障安全生产的重要技术手段，利用物联网技术对矿山井下人、机、环境进行监控。

二、云计算技术

(一) 云计算技术定义

根据美国国家标准和技术研究所的定义，云计算（Cloud Computing）是一种可以随时随地方便而按需地通过网络访问可配置计算资源（如网络、服务器、存储、应用程序和服务）的共享池的模式，这个池可以通过最低成本的管理或服务提供商交会来快速配置和释放资源。

(二) 云计算技术的特点

(1) 快速弹性。弹性是指根据需要可伸缩地使用资源的能力。对于消费者来说，云似乎是无限的，消费者可以根据需要购买计算力资源。

(2) 测量服务。在测量服务中，云服务提供商控制和监视云服务的各个方面。这对计费、访问控制、资源优化配置、容量规划和其他任务来说是至关重要的

(3) 按需自助服务。这意味着消费者可以根据需要使用云服务，不需要与云服务提供商进行人机交互。

(4) 无处不在的网络接入。无处不在的网络接入意味着用户可以通过网络获取云服务商的能力。

(三) 云计算的主要类型

1. 按照资源类型分类

云计算可以认为包括以下几个层次的服务：基础设施即服务（IaaS），平台即服务（PaaS）和软件即服务（SaaS）。这里所谓的层次，是分层体系架构意义上的"层次"。IaaS、PaaS、SaaS 分别在基础设施层、软件开放运行平台层、应用软件层实现。

IaaS（Infrastructure as a Service）：基础设施即服务。消费者通过 Internet 可以从完善的计算机基础设施获得服务。Iaas 通过网络向用户提供计算机（物理机和虚拟机）、存储空间、网络连接、负载均衡和防火墙等基本计算资源；用户在此基础上部署和运行各种软件，包括操作系统和应用程序。

PaaS（Platform as a Service）：平台即服务。PaaS 实际上是指将软件研发的平台作为一种服务，以 SaaS 的模式提交给用户。因此，PaaS 也是 SaaS 模式的一种应用。但是，PaaS 的出现可以加快 SaaS 的发展，尤其是加快 SaaS 应用的开发速度。平台通常包括操作系统、编程语言的运行环境、数据库和 Web 服务器，用户在此平台上部署和运行自己的应用。用户不能管理和控制底层的基础设施，只能控制自己部署的应用。

SaaS（Software as a Service）：软件即服务。它是一种通过 Internet 提供软件的模式，用户无需购买软件，而是向提供商租用基于 Web 的软件，来管理企业经营活动。云提供商在云端安装和运行应用软件，云用户通过云客户端（通常是 Web 浏览器）使用软件。云用户不能管理应用软件运行的基础设施和平台，只能做有限的应用程序设置。

2. 按照资源使用方式分类

按照云计算资源使用方式，可以将云计算分为公共云、私有云、混合云。

公共云，是指多个客户共用一个云服务提供商的 IT 资源。每个用户根据自己的占

用、消耗 IT 资源的多少，向云服务提供商支付费用。公共云比较适合于中、小企业、微型企业、政府基层单位和个人用户。

私有云，是指政府和企业事业单位建设一个云计算中心或云服务平台供自己使用，不对外开放，不向外单位提供云计算服务。私有云适用于大型企业集团、国家部委、省和地市一级政府，采用虚拟化等技术，对传统计算中心、数据中心进行升级改造。

混合云，是指公共云和私有云的混合体。混合云的一部分资源公用，对外开放；一部分私用，不对外开放。混合云适用于 IT 资源有富余的单位，在满足自身应用的同时，把多余 IT 资源卖给外单位。

三、移动互联网技术

移动互联网指由蜂窝移动通信系统通过终端接入互联网，它和 3G、4G 等构成一个统一的无线、移动、互联网系统，使用户可以在任何地点、任何时间都能方便接入，以获得互联网上丰富的信息资源和服务。

（一）移动通信技术

1. 第一代和第二代移动通信技术

第一代移动通信技术（1G）采用频分多址（FDMA）模拟语音调制技术，这种系统主要缺点是频谱利用率低，信令干扰话音业务。

第二代移动通信技术（2G）主要采用时分多址（TDMA）的数字调制方式，提高了系统容量，并采用独立信道传送信令，使系统性能大大改善。

2. 第三代移动通信技术

第三代移动通信系统（3G），也称 IMT 2000，是正在全力开发的系统，其最基本的特征是智能信号处理技术，智能信号处理单元将成为基本功能模块，支持话音和多媒体数据通信，它可以提供前两代产品不能提供的各种宽带信息业务，例如高速数据、慢速图像与电视图像等。第三代移动通信系统的通信标准共有 WCDMA，CDMA2000、TD-SCD-MA 和 WIMAX。

3. 第四代移动通信技术

第四代移动通信技术（4G）是一种能够传输高清视频的高带宽移动通信技术，用户能以 100Mbit/s 的速度下载，目前国际上 4G 的标准有 TD-LTE 和 FDD-LTE 两种。FDD-LTE 标准已于 2011 年年初在欧美国家正式商用。目前中国移动、中国电信、中国联通都在测试、部署 4G 网络。

（二）Wi-Fi 和 WLAN

Wi-Fi 是一种可以将个人电脑、手持设备等终端以无线方式互相连接或帮助用户访问互联网的技术。

WLAN 是指无线局域网，用户通过手机、平板电脑、笔记本电脑灯移动终端通过 WLAN 上网卡高速接入互联网和企业局域网，获得信息，进行移动办公和娱乐。

（三）智能终端

智能终端主要包括智能手机、平板电脑。

（四）移动互联网技术的应用

移动互联网技术的应用主要包括移动电子商务、移动电子政务。

1. 移动电子商务

将因特网、移动通信技术、短距离通信技术及其他信息处理技术完美结合起来，使人们可以在任何时间、任何地点进行各种商贸活动，实现随时随地、线上线下的购物与交易，在线电子支付，以及各种交易活动、商务活动、金融活动和相关的综合服务活动等。

2. 移动电子政务

指用户可以通过终端盒无线通信网络获取政府部门提供的信息和服务。可以随时随地的处理公文，可以随时随地查阅信息，提高办事效率。

四、大数据技术

（一）大数据技术的定义

大数据是指无法在一定时间内用常规软件工具对内容进行抓取、管理和处理的数据集合。随着城市信息化建设的深入，许多政府部门和企业积累了海量的数据资源，迫切需要利用大数据技术对这些数据资源进行处理、分析和挖掘，提供政府部门的行政管理和公共服务水平，提高企业的生产经营管理水平，使海量的数据资源转化成巨大的社会财富。

（二）大数据技术的特征

大数据技术的主要包括数据差异化程度大、数据容量极大、处理速度快、时效性强、可视性强、复杂度高。

（三）政府大数据的必要性和可行性分析

1. 必要性

（1）发展大数据是促进政务信息资源开发利用的必然需要。

（2）发展大数据是提高政府决策科学化水平的必然要求。

（3）发展大数据是提高城市管理精细化水平的必然要求。

（4）发展大数据是促进现代化服务业的必然要求。

2. 可行性

（1）中国政府的数据量已经初具规模。

（2）大数据技术逐步成熟。

五、空间信息技术

（一）空间信息技术的定义

空间信息技术的一个显著的特点是地理空间的可视化，即能够把经济、社会等领域的非空间信息与地理空间位置进行叠加显示，使人们可以非常直观地认识城市中的各种事物。空间信息技术重要包括遥感、卫星导航系统、地理信息系统。

（二）空间信息技术和其他技术的融合

1. 物联网技术和空间信息技术的融合

物联网将对 GIS 的数据获取、动态监测、图形化控制等方面产生深刻的影响。

2. 云计算技术与空间信息技术的融合

云计算技术具有计算力和存储空间的弹性扩展，资源动态分配和共享等特点，将对GIS数据处理、存储和应用服务产生大的影响。

3. 移动互联网技术与空间信息技术的融合

通过移动互联网，用户可以随时随地地获取地理信息，开展GIS应用。

4. 大数据技术与空间信息技术的融合

通过遥感采集地理信息、真三维GIS应用等都面临着海量数据处理的问题，采用大数据技术，可以显著提高遥感图像的处理效率，促进三维GIS的普及。

六、智慧城市的应用

当前，全球范围内城市化进程不断推进。随着互联网和信息化的发展，在云平台、大数据和物联网等技术的支持下，率先在美国"智慧星球"概念下诞生的"智慧城市"，逐渐成为当今世界各国城市建设的发展趋势和选择。

（一）国外案例

自21世纪初期，美国、英国、德国、荷兰、日本、新加坡、韩国等先一步开展了智慧城市的实践，诞生了许多经典案例。

1. 迪比克

2009年，迪比克市与IBM合作，建立美国第一个智慧城市。为了保持迪比克市宜居的优势，并且在商业上有更大发展，市政府与IBM合作，计划利用物联网技术将城市的所有资源数字化并连接起来，含水、电、油、气、交通、公共服务等，进而通过监测、分析和整合各种数据智能化地响应市民的需求，并降低城市的能耗和成本。该市率先完成了水电资源的数据建设，给全市住户和商铺安装数控水电计量器，不仅记录资源使用量，还利用低流量传感器技术预防资源泄漏。仪器记录的数据会及时反映在综合监测平台上，以便进行分析、整合和公开展示。

2. 巴塞罗那

大力采用传感器使城市管理更便捷。在该市高新技术中心的试验区内，一个红绿灯上的小黑盒子，可以给附近盲人手中的接收器发送信号，并引发接收器震动，提醒他已经到达了路口；地上小突起形状的东西就是停车传感器，司机只需下载一种专门应用程序，就能够根据传感器发来的信息获知空车位信息；巴塞罗那宏伟的圣家族大教堂也建立了完善的停车传感器系统，以引导大客车停放；试验区草地上铺满了传感器——湿度传感器，它能感知地面的温度，以确定何时应该给草地浇水；铺设在垃圾箱上的传感器能够检测到垃圾箱是否已装满，垃圾箱上还装有气味传感器，如果垃圾箱的气味超出正常标准，传感器就会自动发出警报，进行提醒。

3. 新加坡

新加坡于2006年推出《智慧国2015计划》，政府门户网站公开了50多个政府部门的5000多个数据集。新加坡建立起一个"以市民为中心"，市民、企业、政府合作的电子政府体系，让市民和企业能随时随地参与到各项政府机构事务中。在交通领域，新加坡推出了电子道路收费系统（Electric Road Pricing）等多个智能交通系统。在医疗领域，开发了综合医疗信息平台。在教育领域，通过利用资讯通信技术，大大提升了学生对学习的关注度。在文化领域，国家图书馆部署了一套灵活而性能超强的大数据架构，通过云端计算的模式，处理从战略、战术到实际业务的不同分析需求，提供高性价比的解决方案。

（二）国内案例

我国 2014 年迎来智慧城市的元年，这一概念现已在城市基础建设、交通管理、文化事业、教育事业、医疗卫生等领域形成了显著的影响。

1. 佛山

2010 年，广东省佛山市提出"四化融合智慧佛山"发展战略。在 2011 年全国"两会"上，佛山市委书记陈云贤透露，佛山已申请全国智能城市示范点，力争 3 到 5 年形成"四化融合"雏形。

2013 年 7 月，IBM 提供"智慧佛山"建设的中期调研报告，建议佛山可以以食品安全、水治理和智慧交通为切入点，以产业转型为手段，在建设智慧佛山的同时打造强大的高端服务产业链。IBM 也对佛山南海三山新城提出建议。在城市云方面，未来三山可通过手机信号定位，快速掌握各种交通工具、道路、地区的人流情况，而这类信息又可供城市管理部门更科学地规划商业区、居民区、公共交通、医院、学校甚至加油站的布局；在健康云方面，保险公司、患者以及各级医院可统一在一个云平台上实现检验结果和电子病历共享、远程会诊、网上挂号和预约门诊等高效服务，减少病患排队、报销的痛苦，节约整体社会的资源；同时，通过产业云平台，可在统一设计标准的同时节省整个产业链的成本，以帮助中小企业降低运营成本，使其投资能集中在核心制造优势上，而不是花费在采购等环节上。

医疗卫生方面，佛山市"南海区市民健康档案管理平台"整合了南海区 143 家医疗机构的医疗信息资源，包括 3 个区级医院、12 个镇街级医院以及 128 家社区卫生服务站点的信息。此外，还包括以家庭为单位的每个居民的"居民健康档案"，登陆平台可以看到就诊记录、用药情况、各阶段身体健康状况等信息，帮助医生快速了解患者病史，判断病情，合理用药。

此外，佛山还在积极组建交通大数据库。佛山禅城区代区长孔海文在政协禅城区三届五次会议上指出，禅城的交通发展，无论是建设还是优化公交，都需要以强大的数据库为支撑。目前禅城正在进行交通建设和管理方面的研究，将会结合对整个交通流量的监测数据来规划公交线路和路网监测系统。

2. 深圳市福田区

福田区委、区政府以深圳织网工程和智慧福田建设为契机，依托大数据系统网络，着力构建以民生为导向的完善的电子政务应用体系，并在此基础上积极开展业务流程再造，有效提高了福田区的行政效能和社会治理能力。主要措施包括：建设"一库一队伍两网两系统"、建设"两级中心、三级平台、四级库"、构建"三厅融合"的行政审批系统、建设政务征信体系。

此外，福田区还把新技术应用与社会治理机制创新相结合。基于流动人口自主申报，建立房屋编码制度，深化"民生微实事"改革，对人口管理、房屋管理、社会参与机制等进行探索。全面梳理"自然人从生到死，法人从注册到注销，房屋楼宇从规划、建设到拆除"与政府管理服务相对应的所有数据，为实现信息循环、智能推送提供数据规范和数据支持。并在信息资源融合共享的基础上，广泛进行部门业务工作需求调研，理清部门之间的业务关系和信息关联，通过部门循环、信息碰撞、智能推送，再造工作流程，有效减少了工作环节，简化了工作程序，提升了服务效能，方便了群众办事。

（三）对我国建设智慧城市的启发

分析国内外智慧城市建设的规律与经验，对比我国城市建设实践，我们深受启发。

1. 智能化设施建设

毫无疑问，大数据给城市发展、转型以及实现便捷的公共服务带来了巨大发展空间。然而，大数据的应用离不开互联网、物联网、云平台等信息化技术的支持，更有赖于智能化终端的普及。一切基础设施的建设，包括铺设网络、布置传感器、搭建系统平台、实现数据全采集等，无疑都需要庞大的资金投入。无论是政府支持，还是企业市场运作，对智慧城市建设而言，都是必不可少的。

2. 开放政府数据

当前，世界各国纷纷加入数据开放运动之中，截至2014年4月，已有63个国家制定了开放政府数据计划。从目前全球参与开放数据运动的国家来看，既包括美国、英国等发达国家，也包括印度、巴西等发展中国家。

在中国，政府掌握着最齐全、最庞大与核心的数据，各级政府积累了大量与公众生产生活息息相关的数据，比如气象数据、金融数据、信用数据、电力数据、煤气数据、自来水数据、道路交通数据、客运数据、安全刑事案件数据、住房数据、海关数据、出入境数据、旅游数据、医疗数据、教育数据、环保数据等，是社会上最大的数据保有者。

在中央各部门及地方政府的推动下，我国公共信息资源开放共享步伐正在加快。2013年，国务院发布了《关于促进信息消费扩大内需的若干意见》，要求促进公共信息资源共享和开发利用，推动市政公共企事业单位、公共服务事业单位等机构开放信息资源。2014年，国家发改委《关于促进智慧城市健康发展的指导意见》中提到："大力推动政府部门将企业信用、产品质量、食品药品安全、综合交通、公用设施、环境质量等信息资源向社会开放，鼓励市政公用企事业单位、公共服务事业单位等机构将教育、医疗、就业、旅游、生活等信息资源向社会开放。"

在保证有效监管的前提下，政府有层次有选择地加大数据对外开放，引导企业挖掘数据的潜在价值，探索商业与应用模式的创新，有利于保障市场的良性竞争，实现优胜劣汰，推动大数据应用的健康发展，锻造出真正能被市场所接收的、为政府与居民创造价值的、优质的大数据应用模式，实现政府大数据资源的高效、高质量利用。同时，政府数据开放也有利于公众参与城市管理和监督政府，进而改善公共服务。

3. 重视差异性，避免同质化

每个城市在智慧城市建设中有不同的侧重点，按照不同的领域维度和时间维度，使政府资源的配置更趋合理，实现了由社会管理向社会治理方式的转变。

从《城市发展战略引导智慧城市建设重点领域表》可以看出，城市发展战略直接影响城市建设和智慧城市的发展模式。中国的城市化和大数据应用，在学习国外先进技术与经验之时，要注重城市文化保护，切忌丢掉自己的独特风格，千城一面，被商业利益牵着鼻子走。

4. 顶层设计

智慧城市的建设，不是简单的投入资金、大力推进信息化建设、搭建时髦的应用平台就能代表其发展水平与结构，它需要系统、深入、细致、普遍地考量城市经济、政治、历史、地理、文化、社会、生态文明等因素，以文献调研和社会调查数据分析相结合的方式梳理城市的发展脉络，深入细致地考评一个城市的发展状态，挖掘城市的特点，挖掘城市人的禀性，概括出城市的文化精髓和灵魂，为未来发展的模式与方向提出决策性指导。

5. 统一管理

IBM建议佛山建立统一的智慧城市管理机制，成立管理委员会，以人文城市为目标与落脚点，以实现关键成果指标为途径改善城市生态系统，以标准化的共享数据、商业分析工具及便于操作的数据门户作支撑，确保管理机制顺畅运行。这一建议也是智慧城市建设的可行之策。

6. 多元合作

智慧城市建设是一项浩大的工程，不仅需要政策支持，还需要大量资金的注入。先进行科研、技术的应用则需要政府、商业公司、科研机构和社会公众的广泛参与。当前，在国内外的智慧城市建设中，基础设施建设主要是以政府投入为主体，辅以与实力强大的商业公司合作；战略规划与顶层设计是请商业公司、科研机构和智库进行，以确保方向的正确与实践的成效；应用领域开发是政府与商业公司水乳交融、不分上下。总之，只有社会各界的广泛参与，才能推动智慧城市的欣欣向荣，蓬勃发展。

参 考 文 献

[1] 余明，艾廷华. 地理信息系统导论 [M]. 2 版. 北京：清华大学出版社，2015.

[2] 王庆光. GIS 应用技术 [M]. 北京：中国水利水电出版社，2012.

[3] 张景雄. 地理信息系统与科学 [M]. 武汉：武汉大学出版社，2010.

[4] 邬伦，刘瑜，张晶，等. 地理信息系统——原理、方法和应用 [M]. 北京：科学出版社，2001.

[5] 吴秀芹，李瑞改，王曼曼，等. 地理信息系统实践与行业应用 [M]. 北京：清华大学出版社，2013.

[6] 胡祥培，刘伟国，王旭茵. 地理信息系统原理及应用 [M]. 北京：电子工业出版社，2011.

[7] 吴信才，等. 地理信息系统原理与方法 [M]. 2 版. 北京：电子工业出版社，2008.

[8] 吴秀芹. 地理信息系统原理与实践 [M]. 北京：清华大学出版社，2011.

[9] 杨慧. 空间分析与建模 [M]. 北京：清华大学出版社，2013.

[10] 秦昆. GIS 空间分析理论与方法 [M]. 2 版. 武汉：武汉大学出版社，2010.

[11] 龚健雅. 地理信息系统基础 [M]. 北京：科学出版社，2001.

[12] 何必，李海涛，孙更新. 地理信息系统原理教程 [M]. 北京：清华大学出版社，2010.

[13] 张正栋，邱国锋，郑春艳，等. 地理信息系统原理、应用与工程 [M]. 武汉：武汉大学出版社，2011.

[14] 丁陆军. 移动嵌入式 GIS 概述 [J]. 城市勘测，2008：64 - 65.

[15] 崔铁军，李玉，饶欣平. 嵌入式 GIS 的发展及开发实践 [J]. 测绘学院学报，2004，21 (4)：128 - 130.

[16] 孙庆辉，骆剑承，李宏伟，等. 测绘学院学报，2004，21 (3)：200 - 204.

[17] 潘显映. 网格 GIS 体系结构及关键技术研究 [D]. 武汉理工大学，2007：62 - 63.

[18] 林德根，梁勤欧. 云 GIS 的内涵与研究进展. 地理科学进展，2012，31 (11)：1519 - 1528.

[19] 唐权，吴勤书，朱月霞. 云 GIS 平台构建的关键技术研究 [J]. 测绘与空间地理信息，2016，39 (3)：32 - 33.

[20] 朱林. 云 GIS 平台架构及关键实现技术研究 [J]. 电子科学技术，2016，3 (5)：634 - 637.

[21] 沈占锋，骆剑承，蔡少华，等. 网格 GIS 的应用架构及关键技术 [J]. 地球信息科学，2003，4：57 - 62.

[22] 胡圣武，朱燕霞. 网络 GIS 的发展及其应用 [J]. 测绘工程，2007，16 (4)：5 - 9.

[23] 王刚. 地理信息系统的信息数据结构设计 [D]. 西安电子科技大学，2007.

[24] 吕林. 地理信息数据结构处理优化应用探讨 [J]. 北京测绘，2016，03：113 - 116.

[25] 肖媚燕. 地理信息科学专业的数据结构课程教学 [J]. 计算机教育，2015，03：87 - 89.

[26] 唐坤益. 论地理信息系统数据模型和数据结构设计 [J]. 铁路航测，1996，04：6 - 11＋39.

[27] 张坤. 地理信息系统数据结构及数据组织管理研究 [J]. 科技资讯，2009，25：20.

[28] 张利，刘彦华. 地理信息系统中的拓扑数据结构 [J]. 森林工程，2001，02：3 - 4.

[29] 黄波. 地理信息系统的数据模型与系统结构 [J]. 环境遥感，1995，01：63 - 69.

[30] 李建松，唐雪华. 地理信息系统原理 [M]. 武汉：武汉大学出版社，2006.

[31] 李莹，马涛，何小利. 浅谈 GIS 技术在地籍测量中的应用分析 [J]. 科技与企业，2014 (14)：153 - 153.

[32] 李智福，赵生良，张小宏. ARCGIS 基于规则的拓扑在地籍数据中的应用 [J]. 价值工程，2013 (14)：230 - 231.

［33］　梁军，黄骞. 从数字城市到智慧城市的技术发展机遇与挑战［J］. 地理信息世界，2013，01：81 － 86＋102.

［34］　曲成义. 智慧城市发展的机遇和挑战［J］. 中国信息界，2013，01：68 － 71.

［35］　龚健雅，王国良. 从数字城市到智慧城市：地理信息技术面临的新挑战［J］. 测绘地理信息，2013，02：1 － 6.

［36］　曹勇. 中国智慧城市发展的机遇与挑战［J］. 江苏师范大学学报（自然科学版），2015，01：11 － 12.

［37］　党安荣，许剑，佟彪，陈杨. 智慧城市发展的机遇和挑战［J］. 测绘科学，2014，08：28 － 32.

［38］　杨崇俊. "数学地球"周年综述［J］. 侧绘软科学研究，1999（03）.

［39］　李德仁，邵振峰，杨小敏. 从数字城市到智慧城市的理论与实践［J］. 地理空间信息，2011，06：1 － 5＋7.